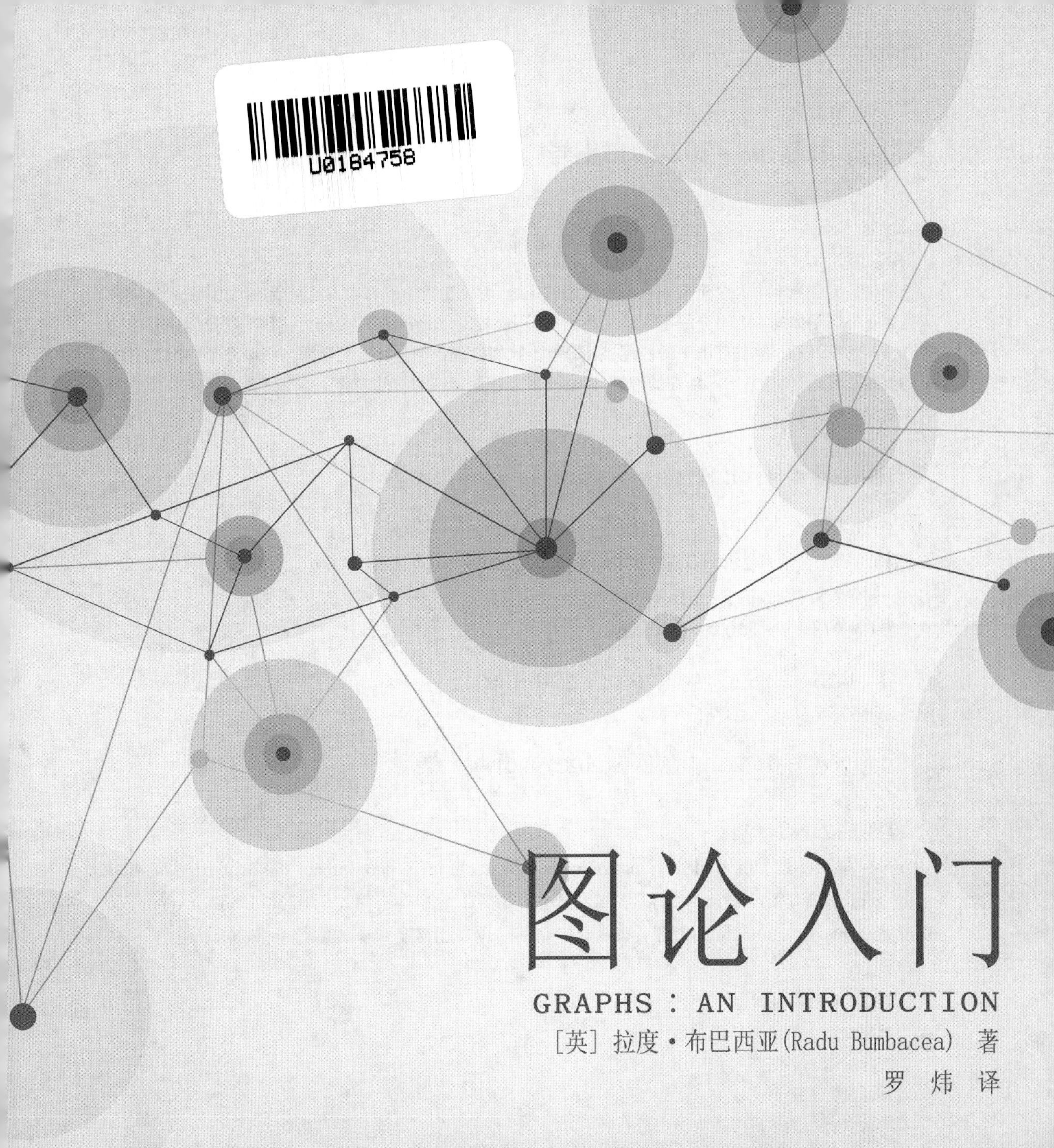

图论入门

GRAPHS：AN INTRODUCTION

[英] 拉度·布巴西亚(Radu Bumbacea) 著

罗 炜 译

哈爾濱工業大學出版社
HARBIN INSTITUTE OF TECHNOLOGY PRESS

黑版贸审字 08-2020-178 号

内容简介

图论是组合数学中一个重要而且发展迅速的主题,不仅在数学研究中占有重要的地位,在数学奥林匹克竞赛中也是如此。本书介绍了图论的相关知识,全书共分十个章节,分别为:引言、欧拉回路和哈密顿圈、树、色数、平面图、二部图中的匹配、极图理论、拉姆塞理论、有向图、无限图。每一章节中都配有相应的例题及习题,并且给出了详细的解答,以供读者更好地理解相应的内容。本书适合高等院校师生及数学爱好者研读。

图书在版编目(CIP)数据

图论入门/(英)拉度·布巴西亚(Radu Bumbacea)著;罗炜译.—哈尔滨:哈尔滨工业大学出版社,2022.9(2024.4 重印)

书名原文:Graphs: An Introduction

ISBN 978-7-5603-9970-6

Ⅰ.①图… Ⅱ.①拉… ②罗… Ⅲ.①图论 Ⅳ.①O157.5

中国版本图书馆 CIP 数据核字(2022)第 049967 号

TULUN RUMEN

策划编辑 刘培杰 张永芹
责任编辑 聂兆慈 张 佳
封面设计 孙茵艾
出版发行 哈尔滨工业大学出版社
社 址 哈尔滨市南岗区复华四道街 10 号 邮编 150006
传 真 0451-86414749
网 址 http://hitpress.hit.edu.cn
印 刷 哈尔滨久利印刷有限公司
开 本 787 mm×1 092 mm 1/16 印张 17.5 字数 353 千字
版 次 2022 年 9 月第 1 版 2024 年 4 月第 3 次印刷
书 号 ISBN 978-7-5603-9970-6
定 价 58.00 元

(如因印装质量问题影响阅读,我社负责调换)

序 言

图论是组合数学中一个重要而且迅速发展的分支,不仅在理论研究中,而且在数学奥林匹克竞赛中也是如此. 图论在国际数学奥林匹克竞赛、在数学国家队选拔考试以及在全国数学奥林匹克竞赛中都占有重要地位.

然而,当一个充满热情的学生问到从哪里可以学到图论时,我们不可避免地会犹豫不决. 确实有关于图论的非常好的书籍,例如 Diestel 的优秀教材《图论》,但是,它们是作为高等学校的教科书编写的,并不真正适合我们的学生. 它们很快就会深入到复杂的主题中,需要阅读者掌握相当多的先决知识,并且书中没有很多习题. 当然,也有一些关于组合数学的数学奥林匹克竞赛书籍,但它们没有使用该有的结构化方式来呈现图论的基础知识.

所以我们想写一本书来弥合热情的学生和美丽的图论领域之间的差距. 我们会仔细讲解基础知识,但不会向读者提供过多的理论. 写这本书的指导原则是不要展示多余的东西: 对于方法或想法, 我们试图提供一个相当简单的例子, 而把烦琐的细节留给读者自己仔细思考并解决.

我们的目标是写一本非常友好并且非正式的书,会有很多评论和图画,最重要的是,有很多直觉的思想,它们来自不久前还处于读者立场的人. 我们经常对一个问题给出多个解决方案,所以读者在独自解决一个问题后还是值得阅读一下解答的. 习题的来源和作者(如果已知)也会在附录的解答部分提及.

这本书有一个有机的结构,章节按自然顺序排列. 我们将每章的理论部分保持在合理范围内,以鼓励读者在解决习题之前仔细阅读. 我们的建议是尝试按顺序通读这本书,耐心地阅读理论. 在阅读证明之前尝试自己证明一个定理也是值得的. 或者,若读者愿意,也可以阅读每一章,解决大部分问题,然后再进入下一章,将最难的问题留到读完所有章节之后再进行思考与研究.

在图论中,与几何学不同,定理和问题之间没有明确的区别. 几乎没有一个定理可以反复应用,而更有用的往往是一些问题,它们都可以看作是小定理. 出于这个原因,本书中证明的许多结果都被标记为"命题",这个术语恰当地反映了这种歧义. 无论如何,我们鼓励读者在自己解题和思考中感受哪些"命题"更好用,而不是去套用少数的几个“定理”.

我们总是预设读者只知道很少的知识，在前十章中唯一使用的是组合数学中的一些基本原理，例如抽屉原则，以及一些基本不等式，例如均值不等式. 不过，我们还是添加了两个附录：一个是关于图论中的概率方法，另一个是关于图论中的线性代数方法. 两者都需要读者已经对概率和线性代数有很好的理解，因此初次学习这些主题时可以跳过这两个附录. 此外，我们鼓励读者抵制当今常见的思想——试图在不掌握基础知识的情况下学习更多知识. 附录是为那些已经很好地掌握了前十章的人准备的.

在数学竞赛中有一种常见的做法是避免使用图论术语，尤其是“图论”这个词. 为了实现这一点，出题者所创造的一个图论问题，经常被描绘成一个涉及航空公司、道路等的故事. 这样做的一个原因是，了解图论并不是参加数学奥林匹克竞赛的先决条件. 我们认为，这个理由听起来有点站不住脚：从来没有听说过图论的人不太可能解决一个棘手的图论问题，即使这个问题被描述成了航空公司的故事. 因此，在本书中，我们用图论的术语重新表述了问题，以使一切都更整洁、更易于读者阅读. 唯一的例外情况是，如果用航空公司的描述实际上激发了问题，并使问题更易于理解，那么我们保留这样的描述.

这是我们的第一本书，我们以自己在高中时想要读到的书的样子为目标来书写它. 希望学生们的阅读喜好没有发生太大变化.

目 录

第 1 章 引 言 **1**

第 2 章 欧拉回路和哈密顿圈 **19**

第 3 章 树 **24**

第 4 章 色 数 **32**

第 5 章 平 面 图 **36**

第 6 章 二部图中的匹配 **42**

第 7 章 极 图 理 论 **49**

第 8 章 拉姆塞理论 **57**

第 9 章 有 向 图 **64**

第 10 章 无 限 图 **77**

附录 A:图论中的概率方法 **85**

附录 B:图论中的线性代数 **93**

习题解答 **100**

1. 引言 100
2. 欧拉回路和哈密顿圈 124
3. 树 131
4. 色数 147

5. 平面图 156
6. 二部图中的匹配 163
7. 极图理论 170
8. 拉姆塞理论 187
9. 有向图 198
10. 无限图 215
附录 A: 图论中的概率方法 229
附录 B: 图论中的线性代数 241

参考资料和进一步的阅读资料 247

词汇表 249

第 1 章 引 言

图可以被视为代表世界中的关系. 假设我们有一群人,有些人彼此认识,有些人彼此不认识. 如果"相识"如字面上看到的一样,是一种相互关系,我们就可以在纸上画一些点来代表人,并把相识的两个点连接起来,以此来直观表示所有的这些关系. 我们是用直线还是用曲线来连接两个点并不重要,而是通过这种方式,我们可以更方便地看出每个人分别有多少个朋友,或者两个特定的人有多少个共同的朋友.

或者假设我们有许多城市,还知道它们之间的双向航线服务. 同样,我们可以画出图,表示哪些城市之间有航线服务,也许我们的目的是为了看看如何以尽可能少的转机从一个城市到达另一个城市,如图1.1,我们得到相同类型的图画.

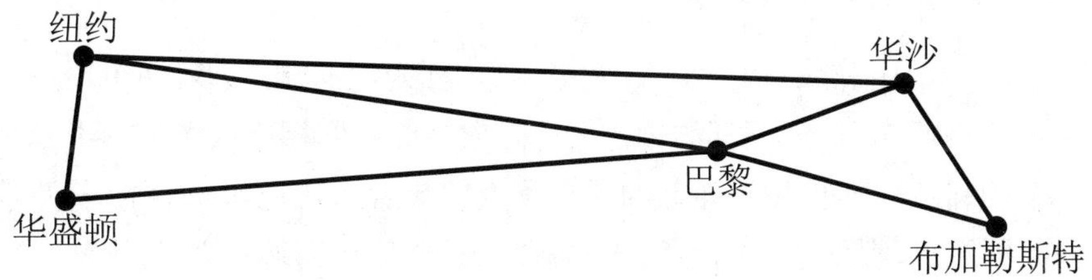

图 1.1 纽约、华盛顿、巴黎、华沙和布加勒斯特之间的航空公司服务

还有许多其他类型的关系可以用图来表示. 一旦我们定义了图是什么,并开始提出有关图的问题,就会发现图论本身也如此迷人,以至忘记一开始用图论对现实世界的所有解释.

基本概念

定义 1.1. 一个(无向)**图** G 包括了一个集合 V,称为顶点集,以及一个集合 E,包含了顶点之间的边(正式地说,一条边是一对顶点 $\{u,v\}$,其中 u 和 v 属于 V). 我们把图写成 $G(V,E)$,或者简单地写成 G,但默认 V 表示顶点集,E 表示边集.

图可以是**有限图**,也可以是**无限图**,根据顶点集 V 是有限集还是无限集决定.

除非明确说明，我们假定所讨论的图都是有限图.

如果图中任何两个顶点之间最多有一条边，而且没有任何一个顶点到自己连出的边(称为**环**)，那么这个图称为**简单图**. 我们给出的图的形式定义暗含了这是简单图，用更复杂的形式可以给出非简单图的定义.

请注意，虽然我们经常在纸上画出图，但是图本身并非是一个几何对象. 我们可以有很多种方式“绘制”一个图，如图1.2.

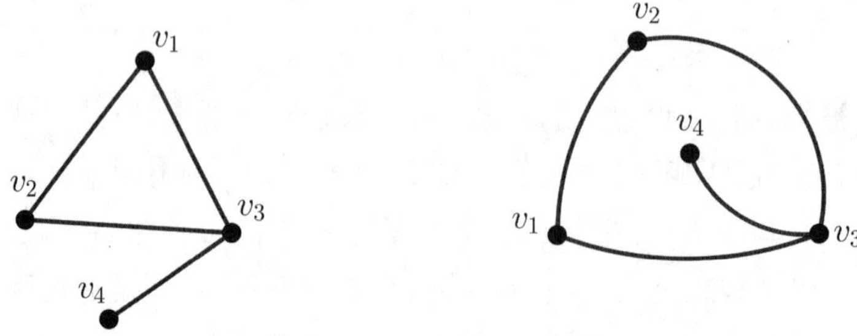

图 1.2　一个图的两种绘制

图论中有许多的定义，其中很多都是自然的. 我们现在给出最常用的，以便以后能够随意使用图论的语言.

定义 1.2. 在一个图 $G(V, E)$ 中：

- 一条边 $\{u, v\}$ 常常简单写作 uv，u 和 v 称为边的**端点**. 若两个顶点之间有一条边，则称它们为**相邻的**顶点. 我们也会说它们**相连**或者说其中一个是另一个的**邻点**. 和顶点 v 相邻的所有顶点的集合通常记作 $N(v)$. 若两条边有公共的端点，则称它们**相邻**. 若一条边以一个顶点为端点之一，则称它们是**关联的**.
- 一个顶点 $v \in V$ 的**度数**或**阶**是它所关联的边的数目(即以 v 为顶点的边的数目)，记为 $d(v)$.
- G 中顶点的度数的最大值通常记作 $\Delta(G)$，或者简写为 Δ.
- G 中顶点的度数的最小值通常记作 $\delta(G)$，或者简写为 δ.

我们接下来定义一些具有全局重要性的对象. 假设有人想计划一次旅行，乘飞机从一个城市到另一个城市. 这就是轨迹的概念. 如果有附加条件，例如不两次经过同一个城市，就会产生新的概念.

定义 1.3. 在 G 中(部分概念如图1.3)：

- 从顶点 v 到顶点 w 的一条**轨迹**是一个顶点构成的序列 $v = v_1$，v_2，$\cdots$，$v_n = w$，满足对 $i = 1, 2, \cdots, n-1$，v_iv_{i+1} 是一条边. 从 v 到 w 的一条**步道**

是所有边 $v_iv_{i+1}, i=1,2,\cdots,n-1$ 互不相同的轨迹. 从 v 到 w 的一条**简单路**(或道路、路径、路)是顶点 $v_i, i=1,2,\cdots,n$ 互不相同的轨迹.

- 一条轨迹(或步道、简单路)的**长度**是它所含的边的数目(重复边计算次数).
- 两个顶点 u 和 v 的**距离**,通常记为 $d(u,v)$,是 u 到 v 的最短路径的长度*.
- 一条**闭轨**是满足 $v_1=v_{n+1}$ 的轨迹 $v_1, v_2, \cdots, v_{n+1}$. 一条**回路**是满足边 v_iv_{i+1} 两两不同的闭轨. 一个**圈**是顶点两两不同的闭轨(不考虑最后一个顶点).
- 闭轨(回路、圈)的**长度**是它所含边的数目. 长度为 3 的圈经常称为**三角形**. 若无其他说明,用 C_n 表示长度为 n 的圈.
- 一个图的**围长**是其所含的最短圈的长度(若不存在圈,则围长规定是 ∞).

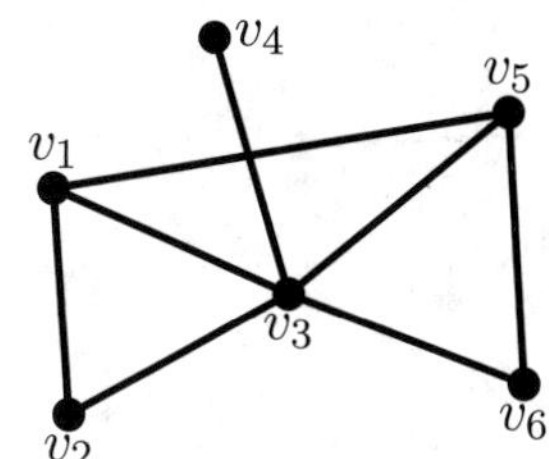

$v_1, v_3, v_5, v_6, v_3, v_4$ 是步道,不是路径;
v_1, v_2, v_3 是路径;
$v_1, v_2, v_3, v_5, v_6, v_3, v_1$ 是回路,不是圈;
v_1, v_2, v_3, v_1 是圈.

图 1.3 步道、路径、回路、圈

定义 1.4. 如果图中任何两个顶点 v 和 w 之间有一条路径,那么图称为是**连通的**.

注 我们可以看到,不连通的图实际上是“一些连通图的并集”. 我们把图 G 的极大连通子图称为 G 的一个**连通分支**,如图1.4.

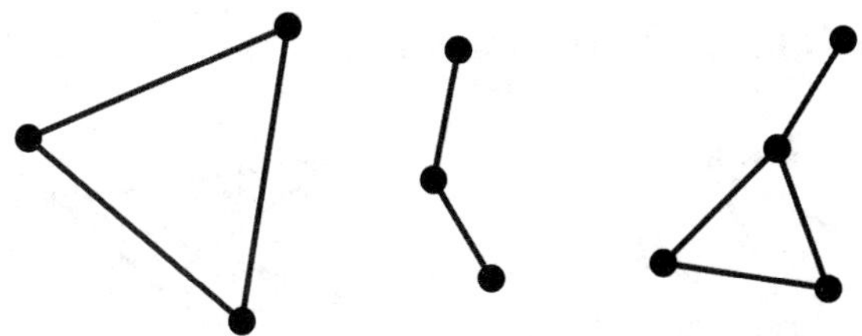

图 1.4 有三个连通分支的一个图

我们还会用到一些特殊的图:

定义 1.5. 我们有如下类型的图:

- 一个**树**是不含圈的连通图,如图1.5.

*距离满足三角不等式 $d(u,v)\leqslant d(u,w)+d(w,v)$. ——译者注

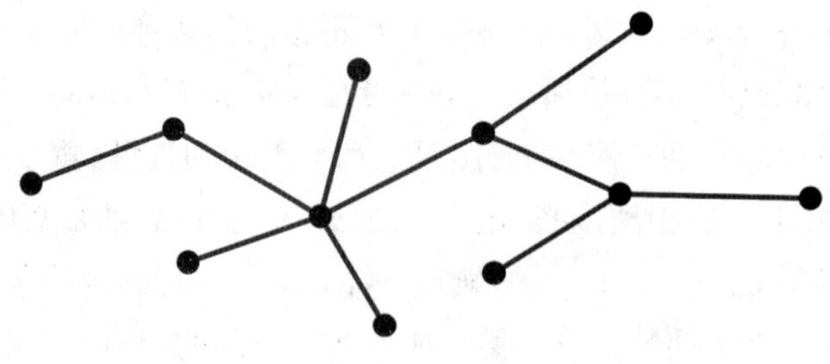

图 1.5　一个树

- 给定图 G,它的**补图** $\overline{G}$ 包含和 G 一样的顶点,以及恰好不属于 G 的所有边,如图1.6.

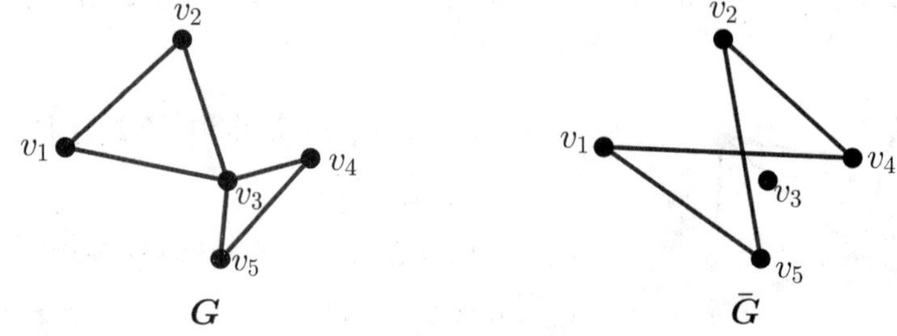

图 1.6　图 G 和它的补图 $\overline{G}$

- 若所有顶点的度数相同,则称为**正则图**(若度数均为 k,则称为 k–正则图).
- K_n 表示 n 个顶点的**完全图**,即包含了 n 个顶点之间的所有边的图.
- 如果图的顶点集可以分成两个集合 A 和 B,使得图的所有边的两个端点都是一个属于 A,另一个属于 B,那么称其为**二部图**.
- $K_{m,n}$ 是**完全二部图**,其顶点集为 A 和 B,满足 $|A| = m, |B| = n$,而且边集包含了 A 和 B 之间所有的可能边,如图1.7.

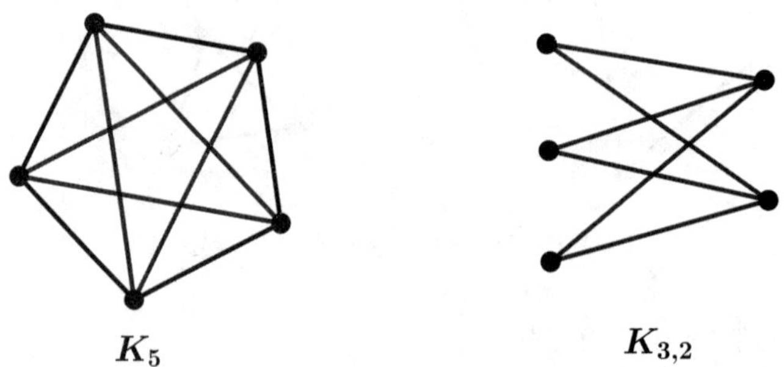

图 1.7　K_5 和 $K_{3,2}$

现在给出描述图之间的关系的一些定义:

定义 1.6. 我们有如下的定义:

- 两个“一样的图”称为**同构的**:形式上讲,存在两个图的顶点集上的一一映射,满足 uv 是一条边当且仅当 $f(u)f(v)$ 是一条边.
- 图 G 的一个**子图**的顶点集和边集分别是 G 的顶点集和边集的子集. 如果子图的边集包含了子图的顶点之间在 G 中的所有边, 那么这个子图称为**诱导子图**,如图1.8.

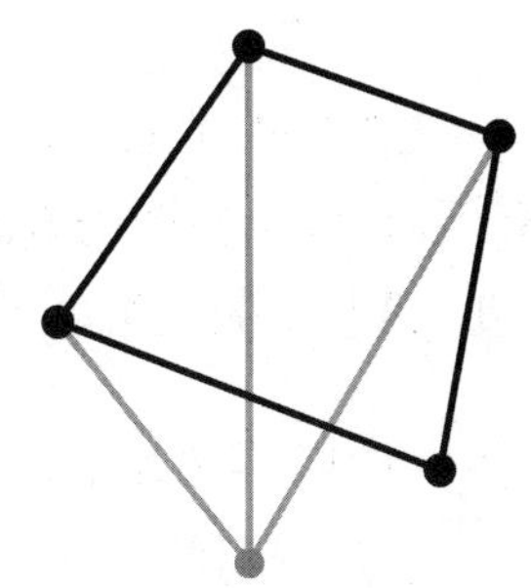
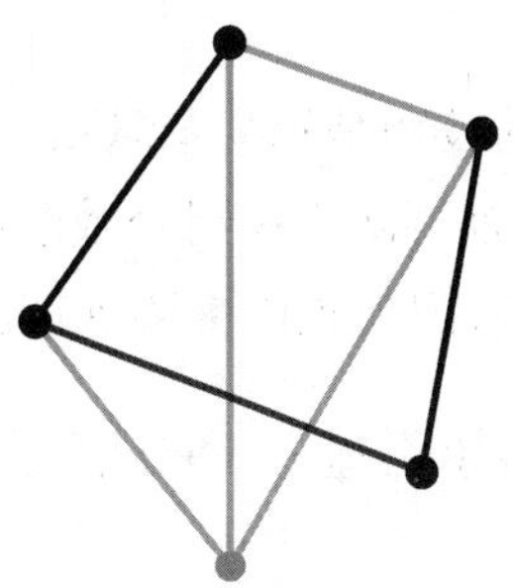

图 1.8 四个顶点的诱导子图和非诱导子图(黑色子图)

- 如果子图的顶点集和 G 的相同,那么子图称为**生成子图**.

作为图论的一个介绍,我们还要提出并回答图的一些基本问题. 这些问题的选择是为了展示图论的基本方法,这些方法是本书后续章节的基本构件. 引言中的习题并不是为了展开理论(后面会这样做),而是为了让读者熟悉图,并训练出一些直觉思维.

抽屉原则

抽屉原则指的是一个基本的想法: 如果有 $nk+1$ 个物体放入 n 个抽屉,那么有一个抽屉至少有 $k+1$ 个物体.

图论中的一个经典题目是, 如果有六个人, 那么其中或者有三个人相互认识, 或者有三个人相互不认识. 用图论的语言重新描述就是:

命题 1.7. *任何六个顶点的图, 必然有三个顶点两两相邻, 或者有三个顶点两两不相邻.*

证明 任取一个顶点,记为 v. 根据抽屉原则,另外的五个顶点中,或者有三个均与 v 相邻,或者有三个均与 v 不相邻,先不妨设前一个情况发生.

如果这三个与 v 相邻的顶点中有两个相邻,那么这两个顶点和 v 构成一个三角形. 如果三个与 v 相邻的顶点中任何两个不相邻, 那么它们构成两两不相邻的三个顶点.

有三个和 v 不相邻的顶点的情形也可以类似地证明. □

一般来讲，当我们有很多的边，想要找到类似完全子图的时候，抽屉原则很方便使用. 本题的更一般的情形，以及其他类似的题目，都可以在第 8 章拉姆塞理论的章节找到.

算两次

算两次的技巧是把某个量用两种方式表示，然后导出相等的关系式. 尽管听起来很简单，但是算两次在组合数学的很多方面非常有用，也包括在图论方面. 这是可以预见到的，因为我们主要处理两种对象：顶点和边. 最基本的结果如下：

定理 1.8. (握手引理) 在每个图 $G=(V,E)$ 中，有 $\sum_{v\in V} d(v)=2|E|$.

证明 式子左端计算了边：$d(v)$ 是和 v 关联的边的数目. 容易看到每条边 uv 被计算了两次，一次是在 $d(u)$ 中，另一次在 $d(v)$ 中. 于是得到结论.

（形式上看，式子两边计算了 (v,e) 对的数目，其中 v 是一个顶点，e 是和 v 关联的一条边. 对于每个顶点 v，有 $d(v)$ 条边与其关联，于是得到式子左边；而对于每条边 e，有两个顶点与其关联，因此得到式子右边.） □

归纳法

归纳法非常有用. 在图论中应用归纳法，可能最自然的方式就是删除一个顶点，然后把归纳假设应用到剩余的图中. 然而还有一个更细微的操作来应用归纳法，这是专门针对图论有效的：取一条边，把两个端点合成一个顶点，或者说，“收缩”这条边. 我们需要注意其他的边应该怎么处理. 下面的定理有两种证明方法，分别展示了应用上面两种形式的归纳方法.

命题 1.9. 有 n 个顶点的树恰有 $n-1$ 条边.

证法一 关键点是说明图中总有一个叶子，也就是度数为 1 的顶点. 要找到这个叶子，只需“一直找下去”. 也就是说，从任意顶点开始，作一条路径. 在每一步，如果我们所在的顶点不是叶子，就可以延长路径. 由于树中没有圈，我们不会回到一个已经经过的顶点. 因此路径会在某个时刻终止，不能再延长，这样我们就得到一个叶子顶点.

现在移除这个叶子顶点，由于没有路经过这个顶点，移除之后剩下的图 $G\backslash\{v\}$ 还是连通的. 我们可以对图 $G\backslash\{v\}$ 使用归纳假设，它有 $n-1$ 个顶点，因此有 $n-2$ 条边. G 恰好比 $G\backslash\{v\}$ 多了一个顶点和一条边，因此 G 有 $n-1$ 条边. □

证法二 能找到一个叶子,看起来我们很幸运,否则就不能使用归纳法. 我们还可以用其他的方式归纳,例如取一条边 uv,然后以下面的方式构造图 G': u 和 v 以外的顶点都保持不变;这两个顶点变成一个顶点,记为 $u \sim v$. 所有和 u,v 不关联的边保持不变. 包含 u 或 v 的边把其中的 u 或 v 替换成 $u \sim v$ (我们不必担心有顶点同时和 u,v 相邻,因为 G 是树). 边 uv 删除,或者说,将其"收缩",如图1.9.

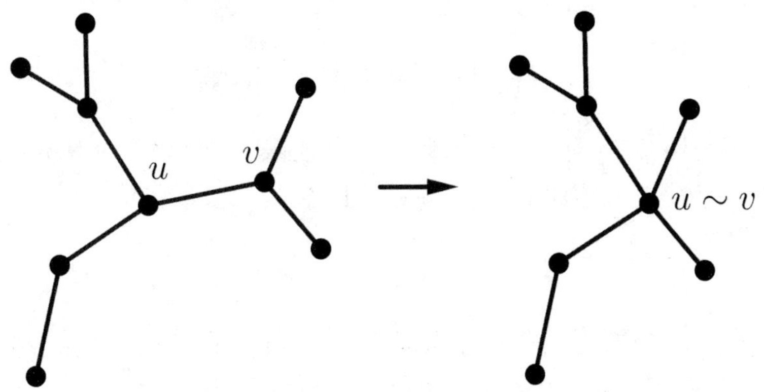

图 1.9 边 uv 的收缩

新的图 G' 还是一个树,有 $n-1$ 个顶点. 根据归纳假设,它有 $n-2$ 条边. G 恰好只有一条边不在 G' 中,即 uv,因此 G 有 $n-1$ 条边. □

这个命题还有一个推论:

推论 1.10. *n 个顶点的连通图至少有 $n-1$ 条边.*

证法一 如果一条边属于某个圈,就可以去掉这条边,剩下的图还是连通的. 这样操作直到得到一个树,有 $n-1$ 条边. □

注 剩下的这个树称为图的一个**生成树**,我们会在第 3 章讨论这个专题.

证法二 我们还可以直接归纳证明. 当 $n=1,2$ 时命题显然成立,现在假设命题对 $n-1$ 成立,我们来证明它对 n 成立.

我们想把给定的 n 个顶点的连通图 G 化成一个 $n-1$ 个顶点的连通图. 如果 G 有一度顶点,我们就可以直接删除这个顶点. 否则,我们可以使用"收缩"的方法. 取两个相邻的顶点 u 和 v,将它们收缩成一个顶点 $u \sim v$,后者的邻点集是 u 的邻点集与 v 的邻点集的并集(去掉 u,v),如图1.10.

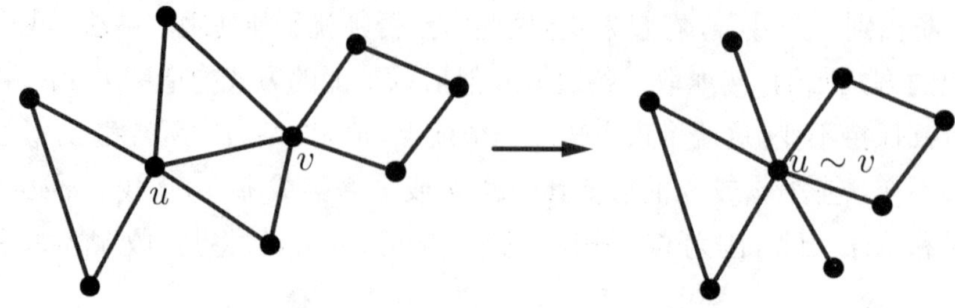

图 1.10 收缩 u 和 v

得到的图还是连通的，有 $n-1$ 个顶点，因此根据归纳假设至少有 $n-2$ 条边. 而 G 至少多一条边 (uv)，因此 G 至少有 $n-1$ 条边. □

贪心法

很多时候，当我们想要在图中找到特殊的对象时，例如一条道路、一个圈或者有某些性质的其他东西，最简单的做法是"直接寻找". 也就是说，从一个顶点开始一点点增加内容，构建所需结构，这个过程称为贪心法（贪心法的核心是看起来使结构变大就选择保留，后续不会丢弃已经选择的任何部分）.

我们来思考一下如何能保证得到有特定长度的路径，于是有下面的命题：

命题 1.11. 设图 G 的顶点的最小度数是 δ，则 G 包含一条长为 δ 的路径（也就是说，有 δ 条边）.

证明 我们从一个顶点开始构造路径，每次如果可以，就把路径延长到新的一个顶点，那么得到路径 $v_1, v_2, \cdots, v_k$，并且无法继续延长. 这说明 v_k 的所有邻点都已经在 $v_1, v_2, \cdots, v_{k-1}$ 之中. 因为 v_k 至少有 δ 个邻点，所以 $\delta \leqslant k-1$，说明已得到的路径长度至少是 δ. □

下一个用贪心法证明的结果和二部图有关. 二部图的顶点集分成两个集合 A 和 B，所有的边都是在 A 和 B 之间. 给了一个一般的图 G，我们怎么判断它是不是二部图呢？答案非常简单，只需考察圈即可.

定理 1.12. 有限图是二部图当且仅当它的任何圈的长度是偶数.

证明 设 G 是二部图，考虑一个圈 $v_1, v_2, \cdots, v_r, v_1$. 我们可以假设 $v_1 \in A$，于是 $v_2 \in B, v_3 \in A$，等等. 于是 v_r 在 B 中当且仅当 r 是偶数. 因为 v_r 和 v_1 相邻，因此 v_r 在 B 中，说明 r 是偶数，如图1.11.

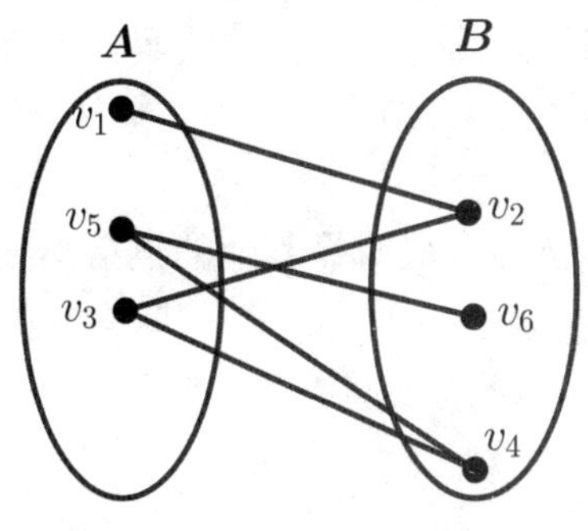

图 1.11　震荡的圈

反之,假设任何圈的长度是偶数. 只需对连通图证明结论即可,而对于非连通图,把每个连通分支的顶点分拆方案任意搭配即可.

任取一个顶点 v. 主要想法是,如果把 v 放入 A,它的邻点就都放入 B,邻点的邻点都放入 A,等等.

于是定义如下两个集合

$$A = \{w|d(v,w) \text{ 是偶数}\}$$

$$B = \{w|d(v,w) \text{ 是奇数}\}$$

其中 $d(v,w)$ 是 v 到 w 的距离(即最短路径的长度),如图1.12.

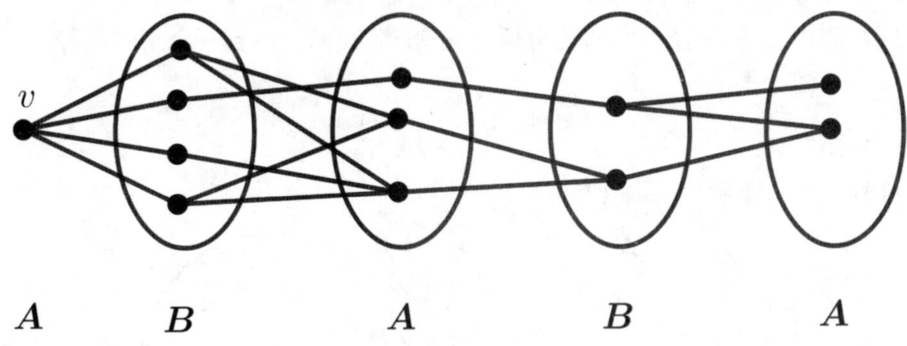

图 1.12　根据到 v 的距离将顶点集分成集合 A 和 B

显然, 集合 A 和 B 是图的顶点集的分拆, 我们只需证明同一个集合中没有相邻的顶点. 假设存在边 uw, 则从 v 分别到 u 和 w 的最短路径的长度的奇偶性相同. 固定这两条最短路径, 假设两条路径上的公共点中, 距离 v 最远的顶点是 v'. 根据最短路径的性质*, 必然有 $d(v,u) = d(v,v') + d(v',u)$, 以及 $d(v,w) = d(v,v') + d(v',w)$,因此 v' 到 u 和 v' 到 w 的路径奇偶性相同. 将两个

*最短路径的每一段都是相应端点间的最短路径. ——译者注

路径 v' 到 u,v' 到 w 以及边 vw 合并成一个圈,我们得到一个奇圈,矛盾. 因此图是二部图. □

注 一旦我们将一个顶点放入 A,很明显其他的点必然要像上面一样分别放入 A 和 B,这里没有更聪明的想法.

路径交换

下面的方法用于从一个路径构造一个新的路径. 方法的名称来自与 Bondy 和 Murty 的书《图论》.

我们已经证明了,如果最小度数为 δ,那么存在长度为 δ 的路径. 然而在大多数的情形中,我们可以找到更长的路径.

命题 1.13. 设图 G 的最小度数为 δ,如果 G 中最长路径的长度为 δ,那么 G 是多个不相交完全图 $K_{\delta+1}$ 的并.

证明 从每一个顶点 v 出发,由贪心法可以得到一个无法延长的路径

$$v = v_1, \cdots, v_{\delta+1}$$

因为路径无法延长,$v_{\delta+1}$ 和每个点 $v_1, v_2, \cdots, v_\delta$ 都相邻.

现在假设 v_i 和路径外面的某个顶点 u 相邻,我们可得到一个新的路径

$$v_1 \cdots v_{i-1} v_{\delta+1} v_\delta \cdots v_i u$$

其长度为 $\delta+1$,矛盾(如图1.13).

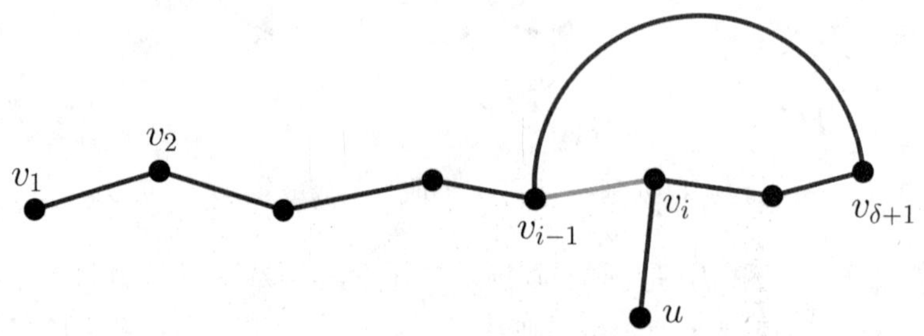

图 1.13　从旧路径得到新路径

于是路径中的每个顶点都没有和外面的顶点相邻. 因为每个顶点的度数至少是 δ,所以 $v_1, v_2, \cdots, v_{\delta+1}$ 构成了一个完全图 $K_{\delta+1}$. 这个完全图和 G 的其他顶点都不相邻. 对每个连通分支都如此讨论,我们就证明了所需的结论. □

边的计数

我们会经常碰到一类问题,想要知道满足某种性质的图的边数的可能值. 这样的问题经常是问有相应性质的图的边数的最大值或最小值. 很多这类问题可以用求和技巧或者算两次来解决.

我们先研究有 n 个顶点的图,如果没有任何长度为 3 的圈,也就是三角形,那么它最多可以有多少条边?

命题 1.14. (Mantel, 1907) 没有三角形的 n 个顶点的图的边数的最大值是 $\left\lfloor \frac{n^2}{4} \right\rfloor$.

证明 设 G 是没有三角形的图. 我们想要从此得出一些关于度数的式子. 自然的想法是对任何边 uv, 顶点 u 和 v 没有公共邻点, 否则会得到三角形. 于是 $d(u)+d(v) \leqslant n$.

如果这个不等式对所有顶点 u 和 v 成立,不管是否相邻,那么我们只需对所有 u 和 v 求和,就很容易完成证明. 现在我们只对所有边 uv 求和,看看会发生什么事情

$$\sum_{uv \in E} (d(u)+d(v)) \leqslant |E|n$$

现在考察式子左边,每个求和项 $d(u)$ 恰好发生 $d(u)$ 次,对每条与 u 关联的边发生一次. 应用柯西不等式,得到

$$\sum_{uv \text{ edge}} (d(u)+d(v)) = \sum_u d(u)^2 \geqslant \frac{\left(\sum\limits_u d(u)\right)^2}{n} = \frac{4|E|^2}{n}$$

于是

$$|E|n \geqslant \frac{4|E|^2}{n}$$

说明 $|E| \leqslant \left\lfloor \frac{n^2}{4} \right\rfloor$. 而等号可以在完全二部图 $K_{\lfloor \frac{n}{2} \rfloor, \lceil \frac{n}{2} \rceil}$ 时取到, 这样就完成了证明. □

更一般的,我们在第 7 章极图理论会继续讨论"如果一个图没有 K_k 子图,那么它至多有多少条边"的问题.

下面是一个稍微难一些的例子:

命题 1.15. 设图 $G(V,E)$ 有 n 个顶点, 整数 s 满足 $1<s<n$. 若 $|E|>\frac{n(n-1)}{s}$, 则 G 包含一个圈, 长度不超过 s(也就是说, 图的围长不超过 s).

证明 假设相反的情况，于是任何 s 个顶点的诱导子图不包含圈，必然是一些不相交的树的并集(通常称为**森林**)，因此至多有 $s-1$ 条边.

现在对顶点集的所有 s 元子集求和得到

$$\sum_{\{v_1,v_2,\cdots,v_s\}}(v_1,v_2,\cdots,v_s \text{ 的诱导子图的边数}) \leqslant \binom{n}{s}(s-1)$$

另一方面，每条边在上式左端被计算了 $\binom{n-2}{s-2}$ 次(我们需要再取 $s-2$ 个顶点凑成一共 s 个顶点). 因此左端等于 $|E|\binom{n-2}{s-2}$. 代入得到

$$\binom{n}{s}(s-1) \geqslant |E|\binom{n-2}{s-2}$$

化简为

$$\frac{n(n-1)}{s} \geqslant |E|$$

矛盾. 因此证明了存在长度不超过 s 的圈. □

极端原理

极端原理的思想是取一些对象满足某种极大或极小条件，于是会自然满足一些附加的性质. 在一些简单的例子中，极端原理对我们帮助很大，这时我们根据直觉就能看出所寻找的对象应该满足什么样的极小或极大条件.

命题 1.16. *如果图 G 有回路，那么它也含有圈.*

证明 取最短的回路 $v_1,v_2,\cdots,v_k,v_1$，若这不是一个圈，则存在 $v_i=v_j$，$i\neq j$. 于是 $v_i,v_{i+1},\cdots,v_{j-1},v_i$ 是一条更短的回路，矛盾. □

在更复杂的例子中，极端原理也很有用. 有时，取图中的极端对象是解决问题的突破口.

命题 1.17. *连通图 G 可以去掉某个顶点，使得 G 还是连通的.*

注 第一个想法是取度数最小的顶点. 显然，如果这个顶点度数为 1，我们就可以去掉它，保持剩下的图连通. 如果这个点的度数至少为 2，这样做就不一定成功：例如，我们可以取两个不相邻的 K_n，其中 $n\geqslant 4$，还有另一个顶点 v 和每个 K_n 中的一个顶点相邻，如图1.14. 这个图中，v 的度数为 2，所有其他的顶点度数至少为 $n-1$，而 v 是去掉后使图不连通的唯一顶点——也就是说，v 是某种意义上的“中心”顶点，而我们需要寻找的是“边缘顶点”. 所以这个策略一般情况下不会成功.

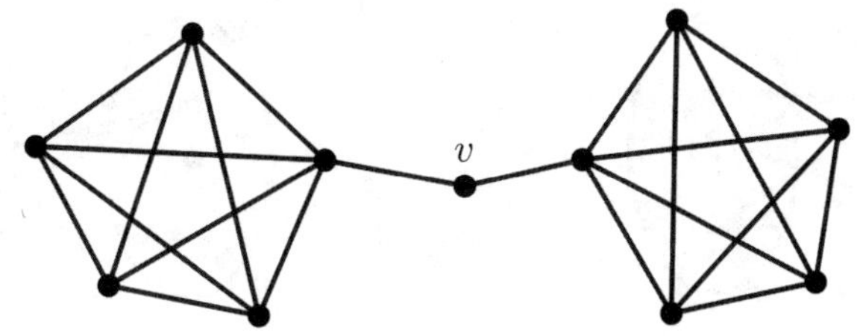

图 1.14 尽管 v 的度数最小，去掉它使图不连通

这个方法的失败有一个深刻的原因. 我们只考察了图的局部性质，例如度数、邻点集等，因此不能很好地了解图的整体性质，例如顶点是如何连通的、哪些点是中心点等. 而观察图的道路或步道等能更好地发现图的整体特征.

证法一 我们要找对图的连通性的影响不大的一个顶点——处于"边缘"的点. 一个想法是取最长的路径，然后考察它的一个端点. 这样的一个顶点应该具有"边缘"的特点，因为它不能和道路以外的顶点相连.

假设有多于一条最长的道路，可以任取其中一个

$$v_1, v_2, \cdots, v_r$$

我们要证明可以移除 v_r（或 v_1）而且保持图的连通性——也就是说，$G\backslash\{v_r\}$ 还是连通的. 由于路径不能延长，v_r 只和路径中的顶点相邻.

任取两个顶点 u 和 v，在 G 中有一条道路 c 连接它们. 如果 c 不包含 v_r，那么它也是 $G\backslash\{v_r\}$ 中的道路. 否则，设 v_r 出现在 c 中，并且在 c 中位于 v_r 之前是 v_i，之后是 v_j，其中 $i, j < r$. 不妨设 $i < j$，显然存在不包含 v_r 的 v_i 到 v_j 的路径，即 $v_i v_{i+1} \cdots v_j$. 因此可以把 u 到 v 的道路中的 $v_i v_r v_j$ 一段，替换成这个不包含 v_r 的路径，于是得到 u 到 v 不包含 v_r 的轨迹. 说明 u 和 v 是连通的. □

证法二 任取顶点 v，定义 $V_i = \{u | d(u, v) = i\}$，其中 $d(u, v)$ 是 u 到 v 的距离. 设 k 是使 V_i 非空的最大的 i.

我们还是要抓住图的边缘的思想——自然的选择是取 $u \in V_k$.

要证明去掉 u 可以保持图连通，取不同于 u 的两个顶点 w_1, w_2. 取 w_1 到 v 的最短路径和 v 到 w_2 的最短路径，并将二者相连得到 w_1 到 w_2 的轨迹. 这个轨迹从 w_1 所属的 V_i 中出发，依次走过 $V_{i-1}, V_{i-2}, \cdots, V_1$ 中的点到 v，然后走过下角标递增的 $\{V_k\}$ 中的点，最后到 w_2. 所以路径中不会包含 u，路径中唯一可能包含的 V_k 中的点只有 w_1 和 w_2（假如它们属于 V_k 的话），如图1.15. □

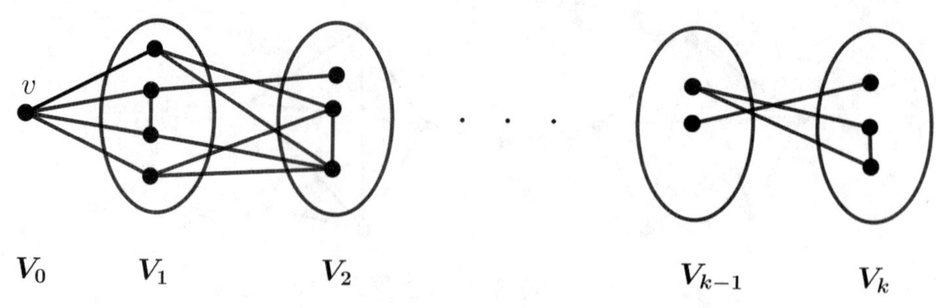

图 1.15　V_k 中的任何点都可以移除,保持图连通

注　取图中的一个点,然后考虑顶点集 $V_i = \{u|d(u,v) = i\}$,这个方法很有用. 此时的一条边或者在某个 V_i 的两个点之间,或者在 V_i 和 V_{i+1} 之间.

换边法

有时我们需要证明一个图包含满足特定性质的子图. 运气好的话,用贪心法可以直接找到这样的子图. 另一个方法是通过增加或删除边,逐步修改这个子图,直到得到想要的结果. 我们称这个方法为“换边法”. 下面是一个贴切的例子.

命题 1.18. 设连通图 G 的顶点个数为偶数,则 G 有一个生成子图,其所有顶点的度数是奇数(也就是说,我们可以选择一些边,使得 G 中每个顶点都和所选边中的奇数条关联).

证明　从所有的边被选择开始,我们一步步修改所选的边的集合.

在每一步,如果有一个顶点 u 和所选的偶数条边关联,那么必然有另一个顶点也是这样,记为 v.(否则,会有奇数个顶点,每点关联奇数条边,和握手引理 1.8 矛盾.)取原始图中连接 u 和 v 的一条道路,记为

$$e_1, e_2, \cdots, e_k$$

其中 e_i 是边. 对每个 e_i,如果已被选择,我们就将其移除;如果未被选择,我们就将其加入. 如此做过之后,如图1.16,u 和 v 都和奇数条已选的边关联. 其余的顶点所关联的已选边个数奇偶性不变(因为其他每个顶点所关联的已选边中有 0 或 2 条被改变,不影响个数的奇偶性).

于是在每一步,我们可以调整好两个顶点,而且不影响其他的顶点. 经过一些步骤之后(最多 $\frac{|V|}{2}$),所有的顶点都和奇数条已选边关联. □

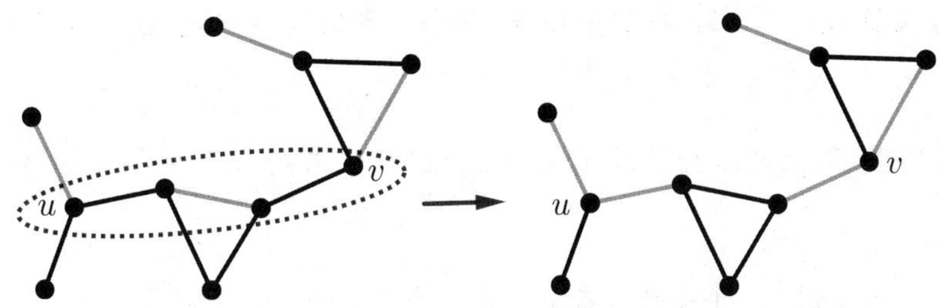

图 1.16 把 u 和 v 的度数变成奇数

注 1 我们可以把这个过程看成模 2 的加法：把路径 $e_1e_2\cdots e_k$ 加入到图中然后模 2. 如果边不在其中，那么我们就加上它；如果已在其中，那么我们就去掉它.

注 2 不熟悉图论的读者可能会对上面的问题尝试不同的策略，例如取满足特定性质的顶点之间的边. 正如之前所说，这样的策略因为一个深刻的原因不会成功：顶点的性质无法很好地描述整个图的样子. 例如，我们从度数开始，然后考察特定度数的顶点组. 这将不会有任何效果，因为看起来完全不同的两个图可以有同样的顶点度数序列. 另一方面，考察路径就会更好地了解图的整体性质，路径是更全局化的实体.

习题

1.1. 证明：如果图至少有两个顶点，那么有两个顶点的度数相同.

1.2. 是否存在(简单)图，其顶点度数序列为：

(a) 2, 2, 2, 3;

(b) 2, 2, 3, 3;

(c) 1, 1, 1, 1, 4, 4;

(d) 1, 1, 1, 3, 4, 4.

1.3. 设 G 是 n 个顶点的图，有 m 条边和 p 个连通分支. 证明：$m+p\geqslant n$.

1.4. 证明：如果不同的顶点 v 和 w 之间有一条轨迹，那么它们之间有一条路径.

1.5. 证明：围长为 5 的 k–正则图(没有长度为 3 或 4 的圈)至少有 k^2+1 个顶点.

1.6. 证明：完全图 K_n 的所有子图中，至少有一半是连通图.

1.7. 设 G 是连通图. 若一条边移除后把图变得不连通，则称这条边为**割边**. 证明：一条边是割边当且仅当它不属于任何的回路.

1.8. 设 n 是正整数,G 有 $12n$ 个顶点,每个顶点的度数都是 $3n+6$,任何两个顶点的公共邻点个数都相同,求 n.

1.9. 设连通图 G 上的路径长度最大为 k,证明:任何两条长度为 k 的路径有公共顶点.

1.10. 设 G 是连通图,对任何顶点 v,$N(v)$ 为 v 的邻点集,定义

$$f(v)=\frac{1}{d(v)}\sum_{u\in N(v)}d(u)$$

为 v 的邻点的度数的平均值. 证明:如果 $f(v)=d(v)$ 对所有顶点 v 成立,那么 G 是正则图.

1.11. 设 G 是 n 个顶点的图,对 G 的任何 4 个顶点,至少有 2 条边的端点都属于这 4 个点. 证明:G 至少有 $\frac{n(n-1)}{6}$ 条边.

1.12. 设图 G 有 $2n+1$ 个顶点,对任何 n 个顶点,存在另一个顶点和它们都相邻. 证明:G 中存在一个顶点和其余顶点都相邻.

1.13. 设图 G 有 $2n$ 个顶点,每点度数为 n. 证明:去掉 G 中任何 $n-1$ 条边,G 还是连通图.

1.14. 设 G 至少含有一条边,并且度数相同的任何两个顶点没有公共的邻点. 证明:G 包含一个度数为 1 的顶点.

1.15. 证明:一个 4–正则连通图去掉任何一条边后,还是连通的.

1.16. 证明:顶点度数均值不小于 d 的图必然有一个子图,其最小度数至少是 $\frac{d}{2}$.

1.17. 图 G 有 n 个顶点,每点度数不小于 $\frac{n-1}{2}$. 证明:G 是连通图.

1.18. 图 G 的最小度数为 $\delta>1$,证明:G 中有长度至少为 $\delta+1$ 的圈.

1.19. n 个顶点的 k–正则图中,任何两个顶点恰好有 b 个相同邻点,证明

$$k(k-1)=b(n-1)$$

1.20. 设 t,n 是正整数,$t\leqslant 2(n-1)$,简单图 G 有 n 个顶点. 对于 G 中的任何边 xy,有 $d(x)+d(y)\leqslant t$. 证明:G 中至多有 $\frac{tn}{4}$ 条边.

1.21. 设 t,n 是正整数,$t\leqslant 2(n-1)$. G 有 n 个顶点,满足:若顶点 $x\neq y$ 不相邻,则 $d(x)+d(y)\geqslant t$. 证明:G 中至少有 $\frac{tn}{4}$ 条边.

1.22. 设 G 是 m–正则图,有 n 个顶点,$m < n-1$. 证明:G 中不包含 K_k,其中 $\frac{n}{2} < k < n$.

1.23. 设二部图 G 的顶点集为 X 和 Y,每个顶点的度数不少于 1. 对于任何相邻的 $x \in X$ 和 $y \in Y$,总有 $d(x) \geqslant d(y)$. 证明:$|X| \leqslant |Y|$.

1.24. 给定 n 个顶点的图 G,和正整数 $m < n$. 证明:G 中有 $m+1$ 个顶点,这些顶点中最大的度数与最小的度数的差不超过 $m-1$.

1.25. 允许在图中作如下操作:取一个 4–圈,然后去掉其中的一条边. 从 K_n 开始操作并进行下去,最后剩余的边的数目的最小值是多少?

1.26. 设连通图 G 有 n 条边. 证明:可以把所有的边标号 1 到 n,满足对任何度数大于 1 的顶点,其所有关联边的标号的最大公约数为 1.

1.27. 是否可以把 $\binom{n}{2}$ 个连续的自然数放在 n 个顶点的完全图的边上,使得任何长度为 3 的路径或圈上依次所标记的三个数 a, b, c,满足 $(a, c) | b$?

1.28. 设 G 是一个图,证明:可以把顶点集分成两个集合,使得每个顶点有至少一半的邻点位于另一个集合.(也就是说,证明图有一个生成子图为二部图,每个顶点的度数不小于此点在 G 中度数的一半.)

1.29. 图 G 的直径定义为 G 中两个顶点的最大可能距离. 证明:或者 G 的直径不超过 3,或者它的补图的直径不超过 2.

1.30. 设图 G 满足:对任何四个顶点 v_1, v_2, v_3, v_4,存在 i,使得 v_i 与 v_{i-1}, v_{i+1} 都相邻或都不相邻(理解指标为模 4 的数). 证明:可以把 G 的顶点集分拆成 V_1 和 V_2,使得 V_1 中任何两个顶点都相邻,V_2 中任何两个顶点都不相邻.

1.31. 图 G 的任何四个顶点中都存在三个两两相邻的顶点,或者三个两两不相邻的顶点. 证明:顶点集可以分拆成 A 和 B,使得 A 诱导了完全图,而 B 诱导的图没有边.

1.32. 证明:n 个顶点的图如果不包含长度为 k 的路径,那么它至多有 $\frac{k-1}{2}n$ 条边.

1.33. 设 $n > 4, k$ 是整数,$2 \leqslant k \leqslant n-2$. 考虑至少有一条边的 n 个顶点的图 G. 证明:G 是完全图当且仅当其中任何 k 个顶点诱导的子图的边数相同.

1.34. 设 n 个顶点的图 G 满足下列性质:

- 没有顶点的度数是 $n-1$.

- 任何两个不相邻的顶点恰有一个公共邻点.
- 不存在三个顶点两两相连(也就是说,不存在三角形).

证明:G 是正则图.

1.35. 设图 G 有偶数个顶点,证明:存在两个顶点有偶数个公共邻点.

1.36. 设图 G 的每个顶点处有一个电灯和一个开关. 一开始,所有灯都点亮. 触动一个开关会改变这个顶点处的灯以及相邻顶点处的灯的状态. 证明: 可以触动一些开关,使得所有的灯都熄灭.

1.37. 证明:如果一个图的最小度数不小于 3, 那么存在一个圈, 其长度不是 3 的倍数.

1.38. 设 n 和 k 是整数, $k < n$. 图 G 有 n 个顶点,任何两个顶点之间的距离不超过 k. 求最小的 d,使得满足上述条件的任何图 G 中存在两个顶点,它们之间有一条轨迹,其长度是一个不超过 d 的偶数.

1.39. 求最小的实数 c,使得任何 n 个顶点的图若至少有 cn 条边,则一定有两个无公共顶点的圈.

1.40. 设 n 是正整数,求最小的 k,使得 K_n 的所有边可以分成 k 个二部图.

1.41. 设 G 是二部图,顶点集为 A 和 B. 如果一个顶点集 $X \subseteq A$,并且每个 B 中的顶点和 X 中至少一个顶点相邻,或者 $X \subseteq B$,并且每个 A 中顶点至少和一个 X 中顶点相邻,那么称 X 是“强大集”. 证明:A 中的强大集个数和 B 中的强大集个数的奇偶性相同.

1.42. 设 $G(V, E)$ 是一个图. 顶点集合 $S \subseteq V$ 如果满足任何 V 中顶点或者在 S 中,或者和 S 中至少一个顶点相邻,那么称 S 是“支配集”. 证明:支配集的个数总是奇数.

1.43. 设 G 是连通图,边数为偶数. 证明:可以把 G 的边分拆成长度为 2 的路径.

1.44. 设连通图 G 的顶点度数至少为 2,而且没有偶圈.

(1) 证明:G 有一个生成子图,所有点的度数为 1 或 2.

(2) 证明:如果去掉“没有偶圈”的条件,那么结论不再成立.

第 2 章　欧拉回路和哈密顿圈

假设一个人想乘飞机环游一个国家，从一个城市到另一个城市. 他可能有一些特殊的要求，例如每一个城市只经过一次，或者每条航线只走一次. 他可能坐在扶手椅上，想知道这样的旅行是否可能. 如果大家觉得这些问题很有趣，我们就继续讨论.

欧拉回路

据说，图论起源于 18 世纪初的普鲁士的城市哥尼斯堡. 这座城市由几块被水隔开的土地组成，土地之间由几座桥梁连接. 当地人总想知道是否有可能在城市中漫步，穿过每座桥恰好一次. 没有人能找到这样做的方法，直到莱昂纳德·欧拉（Leonhard Euler）关注这个问题时，才证明这种路线是不可能的. 在他的论文中，题为“Solution Problematis ad geometriam satus petinentis”（1736 年），欧拉将其作为“位置几何”中的一个问题，而不是“距离几何”.

把这个问题转化为图论：把地块当作顶点，把桥当作边. 我们只想看看是否有一条回路，每条边只经过一次.

定义 2.1. 一条**欧拉回路**是每条边恰好出现一次的回路.

我们想知道这样的回路存在于哪些图上. 显然，该图必须是连通的. 现在，假设存在欧拉回路，我们观察到每次回路通过一个顶点时，它都会使用关联该顶点的两条边. 因此，每个顶点都必须有偶数度. 事实证明，这实际上不仅是必要的，而且是充分的.

定理 2.2. *连通图有欧拉回路当且仅当每个顶点的度数为偶数.*

证明　($\Longrightarrow$) 假设有一个欧拉回路，当回路通过一个顶点时，它有一条边进入，一条边出去. 因此与任何顶点关联的边数是偶数.

(形式上看,设回路是 $v_1, v_2, v_3, \cdots, v_k$. 若顶点 v 出现为 $v_{i_1}, v_{i_2}, \cdots, v_{i_r}$,则它关联的边为 $v_{i_1-1}v_{i_1}, v_{i_1}v_{i_1+1}, v_{i_2-1}v_{i_2}, v_{i_2}v_{i_2+1}, \cdots, v_{i_r-1}v_{i_r}, v_{i_r}v_{i_r+1}$,所以有偶数条. 于是 $d(v)$ 是偶数.)

($\Longleftarrow$) 假设每个顶点的度数都是偶数,我们将使用贪心法构建回路. 从顶点 v 开始,并尽可能添加一条新边. 我们得到步道

$$v = v_1, v_2, \cdots, v_k$$

后不能进一步扩展. 若 v_k 不是 v,则路径上有与 v_k 关联的奇数条边,可以进一步延长步道. 因此 $v_k = v$,路径是一个回路.

如果它包含了所有的边,我们就完成了. 否则,注意到每个顶点关联了偶数条未使用的边. 在回路中有一个顶点,比如 v_i,它上面有未使用的边. 我们以 v_i 为起点,仅使用未使用的边构建回路. 同理,我们又得到一个回路

$$v_i, u_1, u_2, \cdots, u_s, v_i$$

现在我们可以连接两个回路并得到一个更长的回路,如图2.1

$$v_1, v_2, \cdots, v_i, u_1, u_2, \cdots, u_s, v_i, v_{i+1}, \cdots, v_k$$

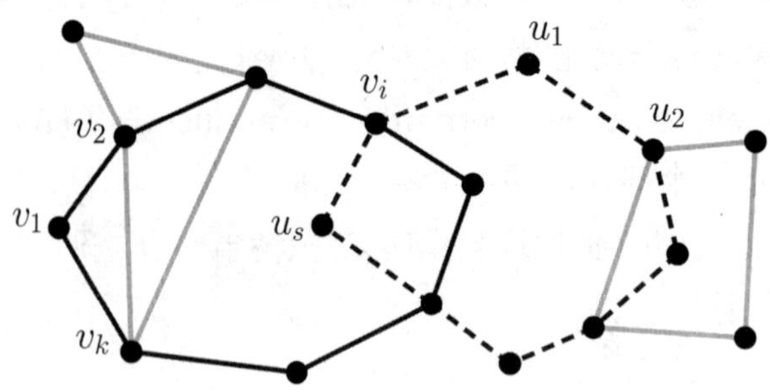

图 2.1　连接两个回路得到更长的回路

我们一直这样做,直到使用了所有的边,就得到了欧拉回路. □

注 我们也可以直接采用最长的回路,如果它不是欧拉回路,我们就可以扩展它,然后得到一个矛盾. 我们使用贪心法是因为它是更自然的思考方式.

欧拉证明了开始的必要性部分, 他认为第二部分是微不足道的, 不用写出证明. 事实证明他错了,第二部分实际上更难.

我们说过图论"始于"欧拉回路. 但真正的图论直到 100 多年后才兴起. 甚至"图论"这个名字也只出现在 19 世纪后期.

哈密顿路和哈密顿圈

我们讨论了通过所有边的回路，但另一个有趣的问题是：是否存在通过每个顶点恰好一次的圈.

定义 2.3. 设 G 是一个图.

- 经过每个顶点恰好一次的圈是**哈密顿圈**.
- 经过每个顶点恰好一次的道路是**哈密顿路**.
- 如果 G 包含哈密顿圈，那么 G 称为一个**哈密顿图**.

哈密顿图的判定不如欧拉图方便. 看起来有很多边应该保证存在一个哈密顿圈，但事实并非如此. 在 n 个顶点上，存在只有 n 条边的哈密顿图（就是一个圈构成的图），也存在有 $\binom{n-1}{2}+1$ 条边的非哈密顿图（一个 K_{n-1} 和另一个叶子顶点），如图2.2.

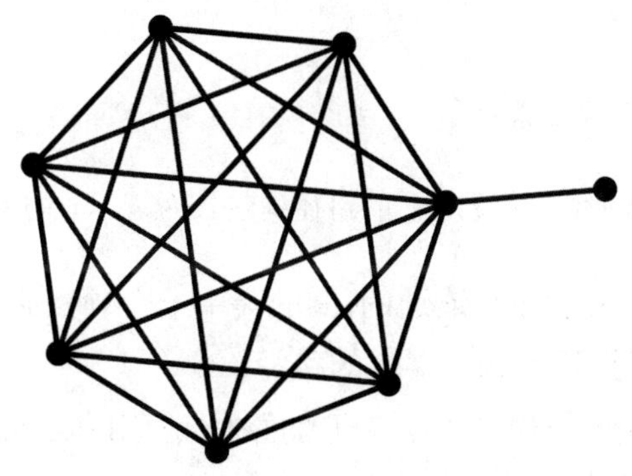

图 2.2　n 个顶点 $\binom{n-1}{2}+1$ 条边的非哈密顿图

我们可以证明下面的定理.

定理 2.4. （狄拉克，1952）设图 G 有 n 个顶点，如果任何两个不相邻的顶点 v, w 均满足 $d(v)+d(w) \geqslant n$，那么 G 有哈密顿圈.

证明　首先，任何两个不相邻的顶点都有共同的邻居（它们的度数总和大于剩余顶点的数量），因此图是连通的.

我们将使用上一章的换边法来构建越来越长的路径，然后从哈密顿路径构建哈密顿圈.

假设我们有一个长度为 k 的路径，其中 $k<n-1$：$v_1, v_2, \cdots, v_{k+1}$. 如果 v_1 或 v_{k+1} 在路径外有邻点，那么我们可以延长路径.

否则，我们证明这 $k+1$ 个顶点实际上可以形成一个长度为 $k+1$ 的圈.

若 v_1 和 v_{k+1} 连通，则直接得到一个长度为 $k+1$ 的圈．否则，我们证明存在 i 使得 v_1v_i 和 $v_{i-1}v_{k+1}$ 是边．设 $v_{i_1}, v_{i_2}, \cdots, v_{i_r}$ 是 v_1 的邻居．根据 $d(v_1)+d(v_{k+1}) \geqslant n$，$v_{k+1}$ 至少有 $n-r$ 个邻居，都在 $v_1, \cdots, v_k$ 中．因此，其中有一个在 $v_{i_1-1}, v_{i_2-1}, \cdots, v_{i_r-1}$ 之中．然后我们可以写下由路径上的顶点形成的一个圈（如图2.3）

$$v_1, v_2, \cdots, v_{i_1-1}, v_k, v_{k-1}, \cdots, v_{i_1}, v_1$$

长度为 $k+1$．

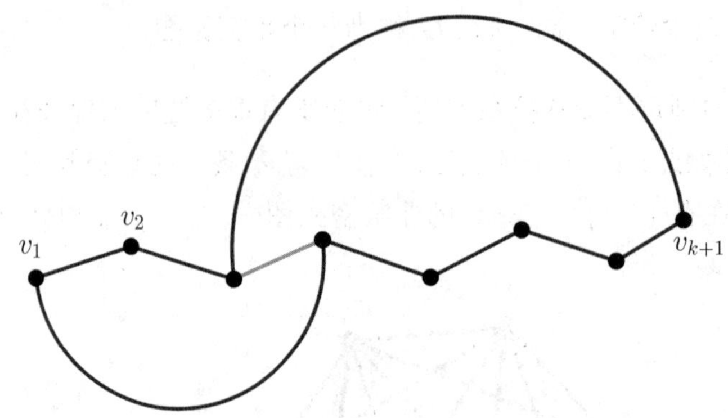

图 2.3　从长为 k 的路径构建长为 $k+1$ 的圈

现在看看这个圈．由于图是连通的，圈的其中一个顶点必然连接到不在圈上的顶点，因此我们可以得到长度为 $k+1$ 的路径．

最终，我们能得到一条长度为 $n-1$ 的路径，使用和上面同样的方法，可以将其写成一个长度为 n 的圈，即一个哈密顿圈．□

注 1　我们在证明中使用的路径交换方法是处理哈密顿圈或路径时的关键工具．

注 2　这个定理的条件远非必要．可以很容易地获得只有少数边的哈密顿图——只需从哈密顿圈开始根据需要添加边即可．

不过，这个定理是以下意义上的最佳条件：n 是使命题"如果 n 个顶点的图中所有不相邻的顶点 u,v 均满足 $d(u)+d(v) \geqslant k$，那么它必然是哈密顿图．"成立的最小的 k．之前提到的图，由一个 K_{n-1} 和一个叶子顶点组成，满足 $d(u)+d(v) \geqslant n-1$ 对所有非相邻顶点对成立，但它不是哈密顿图．

习题

2.1. 证明：如果一个连通图有 $2k$ 个奇数度的顶点，那么它的边集可以写成 k 条步道的并集，且任意两个步道没有公共边．

2.2. 证明:一个图的所有边可以划分为一些圈当且仅当所有顶点的度数是偶数.

2.3. 设连通图 G 的所有顶点的度数为偶数,v 是一个度数为 $2n$ 的顶点. 证明:可以移除 v 关联的 n 条边,使图保持连通.

2.4. 设 n,k 为正整数,k 是偶数. 证明:nk–正则图的边可以划分为一些集合,每个集合由具有公共顶点的 n 条边组成.

2.5. 设 G 是 n 个顶点的图,顶点度数均不小于 $\frac{n-1}{2}$. 证明:G 有一条哈密顿路径.

2.6. 设 G 是 n 个顶点的图. 假设有 $k > \frac{n}{2}$ 个顶点之间没有边. 证明:G 没有哈密顿圈.

2.7. 找到一个不包含哈密顿路径的 3–正则连通图.

2.8. 考虑顶点为 $3 \times n$ 格点阵的图:每列有 3 个顶点,每行有 n 个,每个顶点都与距离为 1 的顶点相连. 证明:此图有哈密顿圈当且仅当 $2 \mid n$.

2.9. 设 $n \geqslant 2$ 是一个奇数. 求最小的 k,使得可以将 $\{1,2,\cdots,k\}$ 分拆为 n 个子集 $X_1, X_2, \cdots, X_n$,满足:对任何 $i,j, 1 \leqslant i < j \leqslant n$,都存在 $x_i \in X_i, x_j \in X_j$,且 $|x_i - x_j| = 1$.

2.10. 设 G 是至少有 5 个顶点的连通图,任何 4 个顶点之间至少有 2 条边. 证明:G 有哈密顿路径.

2.11. 证明:对于奇数 n,可以将 K_n 的边划分为哈密顿圈;对于偶数 n,可以将 K_n 的边划分为哈密顿路径.

2.12. 设 G 是 $n(n \geqslant 4)$ 个顶点的图. 用 $h(G)$ 表示 G 中哈密顿路径的数量(若两条路径的所有边相同,则认为它们相同). 证明

$$h(G) \equiv h(\overline{G}) \pmod 2$$

2.13. 在 3–正则连通图中固定一条边. 证明:包含该边的哈密顿圈有偶数个.

第 3 章　树

我们现在将讨论树，回忆在第 1 章中的定义，树是没有任何圈的连通图．树很重要，因为这是一种"基本图"，正如我们将看到的，它也有助于研究其他图．

我们已经观察到 n 个顶点上的树有 $n-1$ 条边，和其他一些观察结果放在一起，可以得到关于树的特征的简单而有用的定理．

定理 3.1. 设 G 是 n 个顶点的图，则下列命题等价：

(1) G 是树．

(2) G 连通且有 $n-1$ 条边．

(3) 对 G 中任何两个顶点 u 和 v，存在从 u 到 v 的唯一路径．

(4) G 连通，但去掉 G 的任何边，图都不连通．

证明　(1) $\Longleftrightarrow$ (2) 若 G 是树，G 有叶子顶点 v，就是 1 度顶点——要证明这一点，只需从任何顶点开始构建路径．因为没有圈，路径不会自交，于是会到达一个顶点 v 后无法再延长，这个 v 必然是 1 度顶点．去掉 v，应用归纳假设．图 $G\backslash\{v\}$ 是树，因此有 $n-2$ 条边，说明 G 有 $n-1$ 条边．

若 G 连通且有 $n-1$ 条边，我们可以找到叶子顶点 v（否则所有顶点度数至少为 2，度数和至少为 $2n$，和握手引理 1.8 矛盾）．从图中去掉 v 并应用归纳假设，我们发现 $G\backslash\{v\}$ 是树，于是 G 也是树．

(1) $\Longleftrightarrow$ (3) 假设某两个顶点之间有两条路径，我们选择两条路径长度和最小的两个顶点 u 和 v．这两条路径不会有公共顶点（否则路径上这个公共顶点到 v 的一段给出两条更短的路径，有公共的起始及终止点，和 u,v 的最小性矛盾）．于是两条路径拼接得到一个圈，矛盾．反之，如果 G 有一个圈，那么圈上的任何两个不同的顶点之间有不止一条路径．

(1) $\Longleftrightarrow$ (4) 去掉一条边 uv 图依然连通，当且仅当存在 u 到 v 不用这条边的路径，也就是说 uv 在某个圈上．因此一个连通图是树，当且仅当它不含圈，也当且仅当每条边去掉以后会使图不连通．　□

生成树

现在我们将证明任何连通图都有一个生成树，即有一个树子图包含了所有的顶点. 我们将看到，这样的树虽然不是唯一的，但可以看作是图的骨架.

定理 3.2. 任何连通图都有一个生成树，即包含所有顶点的树的子图.

证明　取顶点数最大的树子图. 假设它不是生成树，因为图是连通的，所以树的某顶点和不在树中的某顶点之间有一条边. 将该边添加到树中，如图3.1. 较大的子图仍然是一个树，因为新边不能是任何圈的一部分. 因此我们得到了更大的树子图，矛盾.

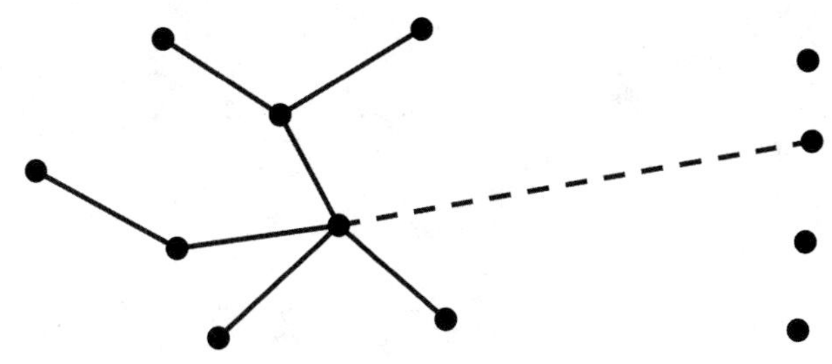

图 3.1　非生成子树可以扩展

因此所选择的树是生成树. □

从这个证明不容易看出生成树的构建方式. 实际想法是用贪心法，一次选择一条边来构建生成树：在每一步，如果还没有得到生成树，就可以再选一条不会得到圈的边；在得到生成树之前，我们永远不会停止.

因此，可以证明以下几点：

命题 3.3. 设 G 为连通图，T 是 G 的树子图，则 T 可以扩展为生成树.

证明　假设 T 有 $k < n$ 个顶点，其中 n 是 G 的顶点数. 我们想将 T 扩展到 $k+1$ 个顶点. 由于 G 连通，必须有一条边将 T 中的一个顶点连接到一个不在 T 中的顶点. 将该边添加到 T. 它显然不会与 T 中的边形成圈，所以新图是在 $k+1$ 个顶点上的树. 继续扩展树直到它有 n 个顶点. □

如上所说，生成树可以看作是图的骨架. 我们应用生成树再次证明以下命题：

命题 3.4. 设 G 为连通图，则 G 有一个顶点，其移除保持图连通.

证明　取 G 的生成树，移除生成树的一个叶子. 其他顶点在树中连通，因此它们在 G 中也连通. □

实际上,我们可以进一步证明下面的命题:

命题 3.5. 设 G 是一个连通图,如果其中只有两个顶点的移除不会断开该图,那么 G 是一条路径.

证明 我们首先证明所有顶点的度数最多为 2. 假设一个顶点 v 的度数至少为 3. 我们知道 v 连同它的关联边,确定了一个树. 但是我们也知道任何树子图都可以扩展为生成树. 在这个生成树中,v 的度数至少为 3,所以根据握手引理 1.8,至少有 3 个度数为 1 的顶点(如图3.2),它们都可以在不断开树的情况下去除,于是也不断开 G.

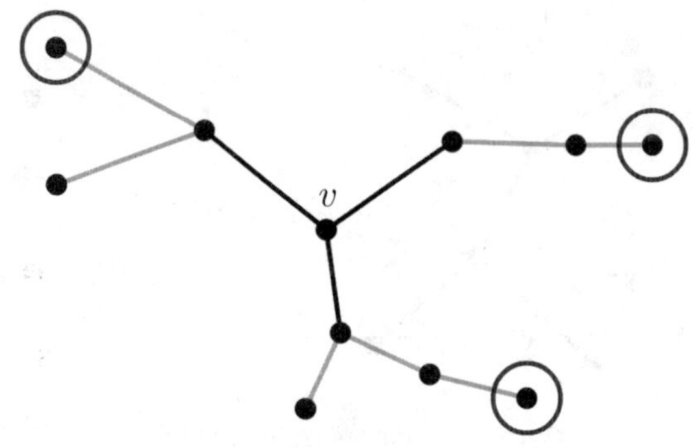

图 3.2 找到图的三个非割点

因此所有的顶点都有度数 1 或 2. 这样的图要么是路径要么是圈,在后一种情况下,去除任何顶点都不会断开图,不符合题目条件. □

另一个有趣的应用是如下已经证明过的命题:

命题 3.6. 任何有偶数个顶点的连通图都有一个所有度数为奇数的生成子图.

证明 取一个生成树,构建这样一个生成树的子图就足够了. 我们对树的顶点数进行归纳来做到这一点. 对于 2 个顶点,这是显而易见的.

现在,考虑有 $2n$ 个顶点的一个树. 假设存在一个顶点 v,与 k 个叶子相连,并且 v 只和另外一个顶点相连,我们可以做以下事情:

如果 k 是偶数,就删除 k 个叶子顶点,并应用归纳假设. 在剩余顶点上获得子图,使得所有 $2n-k$ 个顶点都有奇数度. 添加 k 个叶子的边,我们得到 $2n$ 个顶点的子图,每个顶点还是奇数度.

如果 k 是奇数,就删除 v 和 k 个叶子,然后应用归纳假设. 我们得到一个 $2n-k-1$ 个顶点的子图,所有度数都是奇数. 添加 k 个叶子的 k 条边,我们得到 $2n$ 个顶点的子图满足条件,如图3.3.

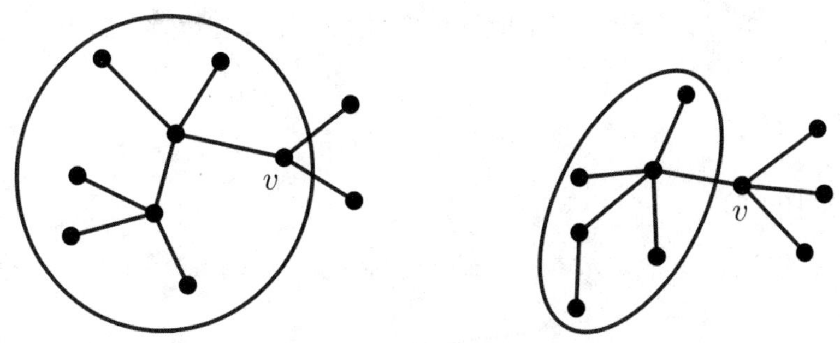

图 3.3　应用归纳假设的子树，左边对应偶数 k，右边对应奇数 k

（如果 v 连接到至少两个非叶子节点，那么该论述将不起作用——这是因为删除 v 会使图不连通，并且由此产生的两个分支可能有奇数个顶点，将无法应用归纳假设.）

所以我们只需证明这样一个顶点 v 存在. 显然，去除树的所有叶子，剩下一个树. 但是这个树必然包含一片叶子. 这片叶子将成为原来树中所需的 v，如图3.4. □

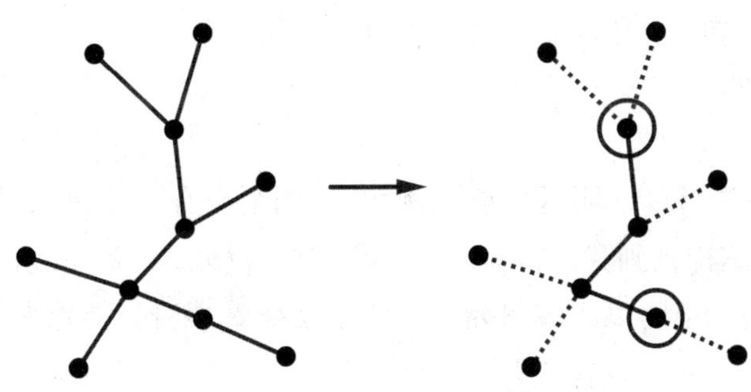

图 3.4　找到所需的 v

在有许多边的图中会有很多圈，但由于连接方式比较混乱，我们可能无法控制它们. 生成树经常很有帮助，不在生成树上的任何边均与生成树上的一条路径一起确定一个圈.

例 3.7. 证明：n 个顶点，$(n-1)+k$ 条边的图中至少包含 k 个圈（可能用到重复的边）.

证明　只需证明连通图的结果.（对于非连通图，设连通分支 i 中有 n_i 个顶点和 $(n_i-1)+k_i$ 条边，我们就得到 k_i 个圈，一共有 $\sum k_i=(C-1)+k$ 个圈，其中 C 是连通分支的数量.）

取一个生成树 T. 对于不在生成树中的任意边 uv, 在 T 中 u 和 v 之间存在唯一路径

$$u, u_1, u_2, \cdots, u_r, v$$

于是有圈(如图3.5)

$$u, u_1, u_2, \cdots, u_r, v, u$$

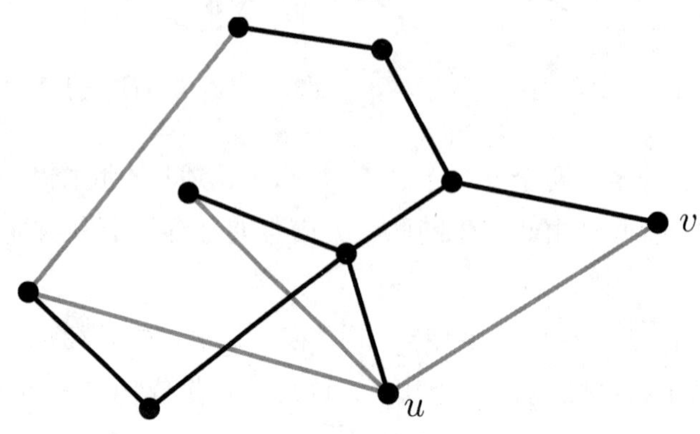

图 3.5　生成树外面的每条边决定一个圈

这些圈都是不同的(因为 uv 不同), 一共有 $(n-1)+k-(n-1)=k$ 个, 正是我们想要证明的. □

注 有更简单的方法可以证明这一点.(例如, 该图至少有一个圈; 选择其中的一条边并移除它; 继续这样直到我们没有圈——我们至少移除了 k 条边, 所以至少有 k 个圈). 然而, 我们采用的以生成树为起点的方法随着事情变得越来越复杂而变得更加强大.

树的计数

我们很自然地会问有多少个树. 更准确地说, n 个标记的顶点上有多少个树? 这相当于找到图 K_n 的生成树的数量, 为此我们有以下漂亮的公式:

定理 3.8. (凯莱定理)K_n 有 n^{n-2} 个生成树.(也就是说, n 个标记顶点上有 n^{n-2} 个树.)

思路 对于任何树, 我们将尝试对其进行刻画, 然后希望能够根据该刻画重新构建它. 我们这样做的方法是一个一个地去除叶子并尝试记录我们去除的东西. 不过, 我们必须按照明确定义的顺序执行此操作.

证明 假设顶点标记为 $1,2,\cdots,n$. 我们将在 $n-2$ 个数字 $(x_1,x_2,\cdots,x_{n-2})$ 的序列和树之间建立双射,其中 $x_i\in\{1,2,\cdots,n\}$. 这会给出要证明的结果.

我们将执行一个算法,一次移除一片叶子并尝试"编码"该叶子的附着位置. 在步骤 i,我们取标记最小的叶子,移除该叶子并选择 x_i 作为叶子所附着的顶点的标签(不是所去掉叶子的标签),如图3.6.

我们可以执行 $n-1$ 步此操作,但最后一个数字 x_{n-1} 将始终为 n ——事实上,任何一步都至少有两个叶子,所以 n 永远不会被删除;当剩下两个顶点时,其中一个为 n,另一个将被移除. 因此我们会删除另一个并得到 $x_{n-1}=n$. 所以我们将使用 $n-2$ 个数字的序列.

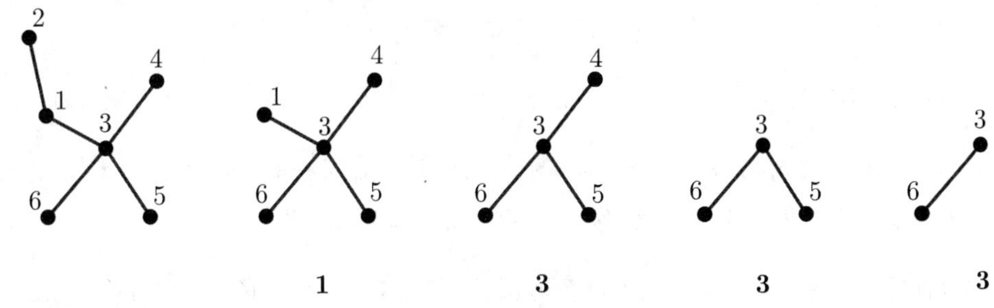

图 3.6 算法和得到的编码

现在,只需证明每个序列恰好对应一个树. 考虑一个顶点(与 n 不同)如何被移除:如果它在树中有 k 个邻点,就必须先移除其中的 $k-1$ 个以使其成为叶子. 一旦其中的 $k-1$ 个被移除,它就会变成一片叶子,当它变成最小的叶子时就会被移除. 此外,它的第 k 个邻居在它之后被移除(如果这个邻居不是 n).

我们首先证明每个序列最多对应一个树. 从一个序列开始,我们要推导出哪个顶点在步骤 i 中被移除——称之为 y_i. 在步骤 i 之前,正好有以下叶子顶点:那些标号不在 $y_1,\cdots,y_{i-1}$ 中,也不在 $x_i,\cdots,x_{n-2}$ 中的顶点,而 y_i 必然是这些叶子中最小的,可以唯一确定. 因此树的边必须是 $x_1y_1,x_2y_2,\cdots,x_{n-2}y_{n-2},ny_{n-1}$.

现在对 n 归纳证明每个序列对应于一个树. 当 $n=3$ 时命题显然成立. 现在,假设命题对 $n-1$ 成立. 对 n 的情况,取一个序列,即 $(x_1,x_2,\cdots,x_{n-2})$. 取序列中没有出现的最小数,比如 k. 根据归纳假设,序列 $(x_2,x_3,\cdots,x_{n-2})$ 对应 $n-1$ 个顶点上的一个树 $\{1,2,\cdots,n\}\backslash\{k\}$. 将 k 附加到 x_1,我们得到序列 $(x_1,x_2,\cdots,x_{n-2})$ 所对应的树. □

注 序列 $(x_1,x_2,\cdots,x_{n-2})$ 被称为树的"Prüfer"码,以德国数学家 Heinz Prüfer 命名,他提出了这个"证明"(prüf).

习题

3.1. 设 T 为一个树,存在一个顶点的度数 $d>2$,证明:T 至少有 d 个叶子.

3.2. 设连通图 G 有 n 个顶点,不超过 $n+k$ 条边. 证明:可以删除 $k+1$ 个顶点,得到没有圈的图.

3.3. 设 $n>0$ 是一个整数. 如果任意两个圈都没有公共边,那么 n 个顶点上的图可以拥有的最大边数是多少?

3.4. 设 $d_1, d_2, \cdots, d_n$ 为正整数,使得

$$d_1+d_2+\cdots+d_n=2n-2$$

证明:存在 n 个顶点的树,度数为 $d_1, d_2, \cdots, d_n$.

3.5. 在 n 个顶点的树的每个顶点处都有一只蚱蜢. 在某一时刻,所有蚱蜢都跳到相邻的顶点,并且任何两只蚱蜢跳到不同的顶点. 证明:n 是偶数.

3.6. 设 $G(V,E)$ 是 $n \geqslant 2$ 个顶点的连通图. 证明:存在子集 $V_1 \subseteq V, |V_1| \leqslant \frac{n}{2}$,使得 V 中的任何顶点要么在 V_1 中,要么与 V_1 中的某顶点相邻.(这样的集合称为**支配集**.)

3.7. 设 $k>0, T$ 为 n 个顶点的树,其中最长路径的长度(直径)为 $2k-3$. 证明:T 至少包含 $n-k+1$ 条长度为 k 的路径.

3.8. 设 $T_1, T_2, \cdots, T_k$ 是一个树 T 的子树,其中任意两个子树至少有一个公共顶点. 证明:它们都有一个共同的顶点,即

$$T_1 \cap T_2 \cap \cdots \cap T_k \neq \varnothing$$

3.9. 设 T 是有 t 个顶点的树. 证明:每个平均度数为 $2t$ 的图都包含 T 作为子图(即包含一个与 T 同构的子图).

3.10. 设 T 是 n 个顶点的树,$0<k \leqslant n$. 对于 k 个顶点构成的子集 A,用 $C(A)$ 表示 A 诱导的子图的连通分支个数. 计算

$$\sum_{A \subseteq V, |A|=k} C(A)$$

3.11. 在一个图中,每条边都分配了一个数字,使得对于每条长度为偶数的闭轨,边上数字的交替和为零. 证明:可以为每个顶点分配一个数字,使得每条边上的数字是其端点上的数字之和.

3.12. 对所有 n 个顶点的树,求 $\sum_{x\neq y\in V} d(x,y)$ 的最大值和最小值.

3.13. 设 $T(V,E)$ 是树,定义 V 上的函数 $f(v)=\sum_{u\in V} d(u,v)$. 证明:函数在最多两个顶点处达到最小值.

3.14. 在一个图中,如果一条轨迹至少通过每个顶点一次,就将称其为**伪哈密顿的**. 证明:在 $n\geqslant 3$ 个顶点上的连通图中,存在长度最多为 $2n-4$ 的伪哈密顿轨迹. 你能用 G 中最长路径的长度(记为 k)改进这个界限吗?

3.15. 设 $\varepsilon>0$ 为实数. 证明:除有限多 n,任何 n 个顶点、至少有 $(1+\varepsilon)n$ 条边的图都有两个长度相同的圈.

3.16. 设 T 是 $k+1$ 个顶点的树. 证明:k 阶超立方体的边可以划分成一些与 T 同构的树.(k 阶超立方体是顶点集为 $\{0,1\}^k$ 的图,即所有 0,1 序列 $(a_1,a_2,\cdots,a_k)$,其中两个点相邻当且仅当它们恰好在一个坐标上不同. 对于 $k=3$,这给出了三维空间中的立方体,其边为棱.)

3.17. 证明:完全二部图 $K_{m,n}$ 有 $m^{n-1}n^{m-1}$ 个生成树.

第 4 章 色 数

想一想以下情况：在一群人中，有些人之间有敌意. 我们希望将这群人分成尽可能少的组，且不会让有敌意的人在同一组中. 将这个问题转化为图论，我们可以将人表示为顶点，通过顶点之间的边来表示有敌意的关系. 因此，我们想给每个顶点一个标签（一种颜色），使得没有两个相邻的顶点具有相同的颜色，同时使用尽可能少的颜色.

定义 4.1. 设 G 是一个图，G 的**色数**是为图形的顶点着色所需的最小颜色数，使得没有两个相邻的顶点具有相同的颜色，用 $\chi(G)$ 表示. 通常，我们使用标签 $1, 2, \cdots$ 作为颜色.

有一些简单的情形：

例 4.2. *对任何* $n, \chi(K_n) = n$.

证明 任何两个顶点相邻，它们需要有互不相同的颜色. □

例 4.3. *若* C_5 *是长度为 5 的圈，则* $\chi(C_5) = 3$.

证明 设 $C_5 = v_1, \cdots, v_5$. 如果用 2 种颜色给顶点着色，假设 v_1 是 1，那么 v_2 是 2，v_3 是 1，v_4 是 2，v_5 为 1，与 v_1v_5 是一条边矛盾.

可以用 3 种颜色给它着色：v_1 为 1，v_2 为 2，v_3 为 1，v_4 为 2，v_5 为 3. 所以 $\chi(C_5) = 3$. □

例 4.4. *有至少一条边的二部图* G *满足* $\chi(G) = 2$.

证明 顶点被划分为 A 和 B，使得所有边都是一个端点在 A 中，一个端点在 B 中. 我们用 1 给 A 着色，用 2 给 B 着色即可. □

现在思考一下在不使用太多颜色的情况下为顶点着色的方法. 一个方法自然是以随机顺序开始着色，尽可能高效，以使相邻的顶点没有相同的颜色. 换句话说，可以使用贪心法，它给出以下结果：

命题 4.5. 设 G 是图，则 $\chi(G) \leqslant \Delta(G)+1$，其中 $\Delta(G)$ 是最大的度数.

证明 使用贪心法. 考虑颜色 $1,2,\cdots,\Delta(G)+1$. 列出 G 的顶点为

$$v_1, v_2, \cdots, v_r$$

按顺序着色，每个顶点都用编号最小的可能颜色，使得这种颜色没有用于任何已经上色的邻居. 这样做总能成功：当给 v_i 着色时，它最多有 $\Delta(G)$ 个邻居，所以它的邻居最多使用了 $\Delta(G)$ 种颜色；这意味着可以使 v_i 的颜色与其邻居的颜色均不同. □

注 对 K_n 等号成立.

上面使用贪心法，我们只是选择了顶点的随机排序. 也许通过更好地排序，可以在某些情况下使用更少的颜色. 事实上，有下面的结果：

例 4.6. 设连通图 G 的最大度数为 $\Delta(G)$. 若存在顶点的度数至多为 $\Delta(G)-1$，则 $\chi(G) \leqslant \Delta(G)$.

证明 设 $d(v) \leqslant \Delta(G)-1$，将顶点排序为 $v=v_0, v_1, \cdots, v_k$，满足 v_i 至少与 $v_0, v_1, \cdots, v_{i-1}$ 之一相邻（这很容易完成：首先列出 v 的邻居，然后邻居的邻居，依此类推）.

现在使用贪心法按下面顺序

$$v_k, v_{k-1}, \cdots, v_1, v_0$$

为顶点着色. 也就是说，每个顶点使用尚未用于其邻居的最小颜色来着色.

对于 $i>0$，因为 v_i 在 $v_0, \cdots, v_{i-1}$ 中至少有一个邻居，所以它在 $v_k, \cdots, v_{i+1}$ 中最多有 $\Delta(G)-1$ 个邻居. 因此，v_i 可以使用 $1,2,\cdots,\Delta(G)$ 其中一种颜色着色. 而 v_0 最多有 $\Delta(G)-1$ 个邻居，也可以着色. 于是得到想要的结论. □

显然，若 K_n 是 G 的子图，则 $\chi(G) \geqslant n$. 初学者很容易认为 G 需要 K_n 作为子图才能有色数至少 n，这不是真的.

例 4.7. 设 $n \geqslant 3$，构造一个不含 K_n，色数为 n 的图.

证明 取 K_{n-3} 和 C_5（5 个顶点的圈），连接 K_{n-3} 的每个顶点和 C_5 的每个顶点，如图4.1.

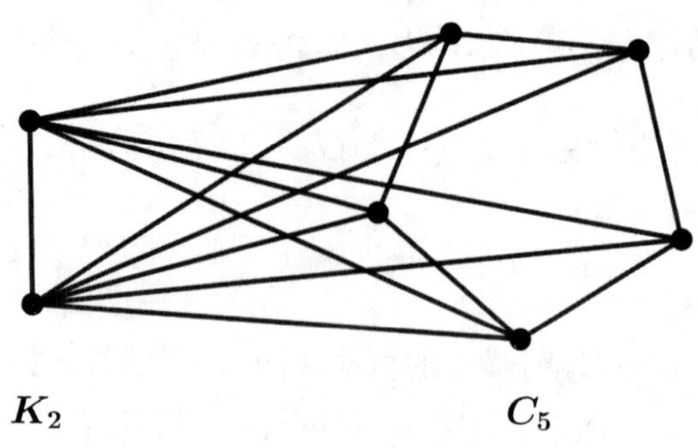

图 4.1 不含 K_5 的色数为 5 的图

图中显然不存在 K_n，否则会在 C_5 有三角形．进一步，K_{n-3} 需要染 $n-3$ 种颜色，而 C_5 需要染 3 种颜色，而这些颜色都要互不相同．因此图的色数是 n． □

我们证明一个有趣的事实来结束本章的理论部分：

例 4.8. 设 G 是 n 个顶点的图，$\overline{G}$ 是其补图，则 $\chi(G)\chi(\overline{G}) \geqslant n$.

证明 取两组颜色分别为 $1,2,\cdots,\chi(G)$ 和 $1,2,\cdots,\chi(\overline{G})$．用 $c(v)$ 和 $c'(v)$ 分别表示两种颜色中顶点 v 的颜色．

观察到对于任何 u 和 v，边 uv 属于 G 和 $\overline{G}$ 之一，所以需要 $c(u) \neq c(v)$ 或 $c'(u) \neq c'(v)$ 成立，因此有序对 $(c(v),c'(v)) \neq (c(u),c'(u))$．

但是这些有序对属于集合

$$\{1,2,\cdots,\chi(G)\} \times \{1,2,\cdots,\chi(\overline{G})\}$$

只能取 $\chi(G)\chi(\overline{G})$ 个不同的值．共有 n 个这样的对，所以有 $\chi(G)\chi(\overline{G}) \geqslant n$． □

习题

4.1. 设 T 是至少有两个顶点的树，求 $\chi(T)$.

4.2. 设 G 为图，m 为 G 的边数．证明：$\chi(G) \leqslant \dfrac{1}{2} + \sqrt{2m + \dfrac{1}{4}}$.

4.3. 证明：图 G 包含长度至少为 $\chi(G)-1$ 的路径．

4.4. 在一个图中，每个顶点最多有 5 个邻居．证明：可以用 3 种颜色为顶点着色，使得每个顶点至多有一个相同颜色的邻居．

4.5. 设图 G 有 n 个顶点，m 条边．证明：可以用 k 种颜色为 G 的顶点着色，使得至多 $\frac{m}{k}$ 条边的两个端点颜色相同．

4.6. 给定一个图 G 和正整数 n,证明:可以删除 G 的所有边的至多 $\frac{1}{n}$,使得剩下的图不包含 $n+1$ 个顶点的完全图.

4.7. 设 G 和 G' 是同一组顶点上的两个图. 图 $G\cup G'$ 的顶点集和 G 相同,边是 G 和 G' 的边集的并. 证明:$\chi(G\cup G')\leqslant \chi(G)\chi(G')$.

4.8. 设图 G 的顶点一一对应于 $\{1,2,\cdots,n\}$ 的非空子集. 若两个集合的交集为空,则连接两个对应的顶点. 求 G 的色数.

4.9. 设 G 连通,$\chi(G)\geqslant n+1$. 证明:可以从 G 中去除 $\frac{n(n-1)}{2}$ 条边,还保持它连通.

4.10. 设 G 是 $2n$ 个顶点的图. 有 N 种颜色的标签,要将标签分配到顶点,使得任意相邻的两个顶点至少有一个同色的标签,并且任何不相邻的顶点没有同色的标签. 求最小的 N,使得对于 $2n$ 个顶点的任何图 G,这样的标签分配都是可能的.

4.11. 在图 G 中,任意两个奇圈都有一个公共顶点. 证明:$\chi(G)\leqslant 5$.

4.12. 设连通图 G 的任何一个奇圈被去掉后,图不再连通. 证明:$\chi(G)\leqslant 4$.

4.13. 图 G 的每个奇圈都是一个三角形. 证明:$\chi(G)\leqslant 4$.

4.14. 设 $\chi(G)=k$,证明:G 至少有 $2^{k-1}-k$ 个奇圈.

4.15. 证明:对于任何 n,存在色数大于 n 的无三角形图.

4.16. 设 G 连通,$\Delta(G)\geqslant 3$. 证明:$\chi(G)=\Delta+1$ 当且仅当 $G=K_{\Delta+1}$.

第 5 章　平 面 图

每当学习图论时,人们都不会喜欢只能用大量交叉点绘制出的图,因为它们往往更难想象. 这种遗憾可以通过平面图来弥补,平面图恰好是可以在没有交点的情况下绘制的图:

定义 5.1. 若一个图可以在平面上绘制,使得它的边没有内部交点,则称为**平面图**.

注 我们采用在平面上“被绘制”的直观概念,尽管读者应该知道,将概念形式化远非易事.

对于这个图的任何绘制,观察一个新实体的出现,这是我们在原图中无法理解的——面. 如果不使用高级概念,我们就无法给出面的精确定义,因此我们还是采用直观的说法. 本质上,如果一个点可以从另一个点到达而无需跨越任何边,那么两个点就属于同一个面.“外部”也被认为是一个面.

有些图可以在平面上以多种方式绘制,因此面的集合取决于图形的绘制,而不仅仅是图形本身. 如图5.1,在同一个图的以下两个绘制中,一个有“五边形”的面,而另一个没有.

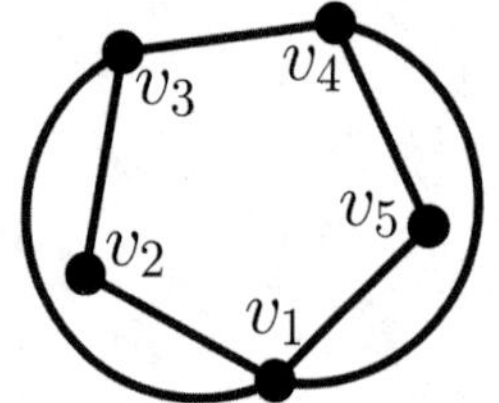

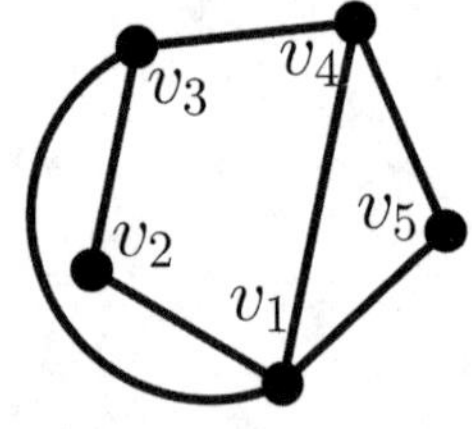

图 5.1　一个图的两个绘制

事实证明,有些信息不会因为绘制而改变:我们在 $|E|$,$|V|$ 和 $|F|$ 之间有一个关系,这还意味着面数对于任何绘制都一样. 这就是著名的欧拉公式:

定理 5.2. (欧拉公式) 设有连通平面图 $G(V,E)$ 的绘制,记 F 为面的集合,则

$$|E| = |V| + |F| - 2$$

证明 我们对 $|E|+|V|$ 归纳来证明它. 对于 1 个顶点的图,公式显然成立.

现在取一个连通平面图. 若这是一个树,则 $|V|=n$,$|E|=n-1$,并且 $|F|=1$,所以公式成立.(本质上,这是用于归纳的基础情况.)

否则,有一条边不是割边(即去除此边图保持连通). 去除此边后,顶点数不变,$|E|$ 和 $|F|$ 正好都减少 1,因此应用归纳假设可得

$$(|E|-1)=|V|+(|F|-1)-2 \implies |E|=|V|+|F|-2 \qquad \square$$

注 (平面图的对偶) 观察到,假设有一张平面图 G,我们可以这样做: 在每个面内选择一个点,可以说是它的“首都”. G 的每条边都是两个面(可能是同一个面)之间的边界; 穿过这条边连接这两个面的首都. 可以让每个面中从首都到边界的各条线没有内部交点. 如图5.2,我们得到的是另一个平面图,G',其顶点对应于 G 的面,其面对应于 G 的顶点,其边对应于 G 的边(每条边对应它穿过的那条边). G' 可能包含重复边甚至环. 这个新图 G' 被称为 G 的绘制的**对偶图**. 请注意,G 的不同绘制会导致不同的对偶.

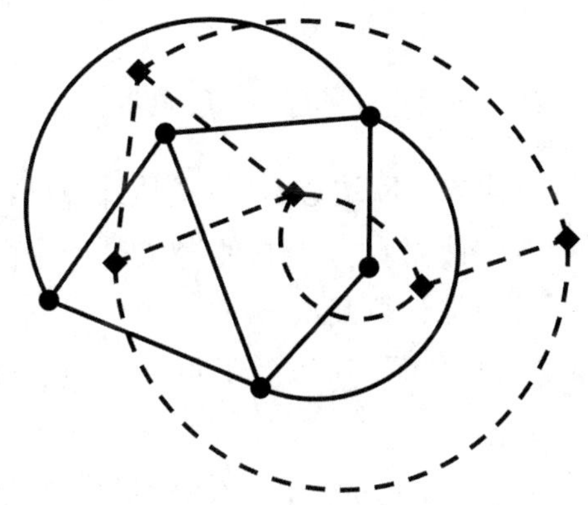

图 5.2 平面图及其对偶图

平面图的染色

对平面图的很多兴趣来自于四色问题. 有一个地图,我们希望用尽可能少的颜色为不同国家着色,使得共享边界的任何两个国家都有不同的颜色,则需要多少种颜色? 当然,对于以下情况(如图5.3),我们至少需要四个.

手工尝试表明,四种颜色似乎就够了. 所以有如下的**四色问题**: 四种颜色是否足以为任何平面地图着色?

我们先尝试把它转化为图论问题. 在每个区域中,我们选择一个顶点,即它的“首都”,并将其连接接到所有相邻区域的首都. 因此,问题可以改写为:

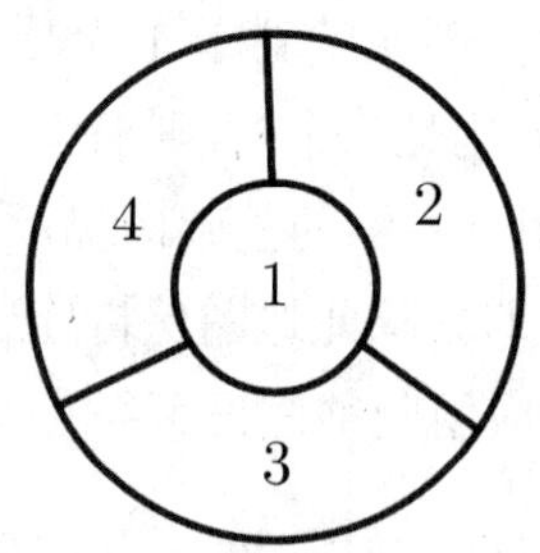

图 5.3　需要四种颜色的地图

是否每个平面图的色数最多为 4?

最明显的障碍是以 K_5 为子图,这肯定会使色数至少为 5. 但事实证明 K_5 不是平面图.

想想如何证明它不是平面图. 假设它是平面图，欧拉公式会告诉我们它有 7 个面. 为了得到矛盾,我们还需要面和边之间的额外关系:

引理 5.3. 设 G 是一个平面图,考虑它的一个绘制. 令 f_i 为有 i 条边的面的个数,那么以下公式成立

$$2|E| = 3f_3 + 4f_4 + 5f_5 + \cdots$$

证法一　本质上,上式计算了面的关联边总数,每条边计算两次.

形式上,我们将以两种方式计算 (e, f) 对,使得 f 是一个面,而 e 是它的边.(若一条边属于一个面两次,则该对被计算两次.)

显然，任何一条边都属于两个面，所以对于每个 e，f 有两个选择，即一共有 $2|E|$ 个上述对.

然而，如果存在 f_i 个带有 i 条边的面，那么恰好有 if_i 个上述对涉及这些面. 根据算两次原理,结论显然成立. □

证法二　还有一个证明很有启发性. 考虑对偶图 G',其中 G 的面现在是 G' 的顶点. G' 中顶点的度数就是 G 中对应面的边数.

如果用 v_i' 表示度数为 i 的顶点个数,那么我们要证明的是

$$2|E'| = 3v_3' + 4v_4' + 5v_5' + \cdots$$

容易看出,右边只是 G' 的顶点的度数之和,所以要证明的关系就是握手引理. □

注　该引理适用于简单图,即没有环或重边的图. 如果我们接受重边，就需要引入 f_2. 如果还接受环,就需要引入 f_1. 因此,上面所叙述的引理形式不是最一般的.

我们现在可以证明:

命题 5.4. K_5 不是平面图.

证明 根据欧拉公式,可得 $|V|=5,\ |E|=10,\ |F|=7$. 设 f_i 是有 i 条边的面的个数. 利用上面的引理,得到

$$2|E|=3f_3+4f_4+5f_5+\cdots\geqslant 3f_3+3f_4+3f_5+\cdots=3|F|$$

这说明,$2\times 10\geqslant 3\times 7$,矛盾. □

注 欧拉公式和引理给出 $|E|\leqslant 3|V|-6$,这个不等式很有用.

证明了 K_5 不是平面图后,我们可能希望任何平面图的色数最多是 4,但我们离证明还很远. 事实上,四色问题的答案是肯定的,色数最多为 4,但证明非常困难. 具有历史意义的是 1976 年给出的定理的证明,需要用计算机检查大量应该"手工"验证的案例.

定理 5.5. (四色定理) 任何平面图的色数至多为 4.

我们可以"手工"证明:

定理 5.6. (六色定理) 任何平面图的色数至多为 6.

证明 我们对顶点数用归纳法来证明. 对于不超过 6 个顶点的平面图,命题显然成立. 现在假设结果对 $n-1$ 个顶点的平面图成立,我们证明它对 $n\geqslant 7$ 个顶点的平面图也成立.

关键是发现存在一个度数最多为 5 的顶点. 如果证明了这一点,那么可以对去除该顶点的图使用归纳假设,得到它们的着色. 然后所选顶点最多有 5 个已着色邻居,因此它也可以用六种颜色之一着色.

为了证明这样的顶点存在,从前面的评论,我们知道在平面图中有 $|E|\leqslant 3|V|-6$. 于是根据握手引理 1.8,顶点的度数的均值小于 6,再根据抽屉原则,存在度数不超过 5 的顶点. □

注 我们使用了一些工具来证明某些图(例如 K_5)不是平面图,即它们不能在平面上绘制. $K_{3,3}$ 实际上也不是平面图. 这意味着一个平面图不会包含这两个中任何一个作为子图. 但是我们可以推断出更多的东西:如果有 5 个顶点 v_1,v_2,v_3,v_4,v_5 使得每两个顶点之间有一条路径,这 10 条路径都是顶点不重复的(不包括路径端点),那么这个图也不能是平面图——我们可以将这些路径"看成"是不允许相交的五个顶点之间的边,所以若这个是平面图,则 K_5 也会是平面图. 类似地,如果图 G 中有 6 个顶点,其中 3 个通过 9 条顶点不相交的路径连接到另外 3 个,那么把

这些路径“看成”边，就得到 $K_{3,3}$，因此 G 不是平面图. 所以，平面图的必要条件是我们不能在其中“看到”K_5 或 $K_{3,3}$ 的副本.

Kuratowski (1937) 提出了一个惊人的定理，说不“包含”K_5 或 $K_{3,3}$ 是一个图为平面图的必要且充分条件.

几何应用

欧拉公式不仅适用于平面图，而且也适用于绘制在球体或类似实体(例如凸多面体)上的图. 事实上，该公式最早是由欧拉为多面体引入的.

现在看看通常被称为正多面体的结构，其中每个面都有相同数量的边，并且每个顶点都关联到相同数量的边. 两个基本例子一个是四面体，其中每个面都有 3 条边，每个顶点都在 3 条边上；另一个是立方体，其中每个面都有 4 条边，每个顶点都在 3 条边上. 这样的正多面体到底有多少呢？事实证明，答案出奇的简单：

命题 5.7. *只有五种正多面体.*

证明 用 $m \geqslant 3$ 表示每个面的边数，用 $n \geqslant 3$ 表示每个顶点上的边数. 根据握手引理和引理 5.3 得到

$$2|E| = m|F|, 2|E| = n|V|$$

现在应用欧拉公式得到

$$|E| = |V| + |F| - 2 = \frac{2|E|}{n} + \frac{2|E|}{m} - 2$$

说明

$$|E| = \frac{1}{\left(\frac{1}{m} + \frac{1}{n} - \frac{1}{2}\right)}$$

右边是一个正整数，显然不会对很多的 m 和 n 成立. 我们需要 $\frac{1}{m} + \frac{1}{n} > \frac{1}{2}$，而已有 $m, n \geqslant 3$，枚举 (m, n) 得到五个解：

- $m = 3, n = 3$，于是 $|E| = 6, |V| = 4, |F| = 4$，这给出正四面体.
- $m = 4, n = 3$，于是 $|E| = 12, |V| = 8, |F| = 6$，这给出正六面体，即立方体.
- $m = 3, n = 4$，于是 $|E| = 12, |V| = 6, |F| = 8$，这给出正八面体.
- $m = 5, n = 3$，于是 $|E| = 30, |V| = 20, |F| = 12$，这给出正十二面体.
- $m = 3, n = 5$，于是 $|E| = 30, |V| = 12, |F| = 20$，这给出正二十面体.

所以我们恰好只有五种正多面体. □

习题

5.1. 证明:$K_{3,3}$ 不是平面图.

5.2. 不使用四色定理,证明:每个无三角形的平面图的色数不超过 4.

5.3. 设 G 是 $n \geqslant 11$ 个顶点上的图. 证明:G 和 $\overline{G}$ 中至少有一个不是平面图.

5.4. 考虑平面中的 n 个点,使得任意两点之间的距离至少为 1. 证明:使得 $AB=1$ 的点对 A,B 个数小于 $3n$.

5.5. 设 G 是(非平面)图,有 n 个顶点,m 条边. 在平面上绘制它,可能会有相交的边,假定没有三条边有公共内点. 证明:至少有 $m-3n+6$ 个边的交叉点.

5.6. 凸 n 边形内有 m 个点. 一个三角剖分将多边形划分为三角形,所有顶点都在这 $m+n$ 个点中,并且内部的 m 个点都不在三角形的内部或边上. 证明:三角形的个数为 $T=n+2m-2$.

5.7. 凸多面体有 n 个顶点,σ 表示所有面的角度之和. 证明:$\sigma=2\pi(n-2)$.

5.8. 证明:任何有 $7n$ 个面的凸多面体中存在 $n+1$ 个面,其边数相同.

5.9. 证明: 平面图的面可以二染色, 使得相邻面不同色当且仅当所有顶点的度数为偶数.

5.10. 证明:对于任何 $n \geqslant 3$,存在 n 个顶点的平面图,其边数为 $3n-6$.

5.11. 设平面图 G 有哈密顿圈. 这个哈密顿圈将平面分成两部分: 圈的内部和外部. 设 f_i' 是内部有 i 条边的面的数量,而 f_i'' 是外部有 i 条边的面的数量. 证明

$$\sum_{i \geqslant 3}(f_i'-f_i'')(i-2)=0$$

5.12. (中国 TST,1991) 凸多面体的所有边都涂有红色或黄色. 对于面上的一个角,若它的两条边颜色不同,则该角称为偏心角. 顶点 A 的偏心度,记为 S_A,定义为以其为顶点的偏心角的个数. 证明:存在两个顶点 B 和 C 使得 $S_B+S_C \leqslant 4$.

5.13. (Kempe, Heawood, 五色定理) 设 G 是平面图,证明:$\chi(G) \leqslant 5$.

第 6 章　二部图中的匹配

我们回忆，如果顶点的集合 V 可以分为集合 A 和 B，使得所有边都在 A 和 B 之间，那么图 $G(V,E)$ 是二部图. 这等价于说色数最多为 2. 在第 1 章中，我们还证明了一个图是二部图当且仅当所有圈的长度都是偶数.

我们将讨论一个特殊主题：二部图中的匹配. 除了该主题的内在美之外，它在组合学中的应用也相当深远.

想想下面的情况：有几个想结婚的女孩，每个人都有一些心仪对象，她们有可能都嫁给自己喜欢的男孩之一吗？这个问题引出了匹配的自然定义：

定义 6.1. 设 G 是有顶点集 A 和 B 的二部图. 集合 A 的**匹配**是边的集合 $\{ab, a \in A, b \in B\}$，其中任何两条边都不相邻，并且 A 中每个顶点都是其中某条边的端点（如图6.1）. 如果所有顶点都用到，即 $|A| = |B|$，那么匹配称为**完美匹配**.

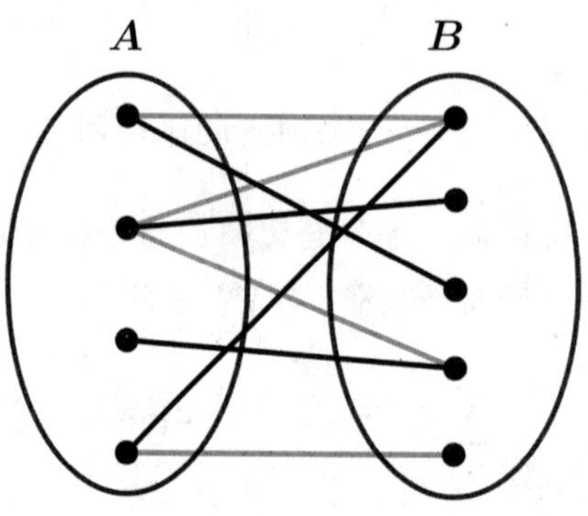

图 6.1　A 的匹配（但不是 B 的）

现在，对于二部图，很自然的问题是：是否存在 A 的匹配.

我们从以下的定义开始：

定义 6.2. 设 $x \in V$，$N(x)$ 表示 x 的邻点的集合. 若 $X \subset V$，用 $N(X)$ 表示和 X 中至少一个顶点相邻的顶点集合. 换句话说，$N(X) = \bigcup\limits_{x \in X} N(x)$. 我们也可以用 $N_Y(X) = N(X) \cap Y$ 表示 Y 中 X 的邻点集.

显然，如果 A 存在匹配，那么对于 A 的任何子集 X，$N(X)$ 至少包含匹配中与 X 中的顶点配对的顶点，所以 $N(X)$ 至少有 $|X|$ 个元素. 这个条件不仅是必要的，而且是充分的——这是著名的霍尔定理，归功于菲利普•霍尔（Philip Hall）：

定理 6.3. (霍尔定理，1935) *考虑顶点集合为 A, B 的有限二部图. 如果对于每个集合 $X \subset A$，均有 $|N(X)| \geqslant |X|$，那么存在 A 的匹配. 条件 $|N(X)| \geqslant |X|$ 被称为霍尔条件.*

证法一　若存在匹配，则 $N(X)$ 必须包含 B 中与 X 中的顶点匹配的顶点，因此 $|N(X)| \geqslant |X|$.

反之，我们对 $|A|$ 归纳证明霍尔条件的充分性. 分为两种情况：

第一种情况：假设对于每个 $X \subset A, X \neq A$，均有 $|N(X)| > |X|$. 在 A 中任取顶点 a，将它与 B 中的某个 $b \in N(a)$ 连接起来. 现在对于每个 $X \subset A$，有

$$|N_{B\backslash\{b\}}(X)| \geqslant |N_B(X)| - 1 \geqslant |X|$$

因此可以应用归纳假设，找到 $A\backslash\{a\}$ 到 $B\backslash\{b\}$ 的一个匹配，再加上边 ab，得到 A 的匹配.

第二种情况：假设存在 $X \subset A, X \neq A$，使得 $|N(X)| = |X|$. 我们先对二部子图 $X \cup N(X)$ 使用归纳假设，匹配 X 到 $N(X)$；然后对 $(A\backslash X) \cup (B\backslash N(X))$ 使用归纳假设，匹配 $A\backslash X$ 到 $B\backslash N(X)$.

很明显，霍尔条件对于 $X \cup N(X)$ 成立：对于 $Y \subseteq X$，有

$$|N_{N(X)}(Y)| = |N(Y)| \geqslant |Y|$$

所以根据归纳假设得到一个匹配 $X \to N(X)$，如图6.2.

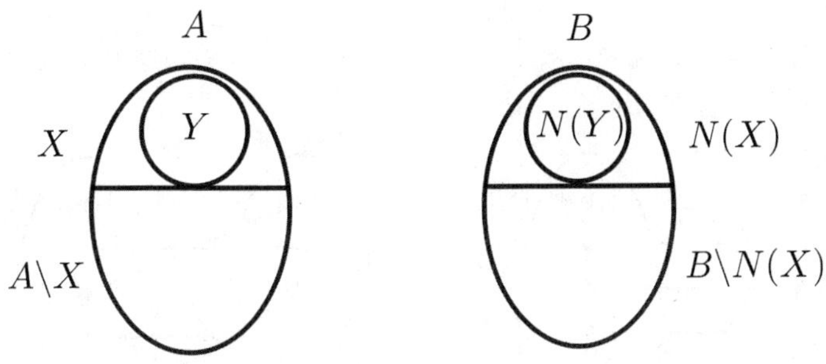

图 6.2　将 X 匹配到 $N(X)$ 的霍尔条件

现在，我们想要一个匹配 $A\backslash X \to B\backslash N(X)$. 对于 $Y \subset A\backslash X$，需要霍尔条件 $|N_{B\backslash N(X)}(Y)| \geqslant |Y|$ 成立. 关键是看 $X \cup Y$. X 恰好有 $|X|$ 个邻居，$X \cup Y$ 至少

有 $|X|+|Y|$ 个邻居，所以 Y 将至少有 $|Y|$ 个与 X 不同的邻居. 形式上地写，有

$$|N(X)|+|N_{B\backslash N(X)}(Y)|=|N(X\cup Y)|\geqslant|X\cup Y|=|X|+|Y|$$

根据 $|N(X)|=|X|$，得到 $|N_{B\backslash N(X)}(Y)|\geqslant|Y|$（如图6.3）.

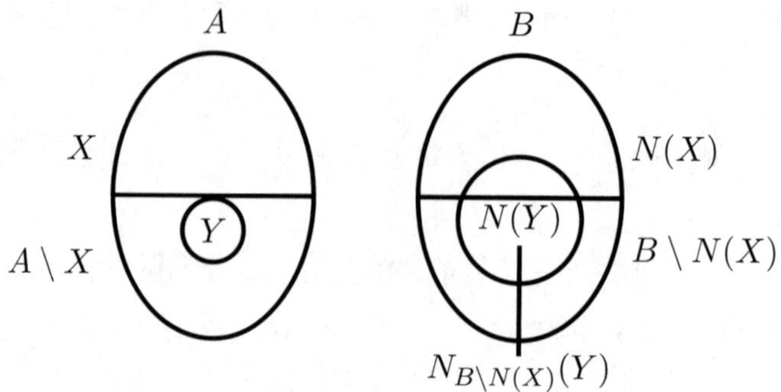

图 6.3 将 $A\backslash X$ 匹配到 $B\backslash N(X)$ 的霍尔条件

对 $(A\backslash X)\cup(B\backslash N(X))$ 应用归纳假设，得到匹配 $A\backslash X\to B\backslash N(X)$. 将这两个匹配放在一起，就得到 A 的匹配. □

证法二 这个证明使用了一个有启发性的技巧. 我们对 $|A|$ 归纳证明定理. 任取 $v\in A$，对 $A\backslash\{v\}$ 和 B 应用归纳假设获得匹配：$M=\{v_1u_1,v_2u_2,\cdots,v_ru_r\}$，其中 $v_i\in A,u_i\in B$.

我们现在想以某种方式添加 v. 如果 v 连接到不在 u_i 中的某个 u，我们就完成了. 此外，如果存在顶点 u 不在 u_i 中，以及路径

$$v,u_{i_1},v_{i_1},u_{i_2},v_{i_2},\cdots,u_{i_k},v_{i_k},u$$

那么在匹配中去掉边 $u_{i_1}v_{i_1},u_{i_2}v_{i_2},\cdots,u_{i_k}v_{i_k}$，增加 $vu_{i_1},v_{i_1}u_{i_2},v_{i_2}u_{i_3},\cdots,v_{i_k}u$，就可以获得 A 的匹配，如图6.4.

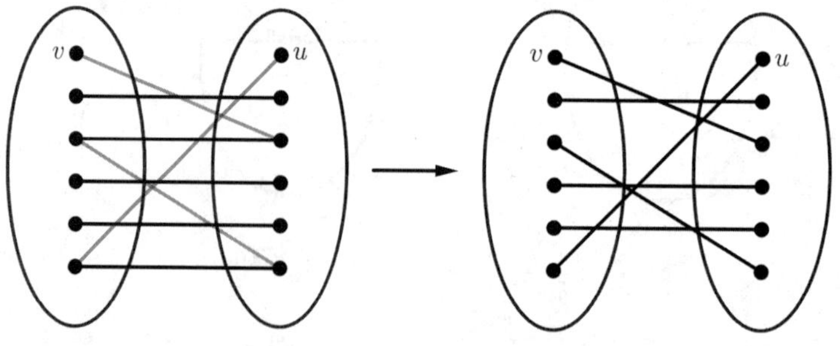

图 6.4 改变边得到匹配

因此,考察通过这样的路径从 v 可以到达的所有顶点:定义集合 A' 由 v 和所有存在路径

$$v, u_{i_1}, v_{i_1}, u_{i_2}, v_{i_2}, \cdots, u_{i_k}, v_{i_k}$$

的顶点 v_{i_k} 组成,集合 B' 由存在路径

$$v, u_{i_1}, v_{i_1}, u_{i_2}, v_{i_2}, \cdots, u_{i_k}, v_{i_k}, u$$

的所有顶点 u(可以是某个 u_i,也可以不是)组成.

A' 中顶点的任何邻居都属于 B',因此

$$B' = N(A')$$

另外,$u_i \in B'$ 当且仅当 $v_i \in A'$. 也就是说,$A' \backslash \{v\}$ 和 $B' \backslash \{u_i, 1 \leqslant i \leqslant r\}$ 一一对应. 若 $B' \backslash \{u_i\} = \varnothing$,则 $|B'| = |A'| - 1 < |N(A')|$,矛盾(如图6.5).

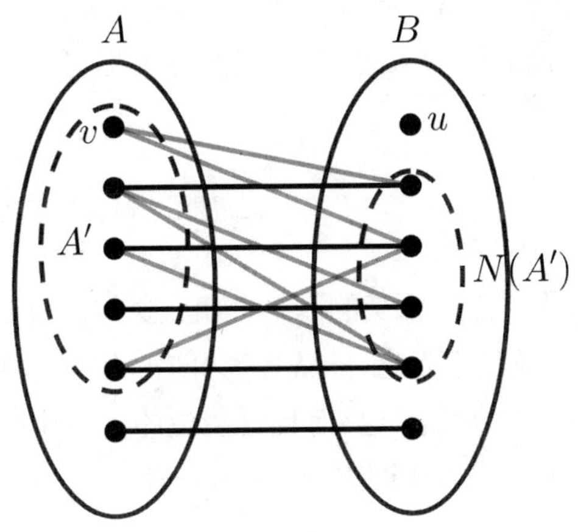

图 6.5　矛盾之处

因此这样的顶点 u 存在,所以我们可以在匹配中进行上面的改变,得到 A 的匹配. □

注　霍尔定理传统上是用以下方式表述的:有许多想要结婚的女孩,每个人都有几个她喜欢的男孩. 那么,她们都可以和喜欢的男孩之一结婚,当且仅当对于她们的每个子集,子集中女孩所喜欢的男孩的总数不少于这个子集的人数. 由于这种解释,该定理也被称为霍尔婚姻定理,或简称为婚姻定理.

霍尔定理不仅本身非常出色,而且因为许多令人惊讶的应用而引人注目,以下只是其中的一小部分:

例 6.4. 一副牌面朝上排列在 4×13 阵列中. 证明:

(1) 可以从每一列中选择一张牌,获得每个点数的一张牌;

(2) 可以从每一行中选择一张牌,获得每个花色的一张牌.

证明 (1) 我们构建二部图:集合 A 对应 13 个列,集合 B 对应 13 个点数. 当且仅当某一列包含某点数的牌时,该列才连接到该点数. 只需在这个图中找到一个匹配,就证明了结论.

考虑任何 k 列,一共包含 $4k$ 张牌. 而每种点数的牌共有 4 张,因此这 $4k$ 张牌至少有 k 种点数的牌. 因此 A 中的任何 k 个顶点与 B 中的至少 k 个顶点相连,这意味着霍尔条件成立. 从霍尔定理 6.3 就得到一个匹配.

(2) 可以使用相同的推导:设 A 对应行,B 对应花色. 任何 k 行都包含 $13k$ 张牌,因此它们必须至少有 k 个花色. 应用霍尔定理,得到一个匹配. □

注 上面实际上证明了任何 k–正则二部图都满足霍尔条件,因此有完美匹配. 实际上,X 有 $k|X|$ 条边,若 $|N(X)|<|X|$,则 $N(X)$ 的边少于 $k|X|$,矛盾.

霍尔定理不仅有图论之外的应用,而且在图论内部也有应用. 下面是一个非常好的例子:

推论 6.5. (J. Petersen,1891) 设 G 是 $2k$–正则图,则 G 有 2–正则生成子图.

思路 2–正则生成子图是顶点不相交的圈的并集. 我们把每个圈当成有方向的,因此对于每个顶点,都有一条边进入它,一条边离开它. 按照这种想法,选择 $|V|$ 条边就足够了,每个顶点有一条"出发"边,而且这些边的另一个端点是两两不同的(还需保证不会得到相同的边). 这让我们想到霍尔定理.

证明 只需对连通图 G 证明.

这样的连通图有欧拉回路. 选定回路的方向,在这个回路上,每个顶点 v 都有 k 条边进入和 k 条边出去. 将每个顶点 v 分成两个顶点 v^+,v^- 来构建一个新图,这个新图是二部图,A 由 v^+ 组成,B 由 v^- 组成. 对回路上的每条边 vw,新图中有边 v^+w^-,如图6.6.

新图显然是 k–正则二部图,所以它有一个完美的匹配. 在原始图中,每个顶点有两条边来自这个完美匹配,一条来自 v^+,一条来自 v^-. 这给出一个 2–正则生成子图. □

注 我们可以尝试为 k–正则图给出相似的"论证",其中 k 不一定是偶数:建立两个集合 A 和 B,都与 G 的顶点集 V 一一对应. 记顶点 v,对应 $v_A\in A$ 和 $v_B\in B$.

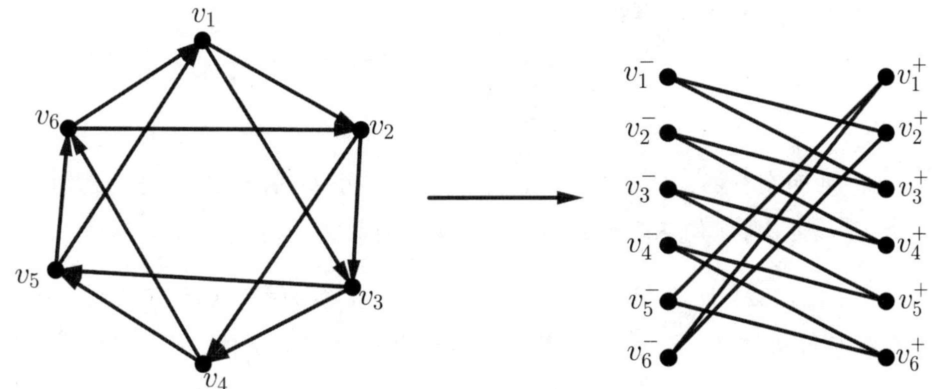

图 6.6　从 $2k$–正则图构造 k–正则二部图

若原始图中有边 vu,则新图中有边 v_Au_B. 由于新图是 k–正则二部图,必然有一个完美匹配,这对应于 G 中的"2–正则子图".

这里的错误在哪里? 问题出现在我们可能最终选择了两次同一条边: 同时选中 v_Au_B 和 u_Av_B,它们代表相同的边 uv.

在上面命题的证明中,我们所构建的二部图的边和 G 的边一一对应,因此不存在上述错误.

注　当我们删除找到的 2–正则生成子图后,留下了一个 $2(k-1)$–正则图. 反复应用相同的结论,可以证明 $2k$–正则子图的边可以划分为 k 个 2–正则子图.

习题

6.1. 证明:任何 k–正则二部图至少有 k 个完美匹配.

6.2. (挪威 1996) 甲和乙各有 n 张卡片,每张卡片的两面都是空白的. 他们都以任意顺序将 1 到 $2n$ 的所有整数写入自己所持卡片的共 $2n$ 个面. 证明:他们可以将 $2n$ 张卡片放在桌子上,每张卡片的一面朝上,使得所有朝上的数恰好是从 1 到 $2n$ 所有整数.

6.3. 设 $n \in \{1, 2, \cdots, 8\}$. 考虑一个 8×8 棋盘,其中一些单位方格包含一个棋子. 已知在每一列和每一行上,都正好有 n 个棋子. 证明:可以选择 8 个棋子,它们中任何两个不在同一行或同一列上.

6.4. 设 $S_1, S_2, \cdots, S_n \subset \{1, 2, \cdots, n\}$ 满足对于任何 $k(1 \leqslant k \leqslant n)$, 它们中任何 k 个的并集至少有 k 个元素. 证明:存在 $\{1, 2, \cdots, n\}$ 的置换 σ 使得对于任何 i, $\sigma(i) \in S_i$.

6.5. 设 X 是一个有限集,并设

$$X = \bigsqcup_{i=1}^{n} X_i = \bigsqcup_{i=1}^{n} Y_i$$

是集合 X 的两个分拆, 所有集合 X_i 和 Y_j 的大小相同. 证明: 可以选取元素 $x_1, x_2, \cdots, x_n \in X$,它们在两个分拆中均属于不同的集合.

6.6. (IMOLL 1982) 设 $\mathcal{F}$ 为集合 $\{1, 2, \cdots, 2k+1\}$ 的所有 k 元子集构成的族. 证明:存在双射函数 $f: \mathcal{F} \to \mathcal{F}$,使得对于每一个集合 $A \in \mathcal{F}$,A 和 $f(A)$ 不相交.

6.7. X 是有限集,σ_1, σ_2 是 X 上的两个置换,若存在 $x \in X$ 使得 $\sigma_1(x) = \sigma_2(x)$,则称 σ_1 和 σ_2 相交. 证明:如果 $\sigma_1, \sigma_2, \cdots, \sigma_n$ 是 $1, 2, \cdots, 2n$ 的排列,那么存在一个排列 σ 与 $\sigma_1, \sigma_2, \cdots, \sigma_n$ 均不相交.

6.8. 一张 $n \times n$ 的表格被 0 和 1 填充,使得任意选择 n 个两两不同行也不同列的单元格,则其中至少一个单元格包含 1. 证明:存在 i 行和 j 列,它们的交集只填入了 1,并且 $i + j \geqslant n + 1$.

6.9. 设 n 是正整数, 拉丁矩形是一个 $k \times n$ 的方格表, $k \leqslant n$, 方格填入了数字 $1, 2, \cdots, n$,并且任何一列或一行上没有数字重复出现. 证明:任何拉丁矩形都可以扩展为拉丁方(即 $n \times n$ 的拉丁矩形).

6.10. 考虑一个 $n \times n$ 表,在每个方格中写入一个非负数. 已知每行和每列的和是相同的,记为 $S > 0$. 证明:可以选择 n 个两两不同行且不同列的正数.

6.11. 考虑一个顶点集为 A, B 的二部图,证明:

(a) 如果存在正整数 k,使得对于每个集合 $X \subseteq A$,有 $|N(X)| \geqslant k|X|$,那么可以找到 $k|A|$ 条边,使得 A 中的每个顶点都与其中的 k 条边关联,并且 B 中的每个顶点至多与其中一条边关联.

(b) 如果存在非负整数 d,使得对于每个集合 $X \subseteq A$,有 $|N(X)| \geqslant |X| - d$,那么可以找到 $|A| - d$ 条不相邻的边.

6.12. 设 A 和 B 是两组各 n 个顶点的集合. 求以 A 和 B 为顶点集,恰有一个最大匹配的二部图的最大边数.

6.13. (图伊玛达奥林匹克 2018,C. Magyar,R. Martin) 设 G 是一个图,其顶点被划分为集合 V_1, V_2, V_3,每个集合有 n 个顶点. 已知任何顶点在其他每个集合中至少有 $\frac{3n}{4}$ 个邻居. 证明:可以将 G 的顶点划分为 $\{x_i, y_i, z_i\}$ 形式的 n 个集合,其中 $x_i \in V_1, y_i \in V_2, z_i \in V_3$,并且所有这些集合中的三个点都构成图中的三角形.

第 7 章　极图理论

通常,极图理论考虑有某些给定属性的图可以具有的最大或最小边数的问题.

图兰定理

我们在第 1 章中通过一个简单的计数证明了无三角形的图的边数的最大值(命题 1.14). 现在提出更一般的问题: 不以 K_{r+1} 为子图的 n 个顶点的图最多有多少边? 对三角形所用的方法此时不再适用,所以必须找到更强大的方法.

我们从寻找有许多边的无 K_{r+1} 图开始. 想到的一个例子如下:将顶点划分为 r 个集合,然后取不同集合的顶点之间的所有边. 这称为一个完全的 r 部图. 计算表明,若各个顶点集大小最多相差 1,则图的总边数最多. 这个图称为图兰图,结果发现它在 n 个顶点上的所有无 K_{r+1} 图中具有最多的边.

定义 7.1. 设 $r \geqslant 2$,n 为正整数. 记 $n = cr + s$,其中 $0 \leqslant s < r$ 是 n 除以 r 的余数. **图兰图** $T_r(n)$ 定义为完全的 r 部图,它包含 s 组 $c+1$ 个顶点和 $r-s$ 组 c 个顶点(如图7.1).

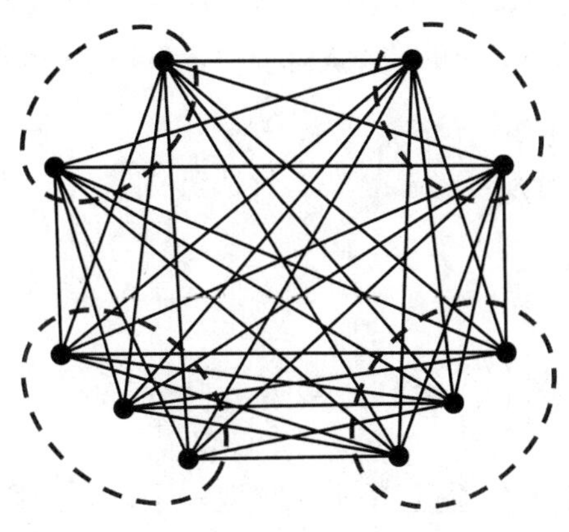

图 7.1　图兰图 $T_4(10)$

首先给出这个图的边数的公式:

命题 7.2. 图兰图有 $t_r(n) = \frac{r-1}{r} \cdot \frac{n^2-s^2}{2} + \binom{s}{2}$ 条边.

证明 将公式用 r, s 和 c 表示,得到

$$\frac{r-1}{r}\frac{n^2-s^2}{2} + \binom{s}{2} = \frac{r-1}{r}\frac{cr(cr+2s)}{2} + \binom{s}{2} = \frac{(r-1)c(cr+2s)}{2} + \binom{s}{2}$$

设 $A_1, A_2, \cdots, A_r$ 是顶点的集合,其中 $A_1, A_2, \cdots, A_s$ 各有 $c+1$ 个顶点. 我们从 $A_1, A_2, \cdots, A_s$ 中各取一个顶点 a_i. 在这些 a_i 之间有 $\binom{s}{2}$ 条边,a_i 和其余点之间有 $s \cdot c(r-1)$ 条边,其余点之间有 $\binom{r}{2}c^2$ 条边. 求和就得到了结果. □

我们现在证明主要的定理,这归功于匈牙利数学家帕尔•图兰(Pál Turán):

定理 7.3. (图兰定理)n 个顶点, 无 K_{r+1} 图的最大边数是图兰图 $T_r(n)$ 的边数 $t_r(n)$.

证法一 我们对 n 归纳证明该定理. 当 $n \leqslant r$ 时,因为我们有一个完全图,命题是显然的.

现在,对于 $n > r$,取 n 个顶点上没有 K_{r+1} 子图,并且边数最大的图 G. 如果 G 不包含任何 K_r 子图,那么我们可以添加任何一条边并保持 G 不含 K_{r+1},这与 G 的最大性矛盾. 因此,存在一个 K_r 子图,用 H 表示.

解法的关键是:$G \backslash H$ 中的任意顶点至多有 $r-1$ 条边连接到 H 的顶点,否则会与 H 形成 K_{r+1}.

这样,我们得到 H 的顶点之间有 $\binom{r}{2}$ 条边,至多 $(r-1)(n-r)$ 条边在 H 和 $G \backslash H$ 之间,然后利用归纳假设,在 $G \backslash H$ 中至多有 $t_r(n-r)$ 条边,如图7.2.

将这些放在一起,得到 G 中的边数最多为

$$\binom{r}{2} + (r-1)(n-r) + t_r(n-r)$$

现在我们只需证明

$$t_r(n) = \binom{r}{2} + (r-1)(n-r) + t_r(n-r)$$

这很容易:在 $T_r(n)$ 中,取 r 个顶点,每个部分取一个,然后发现这些顶点一共关联 $\binom{r}{2} + (r-1)(n-r)$ 条边,剩余顶点之间有 $t_r(n-r)$ 条边. 因此上面的公式成立(也可以直接计算证明).

因此 G 至多有 $t_r(n)$ 条边. □

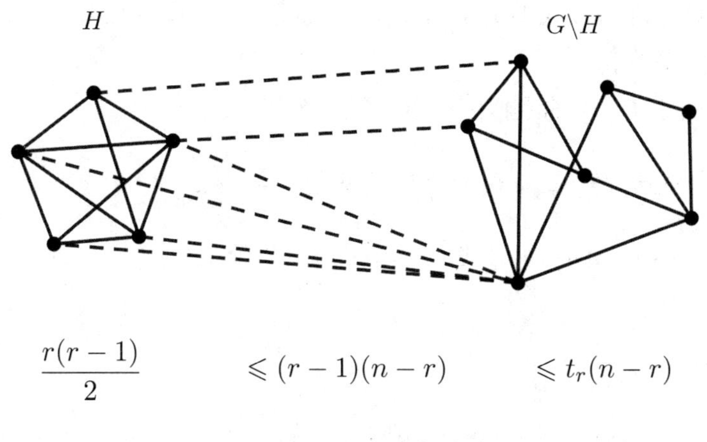

图 7.2　应用归纳法

证法二　这个证明的想法是找到一个小度数的顶点，将其移除并应用归纳法. 归纳的基础情形($n=1,2,\cdots r$)是显然的.

对于 $s\neq 0$，即 $r\nmid n$，我们证明存在一个度数最多为 $n-c-1$ 的顶点(这是图兰图的最小度数). 假设不存在这样的顶点，则每个顶点的度数至少为 $n-c$，换句话说，对于每个顶点，至多有 $c-1$ 个顶点与其不相邻.

选择一个顶点 v_1，它至少有 $n-c$ 个邻居. 选择其中之一，记作 v_2，于是 v_1 和 v_2 至少有 $n-2c$ 个共同邻点. 如此继续，最终我们得到 $v_1,v_2,\cdots,v_r$，它们两两是邻居，并且至少有 $n-rc=s\geqslant 1$ 个公共邻居. 从中取出 v_{r+1} 得到 K_{r+1}: $v_1,v_2,\cdots,v_{r+1}$.

对于 $s=0$(即 $r\mid n$)的情况，类似地，有一个度数至少为 $n-c$ 的顶点.

现在，删除度数为 $n-c-1$(或 $r\mid n$ 时，度数为 $n-c$)的顶点. 根据归纳假设，剩下的图最多有 $t_r(n-1)$ 条边. 所以我们的图当 $r\nmid n$ 时最多会有 $t_r(n-1)+n-c-1$ 条边；当 $r\mid n$ 时至多有 $t_r(n-1)+n-c$ 条边. 可以验证，两种情况下这个式子都给出 $t_r(n)$. □

注　(等号成立的情况) 第一个证明也说明了图 $t_r(n)$ 是唯一一个使等式成立的图. 事实上，可以在对 n 归纳证明的过程中看到这一点.

考察第一个证明中使用的不等式. 首先，在去掉 K_r 后剩下的 $n-r$ 个顶点中，需要有 $t_r(n-r)$ 条边，因此，根据归纳假设，它们形成一个 $T_r(n-r)$. 其次，这个 $T_r(n-r)$ 中的每个顶点必须正好连接到 K_r 的顶点中的 $r-1$ 个. 然后很容易看出 $T_r(n-r)$ 的两个不同顶点集合中的顶点不能连接到 K_r 中的同一组 $r-1$ 个顶点，否则它们将一起形成 K_{r+1}. 因此，n 个顶点形成 $T_r(n)$.

注 应该记住该定理的方式不是 n 个顶点上的无 K_{r+1} 图的边数最大值公式，而是图兰图达到了最大值.

我们还有关于 $t_r(n)$ 的近似值的以下简单公式：

推论 7.4. n 个顶点，无 K_{r+1} 图的边数最多为 $\frac{r-1}{r}\cdot\frac{n^2}{2}$.

证明 这个值不小于 $t_r(n)$，等号成立当且仅当 r 整除 n. □

几何应用

有趣的是，极图理论有许多应用，其中大多数具有几何风格. 这显示了这些极值问题的相关性超出了它们的内在重要性. 以下是一个很好的起点：

例 7.5. 设 $x_1,x_2,\cdots,x_n$ 是实数，最多有多少对 i,j 满足 $1<|x_i-x_j|<2$?

思路 我们直觉上想想为什么这种对的数量是有限的. 在 $n=3$ 的情况下，如果我们试图选择三个数字，以使任何两个数字形成一个好对，就无法办到. 这意味着对于一般的 n，$x_1,x_2,\cdots,x_n$ 中的任意三个数至多形成两个好的对. 空气中弥漫着一股图兰定理的味道……

证明 建立一个图，顶点分别对应于数字 x_i. 若两个顶点 x_i 和 x_j 满足上述不等式，则将其相连.

首先证明这个图中没有三角形. 事实上，任取其中的三个数，不妨设为 $x_i\leqslant x_j\leqslant x_k$. 如果它们要在图中形成一个三角形，就有 $x_j-x_i>1$ 和 $x_k-x_j>1$，但这意味着 $x_k-x_i>2$，矛盾.

图中没有三角形，因此根据图兰定理 7.3，边的数量最多为 $\left\lfloor\dfrac{n^2}{4}\right\rfloor$. 取 $\left\lfloor\dfrac{n}{2}\right\rfloor$ 个 x_i 为 0，其他的 x_i 为 $\dfrac{3}{2}$，可以取到这个最大值. □

其他极值问题

现在考虑另一个自然的问题：不包含 4–圈的图可以有多少条边？

命题 7.6. 有 $n\geqslant 4$ 个顶点，无 4–圈的图最多有 $\dfrac{n+n\sqrt{4n-3}}{4}$ 条边.

证明 显然，我们用于图兰定理的证明方法不能在这里使用，因为对于 4–圈，我们没有任何东西可以像 K_r 对于 K_{r+1} 那样起到作用.

这个问题的关键是按以下方式重新表述不包含 4–圈的图的条件：任何两个顶点至多有一个公共邻点.

这让我们想到用两种方式计算 $(u,\{v,w\})$ 对的数量，其中 u 是 v 和 w 的公共邻居. 最多有 $\binom{n}{2}$ 个这样的对，因为对于固定的 $\{v,w\}$ 至多有一个相关的 u.

另一方面，对于固定的 u，有 $\binom{d(u)}{2}$ 种方法选择 $\{v,w\}$. 因此应用算两次原理得到

$$\sum_u \binom{d(u)}{2} \leqslant \binom{n}{2}$$

现在就是一些代数推导，式子左端为

$$\begin{aligned}\sum_u \binom{d(u)}{2} &= \frac{\sum\limits_u d(u)^2 - \sum\limits_u d(u)}{2}\\ &\geqslant \frac{\left(\sum\limits_u d(u)\right)^2}{2n} - \frac{\sum\limits_u d(u)}{2}\\ &= \frac{2|E|^2}{n} - |E|\end{aligned}$$

这给出二次不等式

$$|E|^2 - \frac{n}{2}|E| - \frac{n^2(n-1)}{4} \leqslant 0$$

于是 $|E|$ 不超过二次方程的较大根

$$|E| \leqslant \frac{\frac{n}{2} + \sqrt{\frac{n^2}{4} + n^2(n-1)}}{2} = \frac{n + n\sqrt{4n-3}}{4}$$ □

注 这是一个相当好的上界，但是对于一般的 n，接近这个界的例子很难构造.

到目前为止，我们已经讨论了以下类型的问题：一个图应该有多少条边才能保证它具有某种类型的子图. 很显然，边越多，该类型的子图就越多，所以另一个自然的问题是：给定较多的边，可以保证有多少该类型的子图？

例 7.7. 有 $n \geqslant 4$ 个顶点，$m > \frac{n+n\sqrt{4n-3}}{4}$ 条边的图的 4–圈个数不少于

$$\frac{(2m^2-n^2)(4m^2-3n^2+n)}{4n^3(n-1)}$$

证明 我们想计算 4–圈的数量，设这个数为 S. 尝试使用上面的想法：用 $c(u,v)$ 表示顶点 u 和 v 的公共邻居数，并发现 u 和 v 的每两个公共邻居 w,w' 可以得到一

个 4–圈 u, w, v, w'. 另外，从 w, w' 开始，也可以得到这个 4–圈. 把这些发现放在一起，我们得到：

$$\begin{aligned} S &= \frac{1}{2}\sum_{\{u,v\}}\binom{c(u,v)}{2} \\ &\geqslant \frac{1}{2}\binom{n}{2}\binom{\frac{\sum c(u,v)}{\binom{n}{2}}}{2} \\ &= \frac{\sum c(u,v)\left(\frac{\sum c(u,v)}{\binom{n}{2}}-1\right)}{4} \end{aligned}$$

现在我们需要估计 $\sum c(u,v)$. 利用之前的算两次方法，$\sum c(u,v)$ 是 $(w,\{u,v\})$ 的数目，其中 w 是 u 和 v 的公共邻点，也可以写作 $\sum\limits_{w}\binom{d(w)}{2}$. 因此得到

$$\begin{aligned} \sum c(u,v) &= \sum_{w}\binom{d(w)}{2} \\ &= \frac{1}{2}\sum_{w} d(w)^2 - \frac{1}{2}\sum_{w} d(w) \\ &\geqslant \frac{2m^2}{n} - m \end{aligned}$$

将这个式子代入前面的不等式，得到

$$S \geqslant \frac{(2m^2-n^2)(4m^2-3n^2+n)}{4n^3(n-1)}$$ □

注 在获取 S 的下界时，我们使用了以下不等式：若 $a_1, a_2, \cdots, a_r$ 是正整数，且 $a_1+a_2+\cdots+a_r \geqslant 2r$，则

$$\sum_{i=1}^{r}\binom{a_i}{2} \geqslant r\binom{\frac{a_1+a_2+\cdots+a_r}{r}}{2}$$

这很容易用均值不等式证明.

实际上，更一般的形式也是正确的：若 k 是正整数，而 $a_1, a_2, \cdots, a_r$ 是正整数，且 $a_1+a_2+\cdots+a_r \geqslant kr$，则

$$\sum_{i=1}^{r}\binom{a_i}{k} \geqslant r\binom{\frac{a_1+a_2+\cdots+a_r}{r}}{k}$$

这类不等式对许多估计式的证明很重要.

习题

7.1. 设 n,k 为正整数,其中 $1\leqslant k\leqslant\frac{n-1}{2}$. 设 G 为 n 个顶点上至多有 $\frac{nk}{2}$ 条边的图. 证明:G 中两两不相邻的顶点的最大数目不小于 $\frac{n}{k+1}$.

7.2. 如果 n 个顶点的图不含三角形, 但是向它添加任何边都会得到一个三角形, 那么它的最小边数是多少?

7.3. 图 G 有 n 个顶点和 $m\geqslant\frac{n^2}{4}$ 条边. 证明:G 至少有 $\frac{4m^2-n^2m}{3n}$ 个三角形.

7.4. 设图 G 有 n 个顶点,证明:至少有 $\frac{n(n-1)(n-5)}{24}$ 个顶点的三元组,在 G 或 $\overline{G}$ 中形成三角形.

7.5. 图 G 有 n 个顶点和至少 $\frac{n^2}{4}+1$ 条边. 证明:存在两个三角形,有一条公共边.

7.6. 设图 $G(V,E)$ 的最大度数为 Δ. 已知存在度数为 Δ 的顶点 v,使得 v 不是任何 K_4 子图的顶点. 证明:$|E|\leqslant\frac{|V|^2}{3}$.

7.7. 在 n 个顶点的图中,不相邻但有共同邻点的顶点对的最大数目是多少?

7.8. (东南赛 2018) 设 $m\geqslant 2$ 并考虑在 $3m$ 个顶点上的图. 找到具有以下性质的最小的 n:若有 n 个顶点的度数分别为 $1,2,\cdots,n$,则该图包含一个三角形.

7.9. n 个顶点的图 G 满足:对于任意四个顶点,存在其中一个与另外三个顶点都相连. 求 G 可以具有的最小边数.

7.10. 设 n 为正整数,k 是偶数,$3<k<n$. n 个顶点上的图满足:对任何 k 个顶点,存在其中一个与另外 $k-1$ 个顶点相连. 这样的图的边数的最小值是多少?

7.11. (USAMO 1995) 图 G 有 n 个顶点,q 条边,G 不含三角形. 证明:存在一个顶点 x,使得既不是 x 也与 x 不相邻的顶点之间最多有 $q(1-\frac{4q}{n^2})$ 条边.

7.12. 考虑平面中的 $3n$ 个点,其中任意两个点之间的距离最多为 1. 距离大于 $\frac{1}{\sqrt{2}}$ 的点对的最大可能数量是多少?

7.13. 一个单位圆盘内有 n 个点. 距离严格大于 1 的点对的最大数量是多少?

7.14. 证明:存在一个常数 $c>0$,使得对于任意正整数 n,平面内的任意 n 个点中,单位距离最多出现 $cn^{\frac{3}{2}}$ 次.

7.15. 设 G 是 n 个顶点的无三角形图,每个顶点的度数严格大于 $\frac{2n}{5}$. 证明:G 是二部图.

7.16. (P. Erdős, AMM E3255, 罗马尼亚 TST 2008) $n(n \geqslant 3)$ 个顶点的连通图中,每条边至少属于一个三角形,确定它的最小可能边数.

7.17. 确定没有偶圈的 n 个顶点的图的最大可能边数.

7.18. 设 $G(V,E)$ 是 $2n$ 个顶点的图. 对于 G 的任何 n 个两两不同的顶点,最多存在一个顶点与它们都相连. 证明

$$|E| \leqslant n^{-\frac{1}{n}}n^2 + \frac{n(n-1)}{2}$$

7.19. (Kővári, Sós, Turán, 1954) 设 n 和 k 为正整数, $k < n$. 设二部图 $G(V,E)$ 的顶点集合为 A 和 B, $|A| = |B| = n$, G 不包含 $K_{k,k}$ 子图. 证明

$$|E| \leqslant (k-1)^{\frac{1}{k}}(n-k+1)n^{1-\frac{1}{k}} + (k-1)n$$

7.20. (Kővári, Sós, Turán, 1954) 设图 $G(V,E)$ 有 n 个顶点,不包含 $K_{k,k}$ 子图,证明

$$|E| \leqslant \frac{(k-1)^{\frac{1}{k}}(n-k+1)n^{1-\frac{1}{k}} + (k-1)n}{2}$$

7.21. (改编自图伊玛达奥林匹克 2016, D. Conlon) 设图 G 有 m 条边, $r > 0$. 证明: G 的 $K_{r,r}$ 子图的个数不超过 $\frac{m^r}{r!}$.

7.22. (中国女子奥林匹克, 2013) 考虑顶点集为 A, B 的二部图, 其中 $|A| = m$, $|B| = n$, 图中没有长度为 4 的圈(即 C_4 不是子图). 证明:它最多有 $n + \binom{m}{2}$ 条边.

7.23. 设图 $G(V,E)$ 有 n 个顶点,围长至少为 5(没有长度为 3 或 4 的圈). 证明

$$|E| \leqslant \frac{n\sqrt{n-1}}{2}$$

第 8 章　拉姆塞理论

拉姆塞定理

在第 1 章中，我们讨论了一个很好的小问题：在任意六个人中，要么有三个彼此认识，要么有三个彼此不认识.

事实上，这个小问题是一个更困难（也更重要）的问题的简单情形：对于一个正整数 r，是否存在一个数字 n，使得 K_n 的边任意涂上两种颜色，总存在单色的 K_r？答案是肯定的，我们可以使用与解决简单情形基本相同的方法来证明它. 这个定理源于英国数学家弗兰克•拉姆塞（Frank Ramsey）：

定理 8.1. (拉姆塞，1930) 对于任何正整数 a 和 b，存在一个数 N，使得 $n \geqslant N$ 时，对于 K_n 的边的任何红蓝着色，存在一个红色 K_a 子图或蓝色 K_b 子图.

满足条件的最小的 N 称为拉姆塞数，记为 $R(a,b)$.

证明　我们对 $a+b$ 归纳证明 $R(a,b)$ 存在. 考虑有 $R(a-1,b)+R(a,b-1)$ 个顶点的完全图. 选择一个顶点 v. 有 $R(a-1,b)+R(a,b-1)-1$ 条边与 v 关联，其中或者有 $R(a-1,b)$ 条边是红色的，或者有 $R(a,b-1)$ 条边是蓝色的，如图8.1.

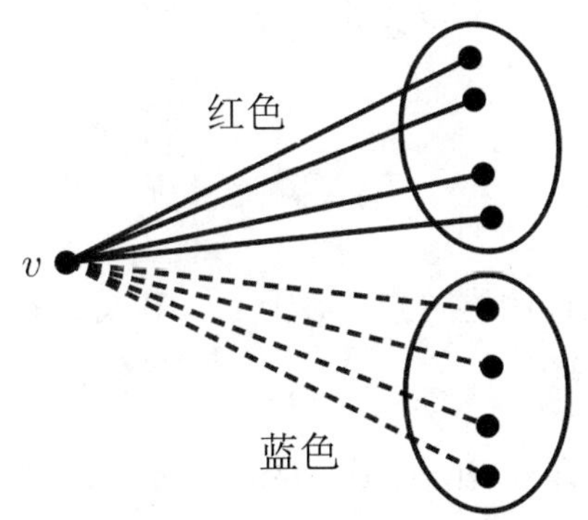

图 8.1　v 有至少 $R(a-1,b)$ 条红边或者至少 $R(a,b-1)$ 条蓝边

不妨设前者成立，考虑由这 $R(a-1,b)$ 条红边的另一个端点形成的子图. 由

归纳假设，这个子图中有红色的 K_{a-1}，或者蓝色的 K_b. 如果是后者，我们就完成了要求；如果是前者，再加上 v，就得到一个红色的 K_a，也完成了要求. □

注 拉姆塞定理的含义可以理解为“乱中有序”. 由读者决定这种说法是否合适.

众所周知，拉姆塞数很难精确计算. 我们开始的例子说明 $R(3,3) \leqslant 6$. 实际上 $R(3,3) = 6$，因为 K_5 可以用两种颜色着色，不形成单色三角形：取边 $(1,2),(2,3),(3,4),(4,5),(5,1)$ 的颜色为 1，其余为 2，如图8.2.

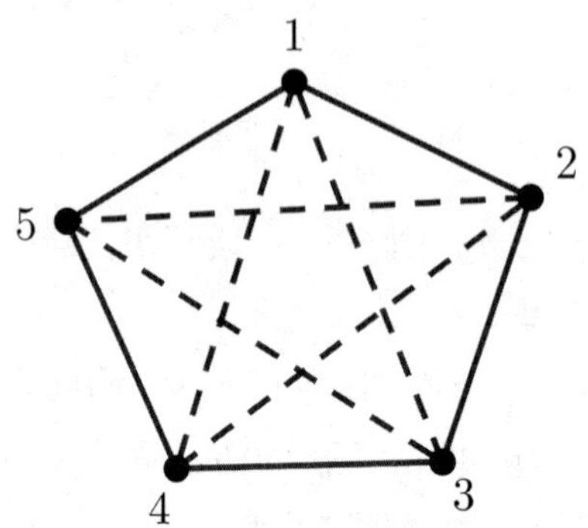

图 8.2 K_5 没有同色三角形的染色

其他已知的拉姆塞数有 $R(3,4), R(4,4), R(4,5)$. $R(5,5)$ 是未知的. 虽然拉姆塞数很难确定，但是可以给出它的界.

拉姆塞数的界

我们将从上界开始. 从定理的证明可以直接得到以下内容：

命题 8.2. $R(a,b) \leqslant R(a-1,b) + R(a,b-1)$.

于是得到下面的界：

命题 8.3. $R(a,b) \leqslant \binom{a+b-2}{a-1}$.

证明 我们对 $a+b$ 归纳来证明这一点. 对于 $a=1$ 或 $b=1$，结果显然成立.

现在，使用归纳假设，得到

$$\begin{aligned} R(a,b) &\leqslant R(a-1,b) + R(a,b-1) \\ &\leqslant \binom{a+b-3}{a-2} + \binom{a+b-3}{a-1} \\ &= \binom{a+b-2}{a-1} \end{aligned}$$ □

我们还想找到 $R(a,b)$ 的下界，下面是一个不错的开始：

命题 8.4. $R(a,b) > (a-1)(b-1)$.

证明　为了证明这一点，只需将 $K_{(a-1)(b-1)}$ 用两种颜色染色，使其没有颜色为 1 的 K_a，也没有颜色为 2 的 K_b.

考虑 $b-1$ 个不相交的 K_{a-1}，每个的边都涂上颜色 1. 用颜色 2 为不同的 K_{a-1} 之间的所有边着色（如图8.3).

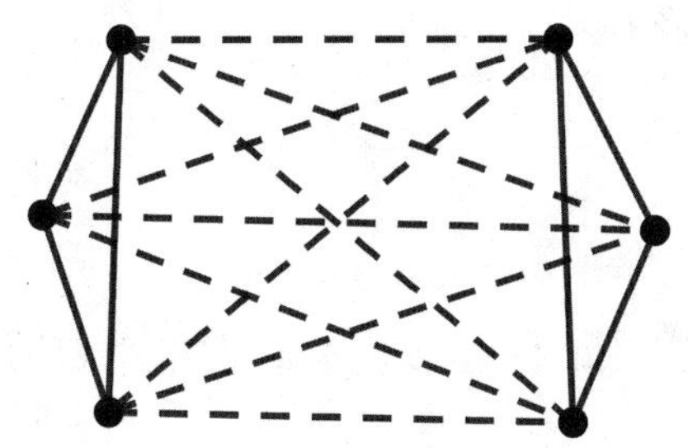

图 8.3　K_6 的染色，没有红 K_4 和蓝 K_3

我们这样着色满足要求. 在任何 a 个顶点中，有两个位于不同的 K_{a-1} 中，它们之间的边是颜色 2. 因此没有颜色为 1 的 K_a. 在任何 b 个顶点中，有两个位于同一个 K_{a-1} 中，它们之间的边是颜色 1. 所以没有颜色为 2 的 K_b. □

使用不同的方法可以找到更好的下限：

命题 8.5. 设 $a \geqslant 3$，则 $R(a,a) \geqslant 2^{\frac{a}{2}}$.

证明　我们将采用一种方法，虽然初看上去似乎很粗糙，但事实证明它非常强大. 对于 $n = \lfloor 2^{\frac{a}{2}} \rfloor$，从 K_n 中选取 a 个顶点，看看有多少种染色方法将这 a 个顶点确定的完全子图呈现为单色. 然后对所有 a 个顶点的可能情况求和. 如果结果小于着色方法的总数，那么就有某种着色，没有单色的 K_a.

对于一个固定子图 K_a，有 $2 \cdot 2^{\binom{n}{2}-\binom{a}{2}}$ 种为 K_n 的边着色的方法，使得这个 K_a 是单色的.（第一个 2 代表 K_a 的两种颜色选择，而有 $\binom{n}{2}-\binom{a}{2}$ 条不在 K_a 中的边，每条都可以用两种方式着色.）

现在，总计有 $2^{\binom{n}{2}}$ 种为 K_n 着色的方法，有 $\binom{n}{a}$ 种选择 K_a 的方式. 只要

$$2 \cdot 2^{\binom{n}{2}-\binom{a}{2}} \cdot \binom{n}{a} < 2^{\binom{n}{2}}$$

就有 K_n 的某个着色方法没有单色的 K_a. 上面的不等式等价于 $\binom{n}{a} < 2^{\binom{a}{2}-1}$.

根据题设,$n \leqslant 2^{\frac{a}{2}}$,所以(使用不等式 $a! \geqslant 2^{a-\frac{1}{2}}$,对 $a \geqslant 3$ 成立)有

$$\binom{n}{a} < \frac{n^a}{2^{a-\frac{1}{2}}} \leqslant 2^{\frac{a^2}{2}-(a-\frac{1}{2})} \leqslant 2^{\binom{a}{2}-1}$$

完成了证明. □

注 该证明中采用的是概率方法背后的思想,可以解释为:首先确定了某个 K_a 是单色的概率,将这些概率相加,然后证明了至少有一个 K_a 是单色的概率小于 1. 在概率方法的附录中详细介绍了这些内容.

拉姆塞理论

拉姆塞定理有一个广义版本,可以用类似的方式证明:

定理 8.6. (广义拉姆塞定理) 对于正整数 $a_1, \cdots, a_r$,存在最小数 $R(a_1, \cdots, a_r)$,使得将顶点数至少为 $R(a_1, a_2, \cdots, a_r)$ 的完全图的边用 r 种颜色任意染色,总有某个 $i(1 \leqslant i \leqslant r)$,存在 K_{a_i} 子图,其所有边的颜色为 i.

作为一个有趣的历史事实,国际数学奥林匹克竞赛中给出的第一个组合问题是在 1964 年的第六届比赛中,基本上是要求证明 $R(3,3,3) \leqslant 17$. 本书已经将这个问题放在了本章的习题中.

拉姆塞定理的许多应用,以及类似提法的问题或者使用类似方法的问题,都集中在"拉姆塞理论"的主题下(尽管有些问题早于拉姆塞定理). 我们现在讨论一个经典示例,并给出两个证明,一个使用"拉姆塞方法",另一个使用拉姆塞定理.

例 8.7. (舒尔,1912) 证明:对于所有正整数 r,有一个数 $N(r)$ 具有以下性质:如果 $n \geqslant N(r)$,集合 $\{1, 2, \cdots, n\}$ 中的整数用 r 种颜色任意着色,那么总存在三个同色的元素 x, y, z,不一定不同,满足 $x + y = z$.

证法一 对于固定正整数 N,假设存在 $\{1, 2, \cdots, N\}$ 用 r 种颜色的着色,使得没有三个同色元素 x, y, z,满足 $x + y = z$.

根据抽屉原则,有一种颜色,比如 1,至少有 $T_1 = \frac{N}{r}$ 个数字是这种颜色的:$a_1 < a_2 < \cdots < a_{T_1}$. 于是所有的 $a_i - a_j$ 是其他的 $r-1$ 种颜色.

我们现在考虑数字 $a_{T_1} - a_1, a_{T_1} - a_2, \cdots, a_{T_1} - a_{T_1-1}$. 至少

$$T_2 = \frac{T_1 - 1}{r - 1} = \frac{\frac{N}{r} - 1}{r - 1}$$

种是同色的，不妨设 $b_1 < b_2 < \cdots < b_{T_2}$ 是颜色 2. 注意它们两两的差也是某些 a_i 的差，所以这些差不能是 1 或 2 的颜色.

现在取差 $b_{T_2} - b_1, b_{T_2} - b_2, \cdots, b_{T_2} - b_{T_2-1}$，如此继续.

在每一步中，我们获得具有颜色 i 的 T_i 个数，并且它们的差也是对于颜色 $j(j < i)$ 所获得的那些数的差.（要理解这个命题的一种方法是观察每一步，得到的数字是上一个序列中的一些数字在 x 轴上关于最大值一半的反射，归纳可证这个命题.）

最终，我们得到

$$\left(\cdots\left(\left(\left(\frac{N}{r}-1\right)\frac{1}{r-1}-1\right)\frac{1}{r-2}-1\right)\cdots\right)1-1$$

个数字，不能染任何颜色，如果 N 大于某个值（取 $(r+1)!$ 即可），就得到矛盾.

因此，对于大于此值的 N，任何着色都有三个具有所需属性的数字. □

证法二 诚然，第一个证明有点笨拙. 我们现在将使用拉姆塞定理给出一个简单的证明.

我们证明 $N(r) = R(\overbrace{3, 3, \cdots, 3}^{r个3}) - 1$ 就够了. 假设将整数 $\{1, 2, \cdots, n\}$ 染成 r 种颜色，其中 $n \geqslant R(3, 3, \cdots, 3) - 1$. 考虑顶点为 $\{1, 2, \cdots, n+1\}$ 的完全图，并将边 ij 染成正整数 $|i-j|$ 得到的颜色. 由于 $n \geqslant R(3, 3, \cdots, 3)$，图中会有一个单色三角形. 于是可以找到 $i < j < k$，使得边 ij, jk, ik 有相同的颜色. 这意味着在原始数字的着色中，$x = j - i$，$y = k - j$，和 $z = k - i$ 是同一种颜色，显然 $x + y = z$. □

还有其他关于边着色和获得子图的问题. 一个相对简单的例子是：

例 8.8. *将 K_n 的边用两种颜色染色，总存在由两条单色路径组成的哈密顿圈.*

证明 我们对 n 归纳来证明这一点. 显然 $n = 3$ 时命题成立，现在假设 $n \geqslant 3$.

考虑 K_{n+1}，设 v 为其中一个顶点. 对去除 v 得到的图应用归纳假设，得到哈密顿圈

$$v_1, v_2, \cdots, v_k, u_1, u_2, \cdots, u_l$$

其中 $v_1v_2, v_2v_3, \cdots, v_ku_1$ 的颜色为 1，而 $u_1u_2, u_2u_3, \cdots, u_lv_1$ 的颜色为 2.

若 vu_1 的颜色为 1，则

$$v_1, v_2, \cdots, v_k, u_1, v, u_2, u_3, \cdots, u_l, v_1$$

给出 K_{n+1} 的哈密顿圈，满足要求，无论 vu_2 的颜色如何.

若 vu_1 的颜色为 2,则

$$v_1, v_2, \cdots, v_k, v, u_1, u_2, u_3, \cdots, u_l, v_1$$

同样给出符合要求的哈密顿圈,无论 v_kv 的颜色如何(如图8.4). □

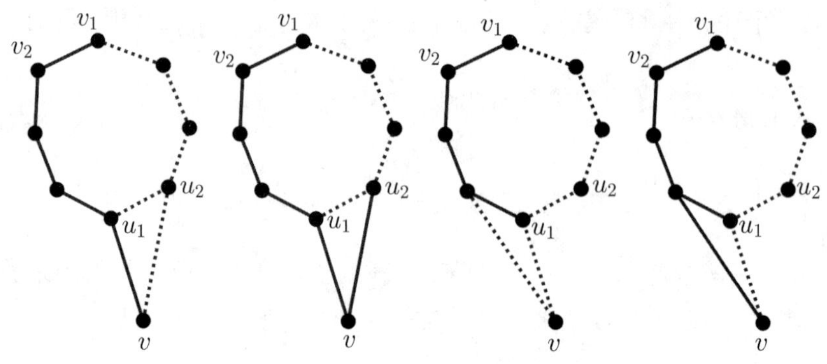

图 8.4 四种情况

习题

8.1. 求 $R(n,2)$.

8.2. 证明:$R(3,4)=9$.

8.3. 证明:$R(a_1,a_2,\cdots,a_r)$ 存在.

8.4. 证明:$R(3,3,3)\leqslant 17$.

8.5. 完全图 K_{2^n+1} 的边染成 n 种颜色,证明:存在单色奇圈.

8.6. (改编自 USATST 2002) 设 $n\geqslant 3$, 考虑用两种颜色对完全图 K_n 着色. 已知任何三角形都有偶数条颜色为 1 的边. 证明: 存在一个颜色为 2 的 K_k, 其中 $k\geqslant \left\lceil\frac{n}{2}\right\rceil$.

8.7. (中国数学奥林匹克 2009,JBMO 2012) 完全图 K_n 的边用 n 种颜色着色. 对于哪些 n 存在满足下述条件的着色: 对于 n 种颜色中的任何三种, 存在一个三角形, 三条边恰好是这三种颜色?

8.8. 证明:K_6 的任何 2 着色存在长度为 4 的单色圈.

8.9. 证明:K_n 的任何 2 染色中存在单色生成树.

8.10. 设 $s,t>2$ 是整数,T 是 t 个顶点的树. 求最小的正整数 n,使得完全图 K_n 的每个蓝黄色着色必然存在蓝色 K_s 或黄色 T.

8.11. 设 $k\geqslant 1$ 和 $r\geqslant 2$ 为整数. 证明:存在正整数 N,使得当 $n\geqslant N$ 时,任意用 r 种颜色将 $K_{n,n}$ 的边染色,都存在单色的 $K_{k,k}$ 子图.

8.12. 固定正整数 k, 对于整数 n, 将 $\{1,2,\cdots,n\}$ 的所有子集用 k 种颜色着色. 证明: 存在 n_0, 使得对于 $n\geqslant n_0$, 总有两个不相交的子集 X,Y, 满足 X,Y 和 $X\cup Y$ 是相同的颜色.

8.13. (IMOSL 1990) 将 K_{10} 的边用两种颜色染色,证明:其中一种颜色存在两个无公共顶点的奇圈.

8.14. (圣彼得堡数学奥林匹克 2008) 设整数 $n\geqslant 2$,图 G 的最小度数 $\delta(G)\geqslant 4n$. 将 G 的边用两种颜色染色,证明:存在一个长度至少为 $n+1$ 的单色圈.

8.15. 给定正整数 n,求 m 的最小值,满足:任何 n 个顶点,m 条边的图的边用两种颜色染色,总存在单色三角形.

8.16. (亚太数学奥林匹克 2003) 给定两个正整数 m 和 n,找到具有以下性质的最小正整数 k:完全图 K_k 的边的任意二染色,总有 m 条不相邻的红边或 n 条不相邻的蓝边.

8.17. (莫斯科数学圈)K_n 的边用两种颜色着色,使得任意两个顶点之间存在一条颜色为 1 的路径和一条颜色为 2 的路径. 证明:存在四个顶点,它们诱导的子图具有同样的性质.

8.18. (USATST 2013) 设 $k>1$ 为正整数,用 k 种颜色将 K_{2k+1} 的边染色,使得没有同色三角形. 设 A 是三边为三种不同颜色的三角形的个数,求 A 的最大可能值.

第 9 章　有向图

到目前为止，我们只研究了“正常”的图．现在介绍一个新概念，即有向图．这个概念是很直观的，唯一改变的是边有方向，边不再说成是两个顶点之间的，而是从一个顶点到另一个顶点．

定义 9.1. 一个**有向图** $G(V,E)$ 由一组顶点 V 和一组边 E 组成，这些边是有序对 (u,v)，$u,v\in V$，$u\neq v$．一条边 (u,v) 经常用 $u\to v$ 表示．对于不同的顶点 u 和 v，我们允许一个图同时有 $u\to v$ 和 $v\to u$ 的边．

现在将度数、路径等的定义扩展到有向图：

定义 9.2. 设 G 是有向图．

- $d^+(v)$ 是满足 $v\to u$ 的顶点 u 的个数，也就是从 v 出去的边数，称为**出度**，而 $d^-(v)$ 是满足 $u\to v$ 的顶点 u 的个数，也就是进入 v 的边数，称为**入度**．定义 $d(v)=d^-(v)+d^+(v)$．
- $N^+(v)$ 是满足 $v\to u$ 的顶点 u 的集合；$N^-(v)$ 是满足 $u\to v$ 的顶点 u 的集合．
- 若有向图的任何顶点 v 都满足 $d^+(v)=d^-(v)=k$，则称其为 k–**正则图**．
- 从 u 到 v 的**有向路径**是顶点的序列 $u=v_1,v_2,\cdots,v_k=v$ 使得 $v_i\to v_{i+1}$ 是有向边．**无向路径**是这样的序列，其中 $v_i\to v_{i+1}$ 或 $v_{i+1}\to v_i$．相同的定义可以扩展到圈和回路，包括欧拉回路和哈密顿圈等．

这些有向图特有的定义产生了一些比非有向图更复杂的连通性概念：

定义 9.3. 设 G 是有向图．

- 若对于任意顶点 u 和 v 存在从 u 到 v 的有向路径，则称 G 是**强连通**的．
- 若对于任意顶点 u 和 v 存在从 u 到 v 的无向路径，则称 G 是**弱连通**的．
- 不包含有向圈的有向图被称作**无圈图**．

实际上，有向图的特殊之处正是在这些概念中．虽然对于无向图，一个图是否连通，有没有圈等，都是比较直接的性质，但是对于有向图来说，这些是非常有趣而且通常是很复杂的问题．

我们首先考虑弱连通和强连通．一个非弱连通的图的外观很容易想象：它由至少两个连通分支组成，所以它看起来像“一组不相交的图”．但是如何描绘一个弱连通但不是强连通的图呢？以下命题对我们有帮助：

命题 9.4. *如果 G 是弱连通*但不是强连通的有向图，那么顶点可以划分为两个非空集合 A 和 B，使得 A 和 B 之间的任何边的方向都是指向 B 中的顶点．*

证明 若图不是强连通的，则存在顶点 u 和 v，使得 u 到 v 没有有向路径．直观地看，我们应该将 v 放在 A 中，u 放在 B 中．

定义 B 由 u 和所有从 u 通过有向轨迹可以到达的顶点组成．定义 A 由剩余的顶点组成，如图9.1．

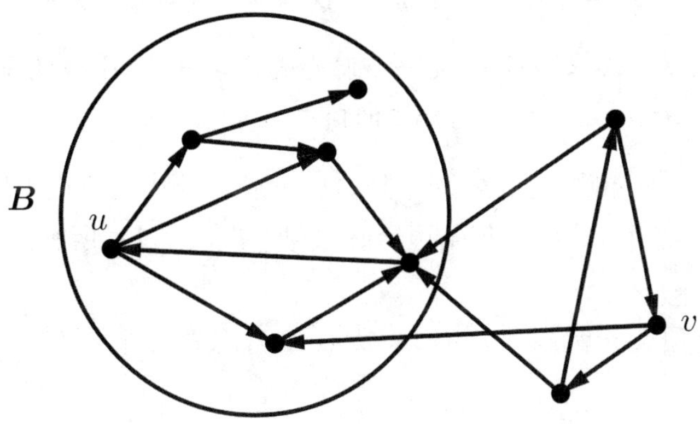

图 9.1 B 由 u 通过有向路径能到达的点组成

显然，A 是非空的，因为 v 属于它．另外，如果存在边 $u' \to v'$，其中 $u' \in B$，$v' \in A$，因为有一条从 u 到 u' 的有向轨迹，那么这个轨迹可以延长为 u 到 v' 的有向轨迹，这与 A 的定义矛盾．

因此，A 和 B 之间的所有边都指向 B． □

以下示例给出了弱连通和强连通之间的一个关系．

例 9.5. *设有向图 G 满足 $d^+(v) = d^-(v)$ 对所有顶点 v 成立．证明：G 是弱连通的当且仅当它是强连通的．*

*从证明中可以看出不需要弱连通的条件．——译者注

证明 强连通得到弱连通是显然的. 现在用反证法，假设 G 是弱连通的但不是强连通的. 根据前面的命题，顶点可以划分为 A 和 B，使得 A 和 B 之间的所有边都指向 B（并且至少有一条这样的边，因为图是弱连通的).

现在看看 B 中顶点的度数. 问题似乎出在 B 中顶点的内部边同时贡献出度和入度，而来自 A 的边只贡献入度. 具体写出为

$$\sum_{u\in B} d^+(u) = \#(B\text{ 中顶点之间的边}) + \#(\text{从 } B \text{ 到 } A \text{ 的边})$$

$$\sum_{u\in B} d^-(u) = \#(B\text{ 中顶点之间的边}) + \#(\text{从 } A \text{ 到 } B \text{ 的边})$$

因为 $d^-(w) = d^+(w)$ 对所有顶点 w 成立，因此有

$$\#(\text{从 } A \text{ 到 } B \text{ 的边}) = \#(\text{从 } B \text{ 到 } A \text{ 的边}) = 0$$

矛盾. □

接下来，我们可以证明有向图的欧拉定理，这与通常的欧拉定理非常相似:

定理 9.6. (有向图的欧拉定理) 设 G 是一个弱连通的有向图，则 G 有一个(有向)欧拉回路，当且仅当 $d^-(v) = d^+(v)$ 对所有的顶点 v 成立.

证明 假设 G 有一个有向欧拉回路，观察到顶点 v 在回路中的每次出现，都有一条边进入 v，一条边离开 v. 因为每条边恰好出现一次，所以对所有的顶点 v 有 $d^-(v) = d^+(v)$.

相反，假设所有顶点 v 都满足 $d^-(v) = d^+(v)$. 考虑最大的回路

$$v_1 \to v_2 \to \cdots \to v_r \to v_1$$

假设存在回路中未使用的边. 根据 G 连通，存在未使用的边，关联回路中的某个顶点. 设这个顶点为 v_i，则 v_i 必然有一条未使用的出边（每次使用一条出边，一条入边).

从 v_i 开始构造（有向）步道，仅在未使用的边上进行. 对于每个顶点，离开它和进入它的未使用边的数量相同. 因此，每当步道进入一个顶点时，也会有一条未使用的边可以出去. 因此，步道只能最终在 v_i 结束，形成一个回路

$$v_i \to u_1 \to u_2 \to \cdots \to u_s \to v_i$$

将此回路连接到原始回路，得到一个更长的回路

$$v_1 \to v_2 \to \cdots \to v_i \to u_1 \to u_2 \to \cdots \to u_s \to v_i \to v_{i+1} \to \cdots \to v_r \to v_1$$

矛盾. 因此初始回路包含所有边. □

请注意，欧拉定理也可以导出前面的示例，但我们在证明该示例时使用的方法本身也很重要.

有趣的是，有向图的欧拉回路对于某些有特殊属性的序列的存在性问题有意想不到的应用. 把构造序列当成是从一个顶点走到另一个顶点，于是问题转化成欧拉回路的问题. 以下是这些应用的一个例子：

例 9.7. (IMOSL 2002) 设 n 是偶数. 证明：存在 $1,2,\cdots,n$ 的置换 $x_1,x_2,\cdots,x_n$ 使得 $x_{i+1}\equiv 2x_i$ 或 $x_{i+1}\equiv 2x_i-1 \pmod n$ 对所有 $1\leqslant i\leqslant n$ 成立($x_{n+1}=x_1$).

证明　设 $n=2m$. 我们尝试构建一个图，其中的边（注意不是顶点）对应数字 $1,2,\cdots,2m$，并且一个所求的排列对应于欧拉回路.

观察到对于 $i\leqslant m$，i 和 $i+m$ 有完全相同的潜在后继：$2i$ 和 $2i-1$. 这给了我们以下想法：构建一个顶点为 $1,2,\cdots,m$ 的图，并构造边 $i\to 2i$ 标记为 $2i$ 和边 $i\to 2i-1$ 标记为 $2i-1$（这里的顶点可以认为是模 m，但边的标记是模 $2m$). 输入 i 的两条边分别被标记为 i（来自 $\frac{i}{2}$ 或 $\frac{i+1}{2}$）和 $i+m$（来自 $\frac{i+m}{2}$ 或 $\frac{i+m+1}{2}$)，如图9.2.（注意这个图可能包含环，即边 $i\to i$. 我们容忍这些.）

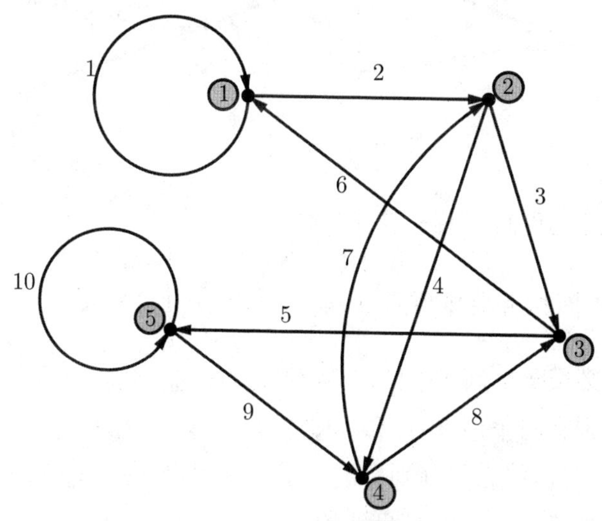

图 9.2　$n=10$ 的图

显然，每个数字 $1,2,\cdots,2m$ 作为边的标签出现一次. 此外，如果 x 是进入某个顶点的一条边的标签，那么从该顶点出发的边上的标签是 $2x(\pmod n)$ 和 $2x-1(\pmod n)$. 因此在一个回路中标记为 x 的边的后继者的标签恰好是我们要构建的排列中 x 的可能后继者. 因此，所求的排列对应于该图中的欧拉回路.

任何顶点都有入度 2 和出度 2，所以只需证明图是弱连通的就可以证明欧拉回路存在. 这很简单：只需对 k 归纳证明顶点 $1,2,\cdots,k$ 是连通的. 假设命题对于 k

成立,若 $k+1$ 为偶数,则连接到 $\frac{k+1}{2}<k+1$;若是奇数,则连接到 $\frac{k+2}{2}<k+1$. □

注 我们可以尝试构建图,使得数字 $1,2,\cdots,2m$ 对应于顶点,然后证明存在哈密顿圈. 但是证明存在哈密顿圈要困难得多. 一般而言,当感知到图可用于构建序列时,最好使用欧拉回路而不是哈密顿圈.

有向树

想一想对于有向图来说,什么是树的等价物. 如果我们不考虑方向,那么这个等价物很自然地应该是一个树,所以问题是关于方向该说什么.

定义 9.8. **有向树**是一个有向图,使得忽略其方向得到的图是一个树;当使用方向时,存在一个顶点 v,称为**根**,使得存在从 v 到所有其他顶点的有向路径,如图9.3.

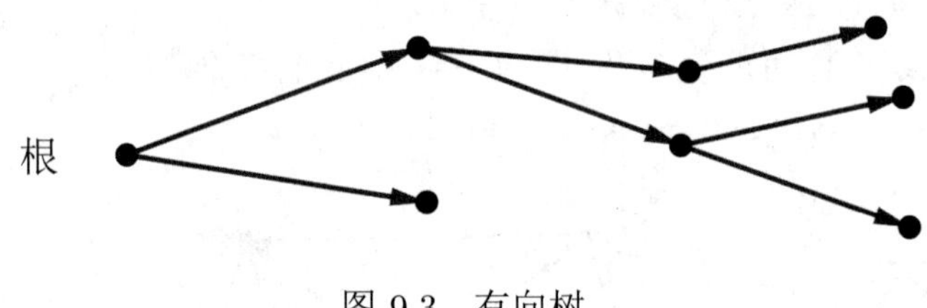

图 9.3 有向树

第一个命题只是让我们熟悉一下有向树.

命题 9.9. *在有向树中,所有非根顶点 u 满足 $d^-(u)=1$,对根顶点 v 有 $d^-(v)=0$.*

证明 显然 $d^-(u)$ 必须至少为 1,因为从 v 到 u 有一条路径.

若 $d^-(u)\geqslant 2$,则有两个顶点 u' 和 u'',使得 $u'\to u$ 和 $u''\to u$. 因为存在根 v 到 u' 和 u'' 的路径,可以将它们分别扩展为 v 到 u 的两条不同路径,矛盾.

因此 $d^-(u)=1$. $d^-(v)=0$,是显然的. □

可以发现,n 个顶点上的一个树,可以通过给出边的方向,得到 n 个有向树——只需选择根顶点,这可以通过 n 种方式完成,然后根顶点到其他顶点的路径可以唯一给出每条边的方向.

在第 2 章中,我们艰难地证明了在 n 个标记的顶点上存在 n^{n-2} 个树. 这等价于在 n 个标记的顶点上有 n^{n-1} 个有向树. 后者有一个非常漂亮的直接证明:

定理 9.10. *n 个标记顶点上有 n^{n-1} 个有向树.*

证明　我们考虑一下如何通过一次添加一条边来构造有向树. 在每个步骤,每个连通分支是一个有向树(森林),比如说,有 k 个树. 然后必须添加一条新的边 $u \to v$. 可以有 n 种方式选择 u,因为它可以是任何顶点. 但是只有有限的几种方式来选择 v ——实际上,v 必须是与 u 不同的某连通分支的根(否则 $d^-(v) \geqslant 2$,与上面的命题 9.9 矛盾),如图9.4. 这意味着 v 有 $k-1$ 个选择.

所以有 $n(n-s)$ 种方法来选择第 s 条边.

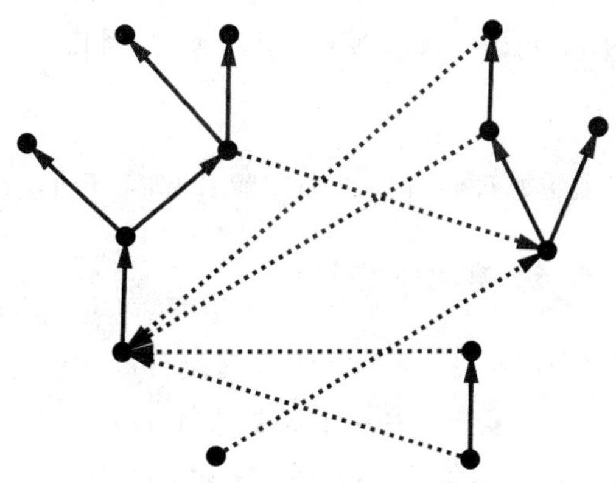

图 9.4　选择第 s 条边的各种方法

这样一共得到 $n^{n-1}(n-1)!$(包括重复计数)个有向树. 现在看看,对于一个固定的有向树,它被计算了多少次. 它有 $n-1$ 条边,这些边可以按任意顺序添加,因此它恰好被计算了 $(n-1)!$ 次.

因此,有向树的总数为 n^{n-1}. □

我们于是得到推论:

推论 9.11. (凯莱定理)n 个标记顶点上有 n^{n-2} 个(无向)树.

证明　因为有 n 个根顶点供选择,n 个标记顶点上的每个树对应于 n 个有向树,因此(无向)树的数量就是有向树的数量除以 n,即 n^{n-2}. □

注　人们自然会问自己,为什么我们应用于有向树的策略不能直接用于计算树呢?问题是,如果我们想要一条一条地添加边,那么在某个步骤,将没有固定数目的方法可以添加下一条边,因为这取决于我们已经拥有的结构. 例如当 $n=4$ 时,添加两条边后,可以是两个顶点的两个树,或者一个顶点和三个顶点的树. 在第一种情况下,下一条边会有 $\frac{n(n-1)}{2}-2$ 种选择,而第二个情况是 $\frac{n(n-1)}{2}-3$. 所以我们无法用乘法原理计数.

有向图的计数反而更容易,也许是因为有向性强加了一个顺序吧.

竞赛图

我们现在介绍一种乍一看似乎无趣的有向图，但事实证明它具有一些惊人的特性. 假设有 n 个团队，每两个团队对战一次，有一个赢家和一个输家，对战结果就得到一个竞赛图：

定义 9.12. 一个**竞赛图**是满足任何两个顶点之间恰有一条边的有向图. 如果一个竞赛图的顶点可以标记为 $v_1, v_2, \cdots, v_n$，使得 $v_i \to v_j$ 当且仅当 $i < j$，那么称其为**传递竞赛图**.

为了让这个概念看起来更好理解并且直观理解竞赛图，我们指出下面的性质：

命题 9.13. 任何竞赛图包含一个有向哈密顿路.

证明 取最长的路径：$v_1 \to v_2 \to \cdots \to v_k$. 假设这没有包含所有顶点，取一个不在路径中的顶点 u. 我们证明可以在路径中的某处添加 u 从而得到矛盾.

若 $u \to v_1$，则 $u \to v_1 \to v_2 \to \cdots \to v_k$ 是一条更长的路径，矛盾. 若 $v_k \to u$，则 $v_1 \to v_2 \to \cdots, \to v_k, u$ 是一条更长的路径，也矛盾.

否则，设 $i \geqslant 2$ 为最小的正整数，满足 $u \to v_i$. 因为 i 最小，$v_{i-1} \to u$，因此

$$v_1 \to v_2 \to \cdots \to v_{i-1} \to u \to v_i \to \cdots \to v_k$$

是一条更长的路，矛盾，如图9.5.

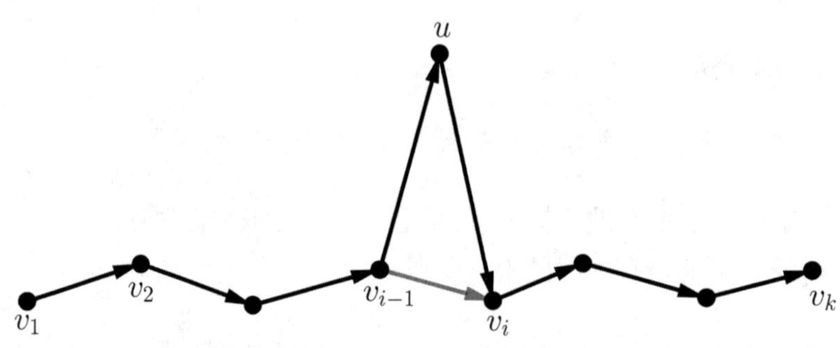

图 9.5 更长的路

因此初始的路径包含所有的顶点. □

我们现在证明一个非常有趣和困难的定理，它揭示了竞赛图的美妙之处：

定理 9.14. (P. Camion, 1959) 竞赛图有哈密顿圈当且仅当它是强连通的.

证明 如果图中包含一个有向哈密顿圈，那么显然从任何顶点到沿着这个圈可以到达任何其他的顶点.

反之,假设竞赛图是强连通的. 设

$$C : v_1 \to v_2 \to \cdots \to v_k \to v_1$$

为最长的圈,假设它不包含所有顶点.

对于任何 $v \in V \backslash C$,若 $v_i \to v$ 且 $v \to v_{i+1}$(下角标循环取),则

$$v_1 \to v_2 \to \cdots \to v_i \to v \to v_{i+1} \to \cdots \to v_k \to v_1$$

是更长的圈,矛盾. 因此,要么 $v \to v_i$ 对所有 i 成立;要么 $v_i \to v$ 对所有 i 成立.

然后可以将 $V \backslash C$ 分成 A 和 B,使得 $v_i \to v$ 对所有 i 和 $v \in A$ 成立,$v \to v_i$ 对所有 i 和 $v \in B$ 成立. 如果 A 为空,那么我们不能从 C 沿有向路径到达 B,所以图不是强连通的. 同样,如果 B 为空,那么我们不能从 A 到达 C. 因此 A 和 B 均非空,如图9.6.

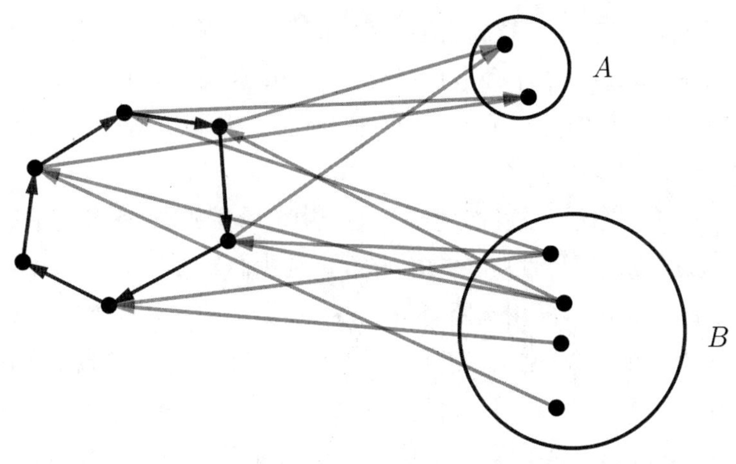

图 9.6 竞赛图的必然现象

若存在 $a \in A$ 和 $b \in B$ 使得 $a \to b$,则

$$v_1 \to v_2 \to \cdots \to v_k \to a \to b \to v_1$$

是一个更长的圈,矛盾. 因此 $b \to a$,对所有的 $a \in A$ 和 $b \in B$ 成立. 但是现在不能从 $C \cup A$ 到达 B,与图的强连通性质矛盾.

因此 C 包含所有顶点. □

该定理可以推出以下命题,但我们会用一种新方法给出直接证明:

命题 9.15. 设 G 是竞赛图,则或者 G 包含一个(有向的)哈密顿圈,或者它的顶点可以被划分为集合 A 和 B,使得 A 和 B 之间的所有边都是从 A 到 B.

证明 我们对顶点个数归纳来证明这一点. 两个顶点的情形是显然的.

现在假设结果对于 $1,2,\cdots,n$ 成立,我们将证明它对于 $n+1$ 个顶点的情况成立. 在 $n+1$ 个顶点中任选一个 v,对其余的 n 个顶点上的竞赛图应用归纳假设. 有两种情况:

第一种情况:剩下的 n 个顶点形成一个圈

$$v_1 \to v_2 \to \cdots \to v_n \to v_1$$

如果存在 i 使得 $v_i \to v$ 和 $v \to v_{i+1}$($v_{n+1} = v_1$),那么

$$v_1 \to v_2 \to \cdots \to v_i \to v \to v_{i+1} \to \cdots \to v_n \to v_1$$

是包含所有 $n+1$ 个顶点的圈. 否则,要么对所有 i 有 $v \to v_i$,要么对所有 i 有 $v_i \to v$. 在这些情况下,我们可以分别选择 $A = \{v\}$, $B = \{v_1, v_2, \cdots, v_n\}$ 和 $A = \{v_1, v_2, \cdots, v_n\}$, $B = \{v\}$,满足 A, B 之间的边都是从 A 到 B.

第二种情况:剩余的 n 个顶点可以分为 A 和 B 集合,使得 $a \to b$ 对于所有 $a \in A, b \in B$ 成立. 我们没有关于 A 和 B 的信息,所以关键想法是分别对 A 和 B 上的图进行归纳以获得更多信息.

每次对一个集合归纳,或者得到这个集合中含哈密顿圈,或者这个集合可以分成两个集合 A, B 满足题目性质. 继续划分,直到我们最终将 n 个顶点划分为集合 $A_1, A_2, \cdots, A_k$ 使得 $a \to b$ 用于所有 $a \in A_i, b \in A_j, i < j$ 都成立. 每个集合 A_i 不能进一步分为两个集合,这意味着每个集合 A_i 都有一个包含其所有顶点的圈.

现在,如果对所有 $a \in A_1$,有 $a \to v$,那么把 $n+1$ 个顶点分成 A_1 和 $\{v\} \cup A_2 \cup \cdots \cup A_n$ 两个集合满足要求. 类似地,如果 $v \to a$ 对所有的 $a \in A_k$ 成立,那么把顶点分成 $A_1 \cup \cdots \cup A_{k-1} \cup \{v\}$ 和 A_k. 两个都不成立时,存在 $a \in A_1$, $v \to a$ 以及 $b \in A_k, b \to v$.

正如我们所说,任何 A_i 都有包含其所有顶点的圈

$$a_{i1}, a_{i2}, \cdots, a_{ir_i}, a_{i1}$$

不妨设 $a = a_{11}$ 和 $b = a_{kr_k}$. 现在我们可以将所有这些圈放在一起,得到 $n+1$ 个顶点的哈密顿圈(如图9.7)

$$v \to a_{11} \to a_{12} \to \cdots \to a_{1r_1} \to a_{21} \to \cdots \to a_{2r_2} \to a_{31} \to \cdots \to a_{kr_k} \to v \quad \square$$

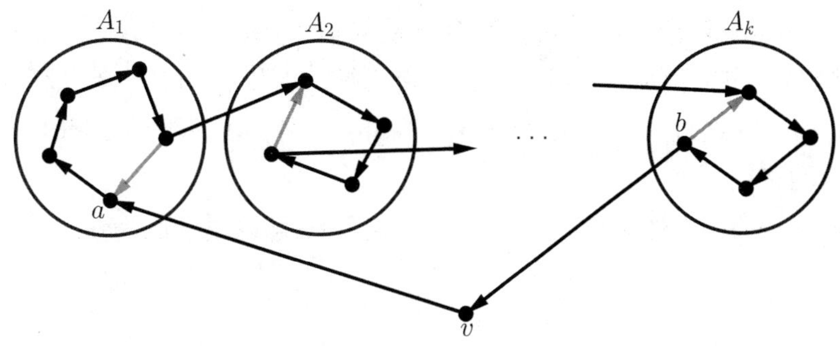

图 9.7 哈密顿圈

图的定向

我们总是可以取一个无向图并赋予边的方向,这样就得到一个有向图. 因此人们很自然地会问,对于有向图的某些属性,哪些无向图可以通过定向获得这些属性呢? 以下的内容将对此有指导意义:

例 9.16. 设 G 是一个无向连通图, 称移除会导致图不连通的边为割边. 证明: G 的边可以定向得到强连通图当且仅当 G 不包含割边.

证明 假设 uv 是一个割边. 如果我们将它定向为 $u \to v$,从 v 到 u 就不会有任何路径. 反之如果定向为 $v \to u$,从 u 到 v 就没有路径. 所以任何定向都不会给出一个强连通的有向图.

现在设 G 没有割边. 取可以定向的最大子图 S,使得定向后的 S 是强连通的.

假设 $S \neq G$,在 S 和 $G \backslash S$ 之间取一条边 vu,其中 $v \in S, u \in G \backslash S$. 因为 vu 不是割边,所以有一条从 u 到 v 的(无向)路径,不包含 vu.

取这条路径的开始部分,直到它到达 S: $u, u_1, \cdots, u_k$,其中 $u, u_1, \cdots, u_{k-1} \in G \backslash S$ 而 $u_k \in S$. 定义有向边 $v \to u, u \to u_1, \cdots, u_{k-1} \to u_k$,如图9.8.

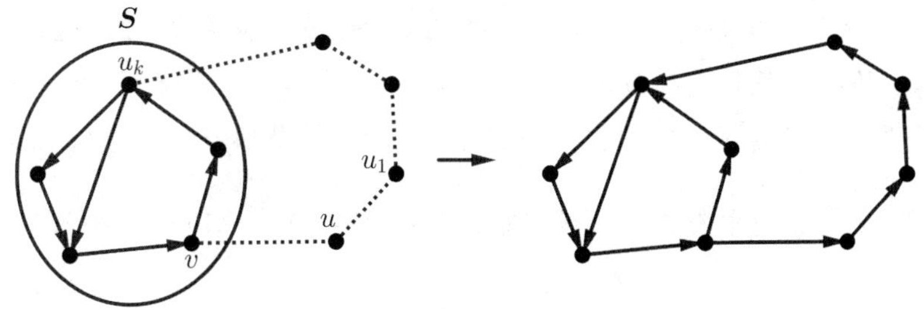

图 9.8 扩展 S

我们证明这样的定向使得 $S \cup \{u, u_1, \cdots, u_{k-1}\}$ 是强连通的. 实际上, 我们

已经知道 S 是强连通的，并且我们有一条从 v 到 $u, u_1, \cdots, u_{k-1}$ 中的任何一个以及从它们中的任何一个到 u_k 的有向路径. 所以我们有一条从任何顶点到 $u, u_1, \cdots, u_{k-1}$（通过 v）以及从 $u, u_1, \cdots, u_{k-1}$ 中的任何一个到任何其他顶点（通过 u_k）的路径.

这样和 S 的极大性矛盾,因此 $S = G$,说明 G 可以定向成为强连通图. □

习题

9.1. 在一组 $2n$ 个孩子中,他们每个人都给另外 n 个人一个糖果. 证明:有两个孩子互相给了糖果.

9.2. 在有向图中,每对顶点之间恰有一条有向路径. 证明:每条边恰好属于一个有向圈.

9.3. 证明:任意无圈有向子图包含一个出度为零的顶点和一个入度为零的顶点.

9.4. 证明:如果一个竞赛图有一个圈,它就有一个长度为 3 的圈.

9.5. 设竞赛图的顶点为 $v_1, v_2, \cdots, v_n$. 证明

$$\sum_{i=1}^{n} d^+(v_i)^2 = \sum_{i=1}^{n} d^-(v_i)^2$$

9.6. 设 G 是一个(无向)连通图,每个顶点的度数为偶数. 证明:可以对 G 的边进行定向,使得 $d^+(v) = d^-(v)$ 对于所有 v 成立.

9.7. 设 G 是(非定向)树. 证明:可以对 G 的边进行定向,使得 $d^+(v) \leqslant 1$ 对于任何顶点 v 成立.

9.8. (伊朗) 设有向二部图 G 的顶点集为 A 和 B. 每一步操作,可以选择一个顶点 v 并反转 v 的所有关联边的方向. 证明:存在一个操作序列,得到的图满足:对于 A 中的每个顶点 v, $\deg^+(v) \geqslant \deg^-(v)$;对于 B 中的每个顶点 u, $\deg^+(u) \leqslant \deg^- u$.

9.9. 证明: 在竞赛图中存在顶点 v, 使得从 v 到任何其他顶点存在长度不超过 2 的路径.

9.10. 设 G 为有向图. 证明:存在 G 的顶点子集 A,满足:A 中的任何两个顶点不相邻;任何不在 A 中的顶点都可以从 A 中的某个顶点通过长度为 1 或 2 的有向路径到达.

9.11. 证明:任何无圈图都是同样顶点集上的某个传递竞赛图的子图.

9.12. 设 G 为有向图,证明:G 有两个无圈的生成子图 G_1 和 G_2,它们包含了 G 的所有边.

9.13. (罗马尼亚 TST 1974,Marian Rădulescu) 考虑顶点集为 A 和 B 的有向二部图,满足 A 中的每个顶点和 B 中的每个顶点之间恰好有一条边. 已知所有顶点的入度和出度都至少为 1,证明:存在长度为 4 的有向圈.

9.14. (改编自全俄数学奥林匹克 2004) 设 G 是 $6n+1$ 个顶点的竞赛图,每个点的出度和入度均为 $3n$. 证明:任何不少于 $4n+1$ 个顶点的诱导子图是强连通的.

9.15. 设 $k \leqslant \log_2 n$, 证明:任何 n 个顶点上的竞赛图都有一个传递子竞赛图, 至少有 k 个顶点.

9.16. 设 G 是有偶数条边的连通(无向)图. 证明:可以将所有边定向,使得每个顶点的出度为偶数.

9.17. 设 G 为无向图. 证明:可以对 G 的边进行定向,使得对于任何顶点 v,$d^+(v)$ 和 $d^-(v)$ 最多相差 1.

9.18. 设 G 是 2–正则有向图(即每个顶点都有 $d^+(v)=d^-(v)=2$). 证明:G 的 1–正则生成子图的个数是 2 的正整数次幂.

9.19. (罗马尼亚 TST 2005,Dan Schwarz) 凸多面体的所有边的定向满足每个顶点的出度和入度都至少为 1. 证明:存在多面体的一个面,所有边构成一个有向圈.

9.20. 设 n 为正整数,考虑 $2n+1$ 个顶点的竞赛图. 若三个顶点 u,v,w 确定了一个长度为 3 的有向圈(按某种顺序),则称它们形成了一个循环三元组.

(a) 确定可能的循环三元组的最小数量.

(b) 确定可能的循环三元组的最大数量.

9.21. 阶为 n 的德布鲁因序列是长度为 2^n 的二进制序列 $x_1,x_2,\cdots,x_{2^n}$,使得任意长度为 n 的二进制序列 $y_1,y_2,\cdots,y_n$ 作为子序列 $x_r,x_{r+1},\cdots,x_{r+n-1}$ 出现恰好一次,其中下标模 2^n.(例如序列 00010111 是一个 3 阶的德布鲁因序列,因为每个长度为 3 的序列,例如 011,作为一个子序列出现一次.)证明:存在任意正整数阶的德布鲁因序列.

9.22. (罗马尼亚 TST 2012) 证明:有限平面简单图的边可以定向,使得每个顶点的出度最多为 3.

9.23. (罗马尼亚 TST 2003) 考虑 $2n$ 个标记顶点上的有向图,其中所有顶点的入度为 1,出度为 1,而且存在 n 个顶点之间没有边. 证明:这样的图的数量是一个平方数.

9.24. (IMOLL 1992) 一个有向图有如下性质:如果 x,u 和 v 是三个不同的顶点,使得 $x \to u$ 和 $x \to v$, 那么存在一个顶点 $w \neq x$ 使得 $u \to w, v \to w$. 假设 $x \to y \to \cdots \to z$ 是一条长度为 n,无法向右延伸的轨迹(z 的出度为 0). 证明:从 x 开始的任何轨迹都在 n 步之后到达 z.

9.25. (L. Redei, 1934) 设 G 是竞赛图,证明:G 包含奇数个(有向)哈密顿路径.

9.26. 在一个强连通的有向图 G 中,每个顶点的出度至少为 2,入度至少为 2. 证明:可以去除某个圈上的所有边,使得图保持强连通.

9.27. 一个竞赛图 G 的每条边都是红色或蓝色的. 证明:图 G 中存在一个顶点 v,使得对于每个其他顶点 w,存在一条从 v 到 w 的有向单色路径(所有路径不必是相同的颜色).

第 10 章　无限图

到目前为止，已经讨论的都是顶点数有限的图．我们也可以考虑有无限多个顶点的图．有一些漂亮的方法可以将一些有限图的定理扩展到无限图．也有一些无限图，具有一些在有限图中看不到的奇妙的性质．

定义 10.1. 一个**无限图**是顶点个数为无限的图（边数也可能无限）．

一个无限图可能有太多的顶点，以至很难将它们可视化．我们将只处理不是这种情况的无限图：

定义 10.2. 一个**可数无限图**是一个图，其顶点集一一对应于正整数集

$$V = \{v_1, v_2, \cdots\}$$

我们再介绍几个概念：

定义 10.3. 设 G 是可数无限图．

- 如果它的所有顶点都有有限多个邻点，那么称 G 是**局部有限**的，于是每个顶点度数有限．
- 一条**射线**是一系列不同的顶点 $v_1, v_2, \cdots$ 使得对所有 $i \geqslant 1$，v_i 与 v_{i+1} 相连（本质上是一个"单侧无限路径"）．
- 一条**双射线**是一系列不同的顶点 $\cdots v_{-2}, v_{-1}, v_0, v_1, v_2, \cdots$ 使得 v_i 与 v_{i+1} 相邻，对所有整数 i 成立（"双侧无限路径"，或者说是"无限圈"）．

许多关于可数图的有趣问题与我们能否将适用于有限图的各种定理推广到无限图有关．我们首先研究霍尔定理 6.3 是否可以推广到可数图：

例 10.4. 设二部图 G 的顶点集合为 A 和 B，满足对于 A 的任何有限子集 X，$|N(X)| \geqslant |X|$．是否存在 A 的匹配？

证明 事实上，不一定存在．构造最简单的例子，取 $A=\{a_0,a_1,a_2,\cdots\}$ 和 $B=\{b_1,b_2,\cdots\}$ 并连接 $a_1b_1,a_2b_2,\cdots$，以及 a_0 到所有 b_i，如图10.1所示．

假设存在匹配，对于所有的 $i\geqslant 1$，a_i 只有一个邻居 b_i，a_i 必须与 b_i 配对．但是 a_0 没有可以连接的顶点，矛盾．所以没有匹配． □

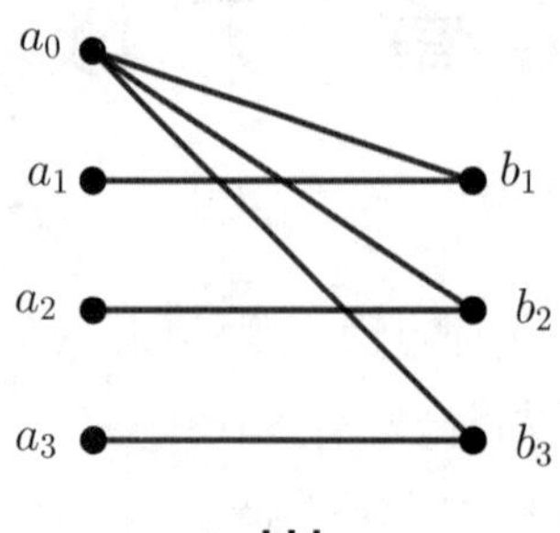

图 10.1 反例

感觉就像我们用 a_0 欺骗了一下．这是一个很好的直觉——事实证明，有度数无限的顶点是可以证伪无限情况下的霍尔定理的唯一方法．还有一个适用于无限情况的霍尔定理版本，对此我们将给出两个证明，一个修改了有限情况的证明，另一个使用了将有限图的性质扩展到可数图的新方法．

定理 10.5. (可数图的霍尔定理) 设 G 是顶点集合为 A 和 B 的局部有限可数二部图，满足对于 A 的任何有限子集 X，$|N(X)|\geqslant|X|$，则存在 A 的匹配．

证法一 设集合 A 的顶点为 $a_1,a_2,\cdots$．我们将提供一个算法来将这些顶点与集合 B 中的顶点配对．我们将依次配对，同时确保删除已配对的顶点后，霍尔条件对剩余的图成立．

假设 i 是使得 a_i 未配对的最小的下标．令 A' 和 B' 分别是 A 和 B 中尚未配对的顶点的集合．我们想要找到一个有限的子集 $X\subset A'$ 使得 $a_i\in X$ 并且 $|N_{B'}(X)|=|X|$．如果没有这样的 X，就可以去除 a_i 所关联的一些边，直到发生这种情况．（因为图是局部有限的，所以这是可能的．没有局部有限条件时不能保证这点可以办到．）

现在，对于这样的 X，确实对于任何 $Y\subseteq X$，有

$$|N_{N(X)}(Y)|=|N_{B'}(Y)|\geqslant|Y|$$

所以存在从 X 到 $N_{B'}(X)$ 的匹配（根据有限情况下的霍尔定理），如图10.2所示．

另外，对于有限的 $Y\subset A'\backslash X$，我们有

$$|N_{B'}(X\cup Y)|\geqslant|X\cup Y|=|X|+|Y|$$

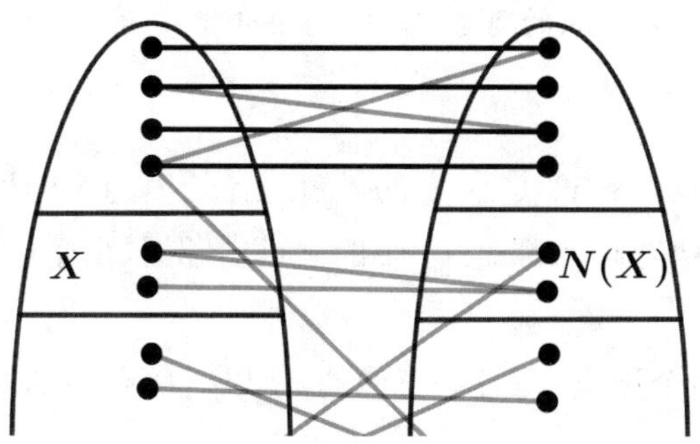

图 10.2 找到 X 和 $N(X)$ 来得到匹配中新的边

然而

$$|N_{B'}(X\cup Y)| = |N_{B'}(X)| + |N_{B'\setminus N_{B'}(X)}(Y)| = |X| + |N_{B'\setminus N_{B'}(X)}(Y)|$$

得到

$$|N_{B'\setminus N_{B'}(X)}(Y)| \geqslant |Y|$$

这意味着从待匹配的顶点中移除 X 和 $N_{B'}(X)$ 后,霍尔条件仍然成立.

继续这样,所有的顶点都将被匹配. □

证法二 上一个证明有点笨拙,现在这个证明更加优雅. 设 $a_1, a_2, \cdots$ 是集合 A 中的顶点,令 $A_n = \{a_1, a_2, \cdots, a_n\}$. 根据在有限的情况下的霍尔定理,存在 A_n 和 B 之间的匹配,设 E_n 是这个匹配中的边的集合.

因为该图是局部有限的,a_1 有有限条邻边. 其中的一条,记为 e_1,在无穷多个 E_n 中出现.

只考虑包含 e_1 的那些 E_n,存在 a_2 的一条邻边,在这些 E_n 中出现无限多次,记为 e_2.

进一步只考虑包含 e_1 和 e_2 的那些 E_n,存在 a_3 的一条邻边,其这些 E_n 中出现无限次,记为 e_3.

如此继续, 我们得到边的序列 $e_1, e_2, \cdots$. 其中的任何两个都同时出现在某个有限图的匹配中,因此没有公共顶点,说明这些边给出 A 的匹配. □

我们给出第一个证明是为了表明将有限图中使用的技术应用于无限图是相当困难的. 我们在第二个证明中使用的技巧在无限图理论中是必不可少的,它可以从有限情况的构造得到无限情况的构造,我们将在本章中反复使用它.

现在我们转向路径. 一个非局部有限的可数图可以仅由一个顶点连接到无限多个其他顶点组成,在这种情况下,最长路径的长度为 2. 但是,如果图连通且局部有限,那么情况有所不同:

命题 10.6. 在连通的局部有限的可数图中，对任何正整数 n，都存在长度为 n 的路径.

证明 设 v_0 是一个顶点. 设 V_i 是到 v 的最短路径长度为 i 的顶点集.

观察到 V_{i+1} 中的所有顶点都是 V_i 中的顶点的邻居，由于图是局部有限的，归纳可得 V_i 是有限的.

但是图中有无穷多个顶点，而且是连通的，所以对所有的 $i, V_i \neq \varnothing$. □

注 通过这些 V_i 来考察局部有限可数图在其他情况中也很有用. 这是因为 V_i 必须是有限的，所以易于管理.

我们证明了存在任意长度的路径. 但是现在问题来了，有没有无限长的路径，也就是射线？以下定理来自匈牙利数学家丹尼斯•柯尼格（Dénes Kőnig)，他也是第一本图论书籍《有限图和无限图的理论》(1936)的作者.

定理 10.7. (无限柯尼格引理，1927) 任何连通的局部有限可数图都包含一条射线.

证明 选取一个顶点 v_0. 因为 G 连通，从 v_0 开始有无穷多条有限长路径，每条到另外一个顶点.

其中，有无限多条有相同的第二个顶点，将其称为 v_1.（这是因为 G 是局部有限的，所以 v_0 连接到有限多个其他顶点.）具有相同第二个顶点的路径中，有无数个有相同的第三个顶点，称之为 v_2（同样，这是因为 v_1 的邻居数量有限)，依此类推.

这个算法给了我们一条射线 $v_0, v_1, v_2, \cdots$. □

证明看起来很短，但它远非平凡. 从某种意义上说，这与我们用于证明霍尔定理的第二种方法的技巧相同.

现在来看另一个例子，即无限图的拉姆塞定理. 用 n 种颜色为可数完全图的边着色，对任何正整数 m，可以得到单色的 K_m（根据拉姆塞定理 8.1). 但是是否能得到一个可数的单色完全子图？显然，获得的单色 K_ns 可能没有共同的顶点，无法拼成可数的完全图，所以我们需要一个稍微不同的推导.

定理 10.8. (可数图的拉姆塞定理) 设 n 是正整数，可数完全图的边用 n 种颜色着色，则存在单色可数个顶点的完全子图.

证明 选取一个顶点 v_0，设 $V_0 = V$，即所有顶点的集合.

在所有与 v_0 关联的边中，有一种颜色 c_0，使得无穷多条边都有颜色 c_0. 设这些边的另一个端点的集合为 V_1，并选取 $v_1 \in V_1$.

在从 v_1 到 V_1 的所有边中，有无穷多条边具有相同颜色，设为颜色 c_1. 设这些颜色为 c_1 的边的另一个端点的集合为 V_2，并选取 $v_2 \in V_2$.

如此继续，如图10.3.

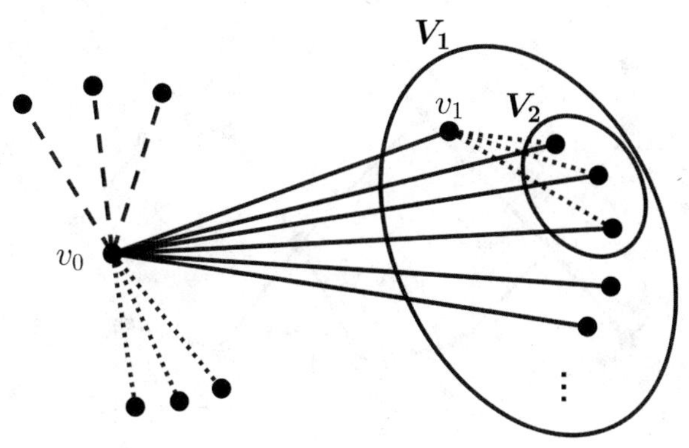

图 10.3 选择 $v_0, v_1, \cdots$

一般来说，在步骤 i，考虑从 v_i 到 V_i 的所有边，并且考虑到它们有无穷多个，有一种颜色 c_i，使得这些边中有无穷多的颜色是 c_i. 取 V_{i+1} 为这些边的另一个端点的集合，任取 $v_{i+1} \in V_{i+1}$.

我们得到的是一个顶点序列 $v_0, v_1, v_2, \cdots$ 使得对于 $i < j$，v_iv_j 的颜色是 c_i. 现在只需观察到有一个颜色 c 在序列 $c_0, c_1, c_2, \cdots$ 中出现无穷多次. 所以如果我们选择满足 $c_i = c$ 的那些 v_i，就得到一个可数完全子图，其中所有边的颜色都是 c. □

柯尼格定理和拉姆塞定理有许多应用. 以下是其中之一：

例 10.9. 若一组集合中的任何两个的交集大小相同，则称为 Δ 系统. 证明：如果可数个集合的大小都相同，那么其中存在一个无穷子族，构成 Δ 系统.

证明 用顶点表示给定的集合，得到可数的完全图. 设 n 为这些集合的基数，用颜色 $0, 1, \cdots, n$ 给边上色，方法是：用 $|X \cap Y|$ 给集合 X 和集合 Y 之间的边上色.

应用可数图的拉姆塞定理 10.8，我们得到无限单色子图. 对应的集合形成了一个无限的 Δ 系统. □

注意，并非所有对“任何有限 n”都成立的属性对“无穷大”也成立：

例 10.10. 设 G 是一个局部有限、可数的连通图，对任何正整数 n，G 包含长度为 n 的圈. G 是否必须包含双射线（这将等价于“无限圈”）?

证明 答案是否定的. 设 G 由圈 $C_3, C_4, C_5, \cdots$ 组成,C_i 有 i 个顶点,这些圈是互不相交的,除了对每个 i,C_i 和 C_{i+1} 共享顶点 u_i,如图10.4. 该图显然连通且局部有限.

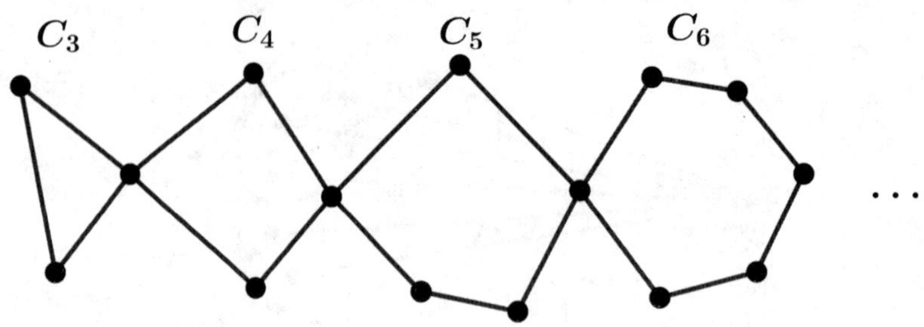

图 10.4 反例

现在,假设有一个双射线 $\cdots, v_{-2}, v_{-1}, v_0, v_1, v_2, \cdots$,设 v_0 在某个 C_i 中,并设 $v_0 \neq u_i$(若 $v_0 = u_i$,则取 $v_0 \in C_{i+1}$,于是 $v_0 \neq u_{i+1}$).

从 v_0 出发不经过 u_i 的路径只能到达有限个顶点(在 $C_3, C_4, \cdots, C_i$ 中的那些顶点). 所以由于

$$v_0, v_1, v_2, \cdots \text{ 和 } v_0, v_{-1}, v_{-2}, \cdots$$

都是射线,因此都必须包含 u_i,矛盾. □

习题

10.1. 构造一个具有无限色数的局部有限可数图.

10.2. 设 G 为无限有向图,使得每个顶点 v 满足 $d^+(v) \geqslant 1$. 证明:要么存在有向圈,要么存在有向射线.

10.3. 如果一个无限图连通并且局部有限, 其所有顶点的度数是偶数, 那么它是否必须包含双向无限的欧拉步道?(即顶点序列 $\cdots, v_{-2}, v{-1}, v_0, v_1, v_2, \cdots$, 使得 $v_i v_{i+1}$ 是一条边,并且图中的每条边恰好出现一次.)

10.4. 证明:在顶点 $v_1, v_2, \cdots$ 上存在一个可数图,其中 $d(v_i) = i$.

10.5. 证明:每一个实数序列 $(a_n)_{n=1}^{\infty}$ 都有一个无限的单调子序列(子序列的项不要求在 (a_n) 中连续出现).

10.6. 一个字母表包含有限数量的字母. 若一个单词 w 中的连续字母序列恰好是另一个单词 w',则称 w 包含 w'. 有一组(可能有无限个)长度有限的禁用词. 若一个词不包含禁用词,则称为好词. 已知对任何正整数 n,存在长度为 n 的好词. 证明:存在无限长度的好词.

10.7. (改编自 EGMO 2012) 考虑一个可数有向图,其中所有出度最多为 1,所有入度都是有限的. 设 v 是一个顶点,使得对于任何正整数 k,都存在一条长度为 k 的路径

$$v_1 \to v_2 \to \cdots \to v_k \to v$$

证明:存在满足相同条件的 u,且 $u \to v$ 是边. 如果将入度有限的条件去掉,那么结论是否依旧成立?

10.8. 是否存在一个可数树 T 使得 T 包含树子图 $T_1, T_2, \cdots$,任意两个无公共顶点,并且每个 T_i 同构于 T?

10.9. 证明:存在一个可数树 T(不一定局部有限)使得任何其他可数树同构于 T 的子图.

10.10. 是否存在局部有限的可数树 T 使得任何局部有限的可数树与 T 的子图同构?

10.11. 证明:每个连通的可数图都包含一个生成树.

10.12. 求局部有限可数图 G,顶点为 $v_1, v_2, \cdots$,具有如下性质:G 的边存在两个定向,用 d_1^+ 和 d_2^+ 分别表示两个定向的出度,则对所有 i,都有 $d_1^+(v_i) > d_2^+(v_i)$.

10.13. 设 T 是一个无限树. 证明:当且仅当 T 包含一条射线时,可以对 T 的边进行定向,使得 $d^+(v) = 1$ 对所有顶点 v 成立.

10.14. 设 G 是一个连通的可数图,T 是一个生成树,使得恰有 k 条边在 G 中但不在 T 中($k \in \mathbb{N}$ 或 $k = \infty$). 证明:对于任何其他生成树 T',也恰有 k 条边在 G 中,不在 T' 中.

10.15. 构造一个自补的可数图(即图与其补图同构).

10.16. 证明:存在不同构的可数图 G_1 和 G_2,使得 G_1 同构于 G_2 的一个诱导子图,G_2 也同构于 G_1 的一个诱导子图.

10.17. (de Bruijn,Erdős,1951) 可数图 G 的每个有限子图 H 满足 $\chi(H) \leqslant k$,证明:$\chi(G) \leqslant k$.

10.18. 设 G 为连通可数图. 将移除后会使图不连通的边称为割边. 证明:可以将 G 的边定向,得到强连通的图,当且仅当 G 不包含割边.

10.19. 证明:存在可数图 G 使得任何可数图同构于 G 的一个诱导子图.

10.20. (RMM 2018,Maxim Didin) 安和鲍勃在无限方格表的边上轮流玩游戏,安先出手. 每次操作要选择尚未指定方向的任何一条边并指定方向. 如果在任何时候都存在一个有向圈,那么鲍勃获胜. 鲍勃有制胜策略吗?

10.21. (保加利亚 TST 2008) 设 G 是一个无限有向图,满足每个顶点的出度严格大于入度. 设 v 为 G 的一个顶点,对于任意正整数 n,V_n 为从 v 通过长度不超过 n 的路径能到达的顶点的集合. 求 $|V_n|$ 的最小可能值(在所有这样的图上).

附录 A:图论中的概率方法

令人惊讶的是,来自概率的技巧在图论中也有应用,就像在组合学的其他分支中一样. 这些应用中的大多数都与对象的存在性有关,并且通常基于一个简单而强大的想法,即: 如果某个类型的对象具有某个属性的概率严格大于 0,那么必然存在一个对象实例具有该属性.

我们首先给出概率论中的一些基本事实:

概率论中的基本事实

- 我们有一组结果,$\omega_1, \omega_2, \cdots, \omega_r$,每个结果都有一个确定的概率 $P(\omega_i)$.(例如,我们扔两个骰子,结果的集合包含了所有可能的结果对). 它们的概率总和总是 1,即

$$\sum_{i=1}^{r} P(\omega_i) = 1$$

  事件是一部分结果的集合(例如,两个骰子都是偶数). 事件 A 发生的概率为

$$P(A) = \sum_{\omega_i \in A} P(\omega_i)$$

- 我们用**条件概率** $P(A|B)$ 表示在事件 B 中,事件 A 同时发生的概率,即

$$P(A|B) = \frac{P(A \cap B)}{P(B)} = \frac{\sum\limits_{\omega_i \in A \cap B} P(\omega_i)}{\sum\limits_{\omega_i \in B} P(\omega_i)}$$

  若 $P(A|B) = P(A)$,则两个事件 A, B 称为**独立的**. 直观地说,如果 B 发生与否不影响 A 发生,那么它们是独立的.(例如,我们掷两个骰子,第一个是否为偶数不会影响第二个是否为偶数).

- 重写上面的条件概率公式,得到事件 A 和 B 同时发生(即两个事件的集合的交集对应的那些结果)的概率是 $P(A \cap B) = P(A|B)P(B)$. 若它们是独

立的，则 $P(A|B)=P(A)$，于是 $P(A\cap B)=P(A)P(B)$. 可以看出，这样写出的“独立”的定义式关于 A 和 B 是对称的.

- 下面的简单结果经常有用

$$P(A\cup B)\leqslant P(A)+P(B)$$

- 一个**随机变量** X 是结果的函数（例如，掷两个骰子，两个数字的总和是一个随机变量 X）. 如果对所有的实数 x 和 y，事件 $A=\{a|X(a)=x\}$ 和 $B=\{b|Y(b)=y\}$ 独立，那么称两个随机变量 X 和 Y 独立.
- 随机变量 X 的**期望**本质上是函数的平均值，并用结果的概率当作加权

$$E(X)=\sum_{\omega}X(\omega)P(\omega)$$

- 对于两个随机变量，无论它们是否独立，都满足**期望的可加性**

$$E(X+Y)=E(X)+E(Y)$$

然而，不一定有 $E(XY)=E(X)E(Y)$，尽管对独立的 X 和 Y 这确实成立.

- 马尔可夫不等式：若随机变量 X 只取非负值，实数 $\alpha>0$，则有

$$P(X\geqslant\alpha)\leqslant\frac{E(X)}{\alpha}$$

- 以下不等式对于近似计算很有用

$$1-p\leqslant \mathrm{e}^{-p}$$

- 下式对于证明足够大的 n 会发生的事情很有用：对于任何实数 $a>0, b>1$，存在 N，使得当 $n\geqslant N$ 时，有

$$b^n>n^a$$

图论中的概率方法

现在，我们继续考虑图论问题.

可以通过几种方式在图论中使用概率. 最基本的是取一个随机的图：固定一组含 n 个顶点的集合 V 和 $0<p<1$，然后对于每对顶点 u 和 v，以概率 p 在 u 和 v 之间连一条边. 结果的空间是所有 n 个顶点上的图的集合. 一个这样的图 $G(V,E)$ 出现的概率为 $p^{|E|}(1-p)^{\binom{n}{2}-|E|}$. 对于简单的例子，我们通常采用 $p=\frac{1}{2}$，但对于更棘手的例子，选择 p 有时取决于我们想要获得的各种估计.

作为热身，我们计算以下例子：

例 A.1. 设 m,n 为正整数,$0 \leqslant m \leqslant \binom{n}{2}$. 考虑 n 个固定顶点上的随机图,每条边连接的概率为 $\frac{1}{2}$. 图正好有 m 条边的概率是多少?

证明 对于有 m 条边的图 G,随机图为 G 的概率为

$$\left(\frac{1}{2}\right)^{|E|}\left(\frac{1}{2}\right)^{\binom{n}{2}-|E|} = \frac{1}{2^{\binom{n}{2}}}$$

有 $\binom{\binom{n}{2}}{m}$ 个有 m 条边的图,所以随机图有 m 条边的概率是

$$P = \frac{\binom{\binom{n}{2}}{m}}{2^{\binom{n}{2}}}$$

□

例 A.2. 设 n 为正整数,考虑在 n 个固定顶点上的随机图,每条边在图中出现的概率为 $\frac{1}{2}$. 图的边数期望是多少?

证法一 设 X 是代表边数的随机变量. 对于 $0 \leqslant m \leqslant \binom{n}{2}$,根据前面的例子,$X = m$ 的概率为

$$P(X = m) = \frac{\binom{\binom{n}{2}}{m}}{2^{\binom{n}{2}}}$$

这意味着我们可以计算 X 的期望值为

$$E(X) = \sum_{m=0}^{\binom{n}{2}} mP(X = m) = \frac{\sum\limits_{m=1}^{\binom{n}{2}} \binom{\binom{n}{2}}{m} m}{2^{\binom{n}{2}}}$$

$$= \frac{\sum\limits_{m=1}^{\binom{n}{2}} \binom{n}{2}\binom{\binom{n}{2}-1}{m-1}}{2^{\binom{n}{2}}} = \frac{\binom{n}{2}2^{\binom{n}{2}-1}}{2^{\binom{n}{2}}} = \frac{1}{2}\binom{n}{2}$$

所以 X 的期望值正好是可能边数的一半,这是预料之中的. □

证法二 第二种计算 $E(X)$ 的方法绕过了烦琐的计算.

对于不同的顶点 u,v,定义随机变量

$$X_{\{u,v\}} = \begin{cases} 1, & \text{若 } uv \text{ 是一条边} \\ 0, & \text{其他情况} \end{cases}$$

显然有

$$X = \sum_{\{u,v\}} X_{\{u,v\}}$$

利用期望的可加性，有

$$E(X)=\sum_{\{u,v\}}E(X_{\{u,v\}})$$

很容易计算 $E(X_{\{u,v\}})$，由于 uv 是边的概率为 $\frac{1}{2}$，所以 $E(X_{\{u,v\}})=\frac{1}{2}$，于是得到 $E(X)=\frac{1}{2}\binom{n}{2}$. □

到目前为止，我们只讨论了概率本身. 现在看看如何使用概率给出图论问题的有意义的结果.

第一个例子是关于偶数度的子图，即所有度数都是偶数的生成子图. 显然，存在偶度子图，例如没有任何边的子图. 但是有多少偶度子图呢？

事实证明，概率提供了一种计算偶度子图数量的简单方法. 我们不会像前面那样考虑随机图，而是考虑给定图的随机生成子图.

命题 A.3. *设 $G(V,E)$ 为连通图，$|E|=m,|V|=n$. G 的偶度子图定义为每个顶点度数均为偶数的生成子图(不要求连通). 偶度子图的个数为 2^{m-n+1}.*

证明 G 有 2^m 个子图. 我们取一个随机子图(每条边被选中的概率为 $\frac{1}{2}$)，并证明所有度数都是偶数的概率为 $\frac{1}{2^{n-1}}$.

我们的直觉是，对于 $n-1$ 个顶点，其中一个顶点是偶数度的概率是 $\frac{1}{2}$，并且这些事件看起来是独立的，因此所有度数为偶数的概率应该是 $\frac{1}{2}$ 的乘积. 而如果 $n-1$ 个顶点的度数均为偶数，那么第 n 个顶点的度数也是偶数.

然而，我们并不去证明顶点具有偶数度的事件是独立的. 第 n 个顶点度数为偶数的事件由前面 $n-1$ 个顶点度数为偶数的事件决定，因此它们显然不独立. 我们另外找了一个聪明的方法来解决这个问题.

诀窍是巧妙地将顶点排序，使得已知前 $k<n-1$ 个顶点的度数为偶数，第 $k+1$ 个顶点度数为偶数的概率是 $\frac{1}{2}$，除了最后一个顶点.

设 v 为 G 的一个顶点. 根据到 v 的距离，从最远到最近，枚举 V 中的顶点为 $v_1,v_2,\cdots,v_n=v$. 也就是说，v_1 离 v 最远，然后是 v_2……(v_2 与 v_1 到 v 的距离可以相同)，如图A.1.

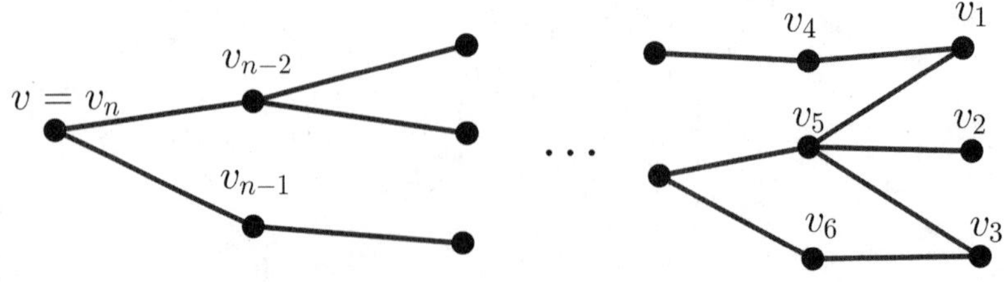

图 A.1 顶点的标号

设 A_k 是 v_k 度数为偶数的事件,则有

$$\begin{aligned}
&P(A_1 \cap A_2 \cap \cdots \cap A_n)\\
=&P(A_n|A_1 \cap A_2 \cdots \cap A_{n-1})P(A_1 \cap A_2 \cdots \cap A_{n-1})\\
=&P(A_n|A_1 \cap \cdots \cap A_{n-1})P(A_{n-1}|A_1 \cap \cdots \cap A_{n-2})P(A_1 \cap \cdots \cap A_{n-2})\\
&\vdots\\
=&P(A_1)P(A_2|A_1)P(A_3|A_1 \cap A_2)\cdots P(A_n|A_1 \cap \cdots \cap A_{n-1})
\end{aligned}$$

现在对于 $k < n$,我们要证明

$$P(A_k|A_1 \cap A_2 \cap \cdots \cap A_{k-1}) = \frac{1}{2}$$

根据构造过程知道,v_k 有一条边 e 不与 $v_1, \cdots, v_{k-1}$ 中的任何一个相邻. 考虑 $v_1, v_2, \cdots, v_{k-1}$ 的度数为偶数的图,通过添加或删除 e,v_k 度数为偶数的图可以和 v_k 度数为奇数的图一一对应. 因此恰好一半这样的图满足 v_k 也是偶数度. 因为每个随机子图有相同的概率($\frac{1}{2^m}$),所以得到

$$P(A_k|A_1 \cap A_2 \cap \cdots \cap A_{k-1}) = \frac{1}{2}$$

对于 v_n,如果所有其他边的度数都是偶数,那么它的度数也是偶数,因此

$$P(A_n|A_1 \cap A_2 \cap \cdots \cap A_{n-1}) = 1$$

把这些放在一起,得到

$$P(A_1 \cup \cdots \cup A_n) = \frac{1}{2^{n-1}}$$

这意味着偶数个子图的总数是 2^{m-n+1}. □

我们现在将使用概率方法重写拉姆塞数(命题 8.5)的下界的证明:

命题 A.4. 对于 $a \geqslant 3$, 拉姆塞数 $R(a,a)$ 满足:$R(a,a) \geqslant 2^{\frac{a}{2}}$.

证明 只需证明存在 $n = \lfloor 2^{\frac{a}{2}} \rfloor$ 个顶点的完全图的 2 染色,不包含单色 K_a.

为此,首先用两种颜色随机给 K_n 着色,其中每条边染一种颜色的概率为 $\frac{1}{2}$. 然后证明:没有单色 K_a 的概率严格大于 0.

对于任何 a 个顶点,它们形成单色 K_a 的概率为 $2^{1-\binom{a}{2}}$.(K_a 的后续 $\binom{a}{2}-1$ 条边分别有 $\frac{1}{2}$ 的概率和第一条边颜色相同.)

然后可以通过以下简单的方式给出存在单色 K_a 的概率的下界:

$$
\begin{aligned}
P(\text{存在单色 } K_a) &\leqslant \sum_{v_1,\cdots,v_a} P(v_1,\cdots,v_a \text{ 构成单色 } K_a) \\
&= \sum_{v_1,\cdots,v_a} 2^{1-\binom{a}{2}} = \binom{n}{a} 2^{1-\binom{a}{2}} \\
&< \frac{n^a}{2^{a-\frac{1}{2}}} 2^{1-\binom{a}{2}} \leqslant 2^{\frac{a^2}{2}+\frac{1}{2}-a+1-\binom{a}{2}} \\
&= 2^{-\frac{a-3}{2}} \leqslant 1
\end{aligned}
$$

所以没有单色 K_a 的概率严格大于 0,这就是我们想要的. □

我们现在给出一个使用期望解题的例子. 根据命题 9.13,我们知道任何竞赛图都至少有一个哈密顿路径. 然而,大多数竞赛图不仅有一个,而且有很多,所以一个挑战是找到有很多哈密顿路径的竞赛图. 我们在这里将使用的方法是找到哈密顿路径数的期望,然后推断存在竞赛图,它的哈密顿路径数目不少于这个期望.

命题 A.5. (Szele,1943) *存在 n 个顶点的竞赛图,至少有 $\frac{n!}{2^{n-1}}$ 条哈密顿路径.*

证明 固定 n 个顶点并在这些顶点上随机构造竞赛图(即任何边以概率 $\frac{1}{2}$ 选择一个方向). 我们考察哈密顿路径的期望,尝试证明它是 $\frac{n!}{2^{n-1}}$. 这就说明存在某个竞赛图,至少有这么多哈密顿路径.

对于顶点的任何一个排列,比如说 $v_1, v_2, \cdots, v_n$,它们按照这个顺序形成哈密顿路径的概率是 $\frac{1}{2^{n-1}}$,因为 v_i 和 v_{i+1} 之间的边朝向 v_{i+1} 的概率是 $\frac{1}{2}$. 现在,顶点有 $n!$ 个排列,若用随机变量 X 表示哈密顿路径的数量,则 $E(X) = \frac{n!}{2^{n-1}}$,这就是我们想要的. □

我们最后介绍一个结果,它使用了两个新的想法. 第一个想法是,正如在本章开头所说,我们不需要取概率 $p = \frac{1}{2}$. 有时,选择 p 本身就是一项艰巨的任务. 第二个想法是我们可以不直接寻找想要的对象,而是使用概率构造其他对象. 这个结果可以很容易从图兰定理 7.3 推出,并且更弱,但它是概率方法的一个很好的演示.

例 A.6. *设 n, d 为正整数,$d < n$. G 为有 n 个顶点且至多 $\frac{nd}{2}$ 条边的图,则 G 包含一组大小为 $\frac{n}{2d}$ 的独立集(即 $\frac{n}{2d}$ 个两两不相邻的顶点).*

证明 我们随机选取一组顶点 S,每个顶点以概率 p 出现在该集合中,p 待定. 考虑两个随机变量,X 计算 S 中的顶点数,而 Y 计算 S 中相邻顶点的对数.(注意,我们使用固定图,而不是随机图.)

显然有 $E(X)=np$. 而对于 Y,每条边的两个端点出现在 S 中的概率为 p^2. 因此得到

$$E(Y)=p^2|E|\leqslant p^2\frac{nd}{2}$$

关键的发现是,如果删除 S 中的每条边的一个端点,就留下一个独立集. 因此,对于每一个 S,都存在一个独立集,不小于 $X-Y$. 然后我们可以继续估计 $E(X-Y)\geqslant np-p^2\frac{nd}{2}$.

此时我们可以选择一个特定的 p,使上式达到尽量大. 取 $p=\frac{1}{d}$,得到

$$E(X-Y)\geqslant n\frac{1}{d}-\frac{1}{d^2}\frac{nd}{2}=\frac{n}{2d}$$

这意味着有一个集合 S,其 $X-Y\geqslant\frac{n}{2d}$,所以我们先选取某些顶点,然后去掉相邻点对的其中一个端点,可以得到至少 $\frac{n}{2d}$ 个顶点,成为独立集. □

习题

A.1. 设 G 是 n 个顶点的连通图. 取 G 的一个随机生成子图,每条边以 $\frac{1}{2}$ 的概率被选中. 证明:对于 $k<n$ 个顶点 $v_1,v_2,\cdots,v_k$,令 A_i 为 v_i 的度数为偶数的事件,则有

$$P(A_k|A_1\cap A_2\cap\cdots\cap A_{k-1})=\frac{1}{2}$$

A.2. 设 G 是 n 个顶点的连通无向图,有 m 条边,其中 m 为偶数. 有多少种方法可以定向 G 的边,使得每个顶点的出度都是偶数?

A.3. 用概率方法证明,当 $n\geqslant 10$ 时,K_n 的连通子图比不连通的子图多.

A.4. (改编自圣彼得堡数学奥林匹克 1996) 考虑完全图 K_n 的定向,记条件 T 为:从每个顶点到任何其他顶点有长度不超过 2 的有向路径. 证明:对于足够大的 n,K_n 的所有定向中,满足条件 T 的定向个数超过不满足条件 T 的定向个数.

A.5. 设图 G 有 m 条边. 证明:G 个某个二部生成子图至少有 $\frac{m}{2}$ 条边.

A.6. (全俄数学奥林匹克 1999) 设二部图 G 的顶点集为 A,B,每个顶点的度数至少为 1. 证明:存在 G 的诱导子图,包含至少一半的顶点,并且子图中属于 A 的顶点在子图中的度数都是奇数.

A.7. 设 a,n 为正整数,$a<n$. 证明:存在 K_n 的边的二染色,包含最多 $\binom{n}{a}2^{1-\binom{a}{2}}$ 个单色 K_a 子图.

A.8. 设 m,n,a,b 为正整数,$m>a,n>b$. 证明:存在 $K_{m,n}$ 的边的二染色,使得最多有 $\binom{m}{a}\binom{n}{b}2^{1-ab}$ 个单色 $K_{a,b}$.

A.9. (Erdős,1963) 证明:对于每一个正整数 k,存在一个竞赛图,使得对于任何 k 个顶点 $v_1,v_2,\cdots,v_k$,存在顶点 u,满足 $u\to v_1,u\to v_2,\cdots,u\to v_k$ 都是边.

A.10. 设 $k\geqslant 1+2\log_2 n$. 证明:存在 n 个顶点的竞赛图,不包含 k 个顶点的传递竞赛子图.

A.11. 设 n,k 为正整数,$n\geqslant k\cdot 3^k$. 证明:任何 n 个顶点的竞赛图都有两个不相交的 k 个顶点的子集 A,B,使得 A 和 B 之间的所有边都朝向 B.

A.12. (Caro-Wei, 1981) 证明: 任何图 G 都包含一个独立集, 顶点个数至少为 $\sum\limits_v \dfrac{1}{1+d(v)}$.

A.13. 设 G 是 n 个顶点的简单图, 顶点度数均大于 0. 证明: 可以选择至少 $\sum\limits_v \dfrac{2}{d(v)+1}$ 个顶点,使得这些顶点上的诱导子图不包含圈.

A.14. 设图 $G(V,E)$ 的顶点数是 n. 顶点的**支配集**是一个集合 $X\subseteq V$,使得 $V\backslash X$ 中的所有顶点都与 X 中的至少一个顶点相邻. 设 δ 是 G 的顶点最小度数. 证明: G 包含一个支配集,其大小不超过

$$n\frac{1+\ln(\delta+1)}{\delta+1}$$

A.15. (Erdős, Guy, Chazelle, Sharir, Welzl) 考虑有 n 个顶点和 m 条边的图 G,其中 $m\geqslant 4n$,以及它在平面上的绘制(可以有交叉点). 证明:至少存在 $\frac{m^3}{64n^2}$ 个边的交叉点.

A.16. 设 k 是正整数,证明:存在图 G,其色数 $\chi(G)\geqslant k$,围长至少为 k.

附录 B:图论中的线性代数

线性代数在图论中非常有用,我们将展示这一点. 假设读者对线性代数有了一些基本了解,以下是我们将使用的一些基本事实:

线性代数的基本知识

- $m \times n$ 矩阵 $\boldsymbol{A}$ 表示从维数为 n 的向量空间到维数为 m 的向量空间的线性变换:$\boldsymbol{v} \to \boldsymbol{A}\boldsymbol{v}$. 我们的向量都是 $n \times 1$ 型的列向量,行向量用转置 $\boldsymbol{v}^t$ 表示.
- 我们将只讨论 $\mathbb{R}$ 或 $\mathbb{F}_2$(集合 $\{0,1\}$ 以 2 为模的四则运算)上的矩阵. 矩阵可以通过加法和乘法在相似的集合上定义(这些被称为域).
- $\boldsymbol{A}$ 的**核**(或零空间)是满足 $\boldsymbol{A}\boldsymbol{v} = 0$ 的向量 $\boldsymbol{v}$ 构成的集合: $\operatorname{Ker}(\boldsymbol{A}) = \{\boldsymbol{v} | \boldsymbol{A}\boldsymbol{v} = 0\}$. 这是一个向量空间,它的维数称为 $\boldsymbol{A}$ 的**零化度**,记为 $\operatorname{Null}(\boldsymbol{A})$.
- $\boldsymbol{A}$ 的像是集合 $\operatorname{Im}(\boldsymbol{A}) = \{\boldsymbol{A}\boldsymbol{v}\}$. 这也是一个向量空间,它的维数称为 $\boldsymbol{A}$ 的**秩**,用 $\operatorname{Rank}(\boldsymbol{A})$ 表示.
- 可以证明矩阵的秩等于由行决定的向量空间的维数,也等于由列决定的向量空间的维数. 特别是对于任何矩阵 $\boldsymbol{A}$,这意味着 $\operatorname{Rank}(\boldsymbol{A}) = \operatorname{Rank}(\boldsymbol{A}^t)$.
- 秩零定理说 $\operatorname{Rank}(\boldsymbol{A}) + \operatorname{Null}(\boldsymbol{A}) = n$,其中 n 是列数.
- 对于一个 $n \times n$ 矩阵 $\boldsymbol{A}$(也称 n 阶方阵),$\boldsymbol{A}$ 的**特征值**是关于 x 的多项式 $\det(\boldsymbol{A} - x\boldsymbol{I}_n) = 0$ 的根,其中 $\boldsymbol{I}_n$ 是 $n \times n$ 单位矩阵. 如果 λ 是这个多项式的 k 重根,那么我们说它是一个 k 重的特征值.
- 如果 λ 是一个特征值,那么存在一个非零向量 $\boldsymbol{v}$ 使得 $\boldsymbol{A}\boldsymbol{v} = \lambda\boldsymbol{v}$,$\boldsymbol{v}$ 被称为属于 λ 的一个**特征向量**. 若 λ 是 k 重特征值,则不一定存在 k 个线性无关的特征向量,但是至少有一个.
- 可以很容易地证明实矩阵的行列式是 n 个(复数)特征值的乘积,重数计算在内.
- 实矩阵的**迹**(对角线项的总和)是 n 个(复数)特征值的和,重数计算在内.
- 若 λ 是 $\boldsymbol{A}$ 的特征值,则 λ^k 是 $\boldsymbol{A}^k$ 的特征值. 此外,若 λ' 是 $\boldsymbol{A}^k$ 的特征值,

而 $\lambda_1, \lambda_2, \cdots, \lambda_k$ 是 λ' 的所有 k 次根 ($\lambda_1^k = \lambda_2^k = \cdots = \lambda_k^k = \lambda'$), 则 $\boldsymbol{A}$ 中这些 λ_i 的重数之和就是 λ' 在 $\boldsymbol{A}^k$ 中的重数.

- 对于所有 i, j, 若 $A_{i,j} = A_{j,i}$, 则称实矩阵 $\boldsymbol{A}$ 为**对称矩阵**. 任何实对称矩阵都只有实特征值并且可以对角化(即存在方阵 $\boldsymbol{B}$, 满足方阵 $\boldsymbol{B}^{-1}\boldsymbol{A}\boldsymbol{B}$ 的非零元素都在对角线上). 这还意味着对于对称实矩阵 $\boldsymbol{A}$, 若 λ 是多项式 $\det(\boldsymbol{A} - x\boldsymbol{I})$ 的 r 重根,则存在 r 线性无关的特征向量属于 λ.

图论中的线性代数

一个图有两个重要的相关矩阵,一个记录了顶点的相邻情况,另一个记录了边与顶点的关联情况. 我们从第二个开始,因为它更容易理解.

关联矩阵

定义 B.1. 设图 G 的顶点为 $v_1, v_2, \cdots, v_n$,边为 $e_1, e_2, \cdots, e_m$. 用一个 $n \times m$ 矩阵 $\boldsymbol{B}$ 表示边与顶点的关联关系(如图B.1)

$$\boldsymbol{B} = (b_{ij}), b_{ij} = \begin{cases} 1, & \text{若 } e_j \text{ 关联 } v_i \\ 0, & \text{其他情况} \end{cases}$$

这个矩阵的元素取在集合 $\{0, 1\}$ 上,加法和乘法按模 2 计算——这被称为域 $\mathbb{F}_2$.

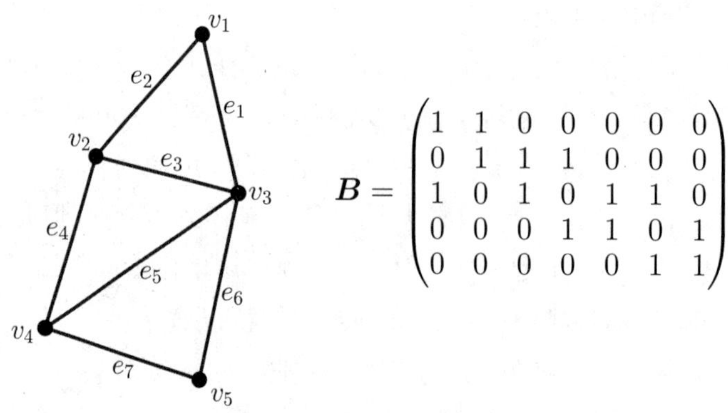

图 B.1　关联矩阵

关于关联矩阵的第一个事实是:

命题 B.2. 设 G 是 n 个顶点的连通图, $\boldsymbol{B}$ 是其关联矩阵,那么矩阵的行所确定的空间维数为 $n-1$. 因此关联矩阵的秩为 $n-1$.

证明 首先观察行向量不是线性无关的. 实际上,用 $\boldsymbol{r}_i$ 表示第 i 行,由于每列恰好在两个 $\boldsymbol{r}_i$ 中有一个 1,即与该列对应的边的两个端点,因此有(回忆矩阵元素是模 2 定义的)

$$\boldsymbol{r}_1+\boldsymbol{r}_2+\cdots+\boldsymbol{r}_n=\mathbf{0}$$

所以向量空间的维数至多是 $n-1$.

现在假设有另一个非平凡的线性组合

$$\lambda_1\boldsymbol{r}_1+\lambda_2\boldsymbol{r}_2+\cdots+\lambda_n\boldsymbol{r}_n=\mathbf{0}$$

其中 λ_i 不全为 0,不妨设 $\lambda_1=1$. 现在查看和 v_1 关联的所有的边 e_j. 对于这样的一个边,设 v_i 为边的另一个端点,通过比较第 j 列,我们得到

$$\lambda_1+\lambda_i=0$$

因此,v_1 的所有邻居 v_i 对应的 $\lambda_i=1$. 同理,这些顶点的所有邻居对应的 $\lambda_i=1$,依此类推. 因为图是连通的,所以对于所有的 i,都有 $\lambda_i=1$,矛盾.

因此由行确定的空间维数为 $n-1$. □

我们现在将这些想法应用于之前讨论过的主题,偶度子图,即所有度数都是偶数的生成子图. 现在可以很容易地证明:

命题 B.3. 设图 G 有 n 个顶点和 m 条边,那么 G 正好有 2^{m-n+1} 个偶度子图.

证明 我们可以用维数为 m 的向量 $\boldsymbol{v}$ 来表示每个生成子图

$$v_j=\begin{cases}1, & \text{若边 } v_j \text{ 属于子图}\\ 0, & \text{其他情况}\end{cases}$$

那么 $\boldsymbol{v}$ 对应的子图是偶度子图当且仅当 $\boldsymbol{B}\boldsymbol{v}=0$. 也就是说,当且仅当 $\boldsymbol{v}$ 在 $\boldsymbol{B}$ 的核中. 但是 $\boldsymbol{B}$ 的秩是 $n-1$,因此,由秩零定理,$\boldsymbol{B}$ 的零化度是 $m-n+1$. 由于 $\mathbb{F}_2$ 有 2 个元素,$\boldsymbol{B}$ 的核有 2^{m-n+1} 个元素,这正是我们想要证明的. □

邻接矩阵

我们现在定义在图论中使用的第二个重要矩阵:

定义 B.4. 设图 G 有 n 个顶点 $v_1,v_2,\cdots,v_n$. G 的**邻接矩阵**定义为

$$\boldsymbol{A}=(a_{ij}),a_{ij}=\begin{cases}1, & v_i\in N(v_j)\\ 0, & v_i\notin N(v_j)\end{cases}$$

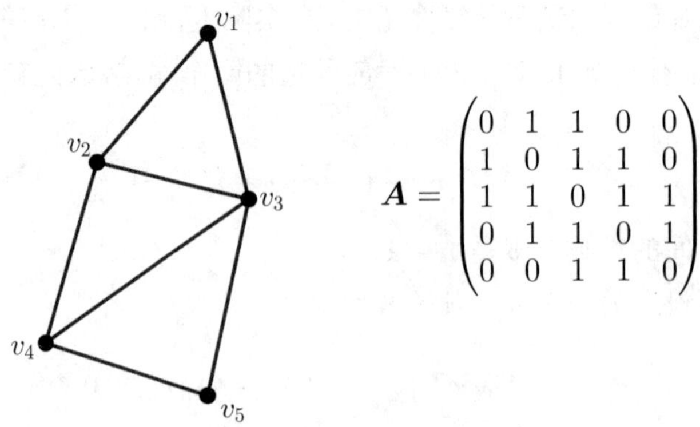

图 B.2　邻接矩阵

在某种程度上,邻接矩阵比关联矩阵更强大,因为我们可以使用特征值方法.

我们从一些简单的发现开始:

命题 B.5. 图 G 的邻接矩阵 $\boldsymbol{A}$ 有 n 个实特征值,总和为 0.

证明　矩阵是对称的,所以它的所有特征值都必须是实数. 此外,特征值的总和是矩阵的迹,因为所有对角线元素都是 0,所以迹是 0. □

命题 B.6. 设 G 是一个图,$\boldsymbol{A}$ 是它的邻接矩阵,则

$$(\boldsymbol{A}^2)_{i,j}=\begin{cases}d(v_i), & i=j\\ \text{从 } v_i \text{ 到 } v_j \text{ 的长度为 2 的路径数}, & i\neq j\end{cases}$$

证明　我们知道 $(\boldsymbol{A}^2)_{i,j}$ 是第 i 行 $\boldsymbol{r}_i$,与第 j 列 $\boldsymbol{c}_j$ 的内积,而根据矩阵的对称性,可知 $\boldsymbol{c}_j$ 与 $\boldsymbol{r}_j^t$ 相同.

对于 $i=j$,$\boldsymbol{r}_i\cdot\boldsymbol{r}_i$ 就是 $\boldsymbol{r}_i$ 上 1 的个数,即 $d(v_i)$.

对于 $i\neq j$,$\boldsymbol{r}_i\cdot\boldsymbol{r}_j$ 是满足 v_i 和 v_k 相连且 v_j 和 v_k 相连的 k 的数目,这就是 v_i 和 v_j 之间的长度为 2 的路径的数目. □

我们继续给出一个著名的结果——友谊定理,由 Paul Erdős,Vera Sós 和 Alfréd Rényi 得到:如果在一些人中,任何两个人都恰好有一个共同的朋友,那么他们中的一个人(“政治家”)是其他每个人的朋友.

定理 B.7. (友谊定理,Erdős,Sós,Rényi,1966) 设 G 是一个图,其中任意两个顶点恰好有一个公共邻居,则有一个顶点连接到所有其他顶点.

证明　假设命题不成立,设 G 是有 n 个顶点的一个反例.

我们首先用组合方法证明以下内容:G 中任何两个不相邻的顶点都有相同的度数(然后可以得到所有顶点有相同的度数). 设 u,v 是不相邻的顶点. 他们必然有一个共同的邻居,记为 w. 设 $u_1,u_2,\cdots,u_k$ 是 u 的其他邻居,而 $v_1,v_2,\cdots,v_l$ 是 v 的其他邻居.

每个顶点 $w,u_1,\cdots,u_k$ 必须与 v 有一个共同的邻居,所以每个顶点都连接到 $w,v_1,\cdots,v_l$ 之一. 然而不能有第一组中的两个点连接到第二组中的同一个点 v_j,否则 v_j 和 u 将有两个共同的邻居,如图B.3. 因此第二组的顶点个数至少和第一组一样多,即 $l \geqslant k$. 同理 $k \geqslant l$,所以 $k=l$,即 $d(u)=d(v)$.

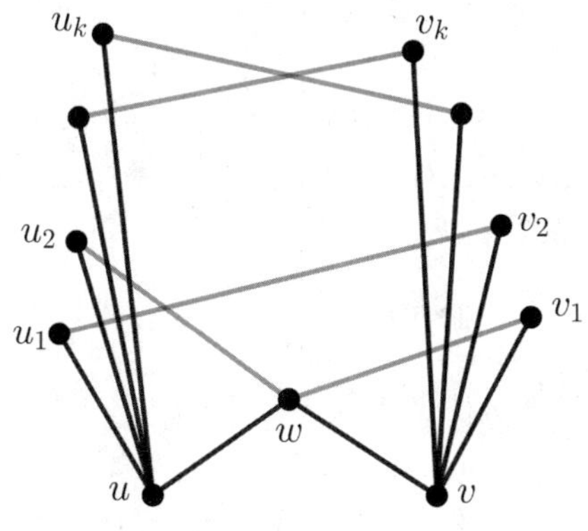

图 B.3　u 和 v 的邻居

现在,我们想推断出所有的度数都是相同的. 只需说明在任意两个顶点之间存在补图 $\overline{G}$ 上的路径,即 $\overline{G}$ 是连通的($\overline{G}$ 中的相邻点在 G 中不相邻,因此度数相同). 假设 $\overline{G}$ 不连通,这意味着可以将顶点分成两个集合 V_1,V_2 使得任何 $v_1 \in V_1$ 和 $v_2 \in V_2$ 都通过 G 中的边相连. 如果 V_1 或 V_2 中只有一个顶点,那么它与所有其他顶点相连,与最开始关于 G 的假设矛盾. 否则,在 V_1 中任取两个顶点,所有 V_2 中的点都是这两个点的共同邻居——这又是一个矛盾. 因此 G 中所有点的度数都是相同的,设对于所有的 $v,d(v)=k$.

实际上,我们可以看到图正好有 $n=k^2-k+1$ 个顶点:选择一个顶点 v,它有 k 个邻居;每一个都有一个与 v 共同的邻居,所以这些邻居可以配对,成对的相邻,邻居之间没有其他的相邻关系;现在,他们每个人都有另外的 $k-2$ 个邻居,对于 v 的任何两个邻居来说它们都没有重复(因为这两个邻居已有 v 为公共邻居,不会有其他的公共邻居). 现在任何顶点都与 v 有共同的邻居,因此我们已经列出了所有的顶点,共有 $n=1+k+k(k-2)=k^2-k+1$ 个.

现在可以使用线性代数了,我们采用邻接矩阵 $\boldsymbol{A}$,并考虑如何表达任意两个顶点恰好有一个公共邻居的条件. 看 $\boldsymbol{A}^2$ 就可以了,对角线上的项是度数,所以都是

k;非对角元素 $(\boldsymbol{A}^2)_{i,j}$ 是从 v_i 到 v_j 的长度为 2 的路径数,所以等于 1.

因此,我们有一个非常好的 $\boldsymbol{A}^2$ 的形式

$$\boldsymbol{A}^2=\begin{pmatrix} k & 1 & \cdots & 1 \\ 1 & k & \cdots & 1 \\ \vdots & \vdots & & \vdots \\ 1 & 1 & \cdots & k \end{pmatrix}$$

这意味着可以很容易地找到 $\boldsymbol{A}^2$ 的特征值,然后得到 $\boldsymbol{A}$ 的特征值的信息

$$\begin{aligned}
&\det(\boldsymbol{A}^2-x\boldsymbol{I})\\
=&\begin{vmatrix} k-x & 1 & \cdots & 1 \\ 1 & k-x & \cdots & 1 \\ \vdots & \vdots & & \vdots \\ 1 & 1 & \cdots & k-x \end{vmatrix}\\
=&\begin{vmatrix} k-1-x & 0 & \cdots & 0 & 1+x-k \\ 0 & k-1-x & \cdots & 0 & 1+x-k \\ \vdots & \vdots & & & \vdots \\ 0 & 0 & \cdots & k-1-x & 1+x-k \\ 1 & 1 & \cdots & 1 & k-x \end{vmatrix}\\
=&\begin{vmatrix} k-1-x & 0 & \cdots & 0 & 0 \\ 0 & k-1-x & \cdots & 0 & 0 \\ \vdots & \vdots & & & \vdots \\ 0 & 0 & \cdots & k-1-x & 0 \\ 1 & 1 & \cdots & 1 & k+n-1-x \end{vmatrix}\\
=&(k-1-x)^{n-1}(n-1+k-x)\\
=&(k-1-x)^{n-1}(k^2-x)
\end{aligned}$$

(对于第一个等式,我们从其他所有行中减去了最后一行;对于第二个,我们将每一列加到最后一列;对于第三个,我们展开了行列式;对于最后一个,我们使用了事实 $n=k^2-k+1$).

因此,$\boldsymbol{A}^2$ 具有重数为 1 的特征值 k^2 和重数为 $n-1$ 的特征值 $k-1$. 于是,$\boldsymbol{A}$ 一个特征值是 k 或 $-k$,重数为 1,其他特征值为 $\sqrt{k-1}$ 和 $-\sqrt{k-1}$,总重数为 $n-1$. 由于 $\boldsymbol{A}$ 的迹是 0,所以这些特征值的和是 0,这意味着存在非负整数 s,t,

$s+t=n-1$ 满足

$$\pm k+(s-t)\sqrt{k-1}=0$$

移项后平方,我们得到

$$k^2=(s-t)^2(k-1)$$

这意味着 $k-1$ 除以 k^2. 必然有 $k=2$,此时的图是一个三角形,其中任何顶点都连接到所有其他顶点. 我们得出了一个矛盾,这就完成了证明. □

注 每当图中存在某种规律性时(例如,相同的度数,相同数量的长为 k 的路径等),很自然会想到用邻接矩阵和特征值方法,因为规律性条件可以很容易地用代数表示.

习题

B.1. 设 $\boldsymbol{A}$ 为图 G 的邻接矩阵,证明:$\boldsymbol{A}^n$ 的对角线项 $(\boldsymbol{A}^n)_{i,i}$ 等于从第 i 个顶点到自身的长度为 n 的闭合轨迹个数.

B.2. 设图 G 有 n 个顶点和 c 个连通分支. 证明:它的关联矩阵 $\boldsymbol{B}$ 的秩是 $n-c$.

B.3. 连通图 G 有 n 个顶点和 m 条边. 问:G 有多少个生成子图的所有度数都是奇数?

B.4. 设图 G 有 $2n$ 个顶点,所有的度数都是偶数. 证明:存在两个顶点有偶数个公共邻居.

B.5. (USATSTST 2018, Victor Wang) 设 G 为 2–正则有向图. 证明:G 的 1–正则子图的数量是 2 的正整数次幂.

B.6. (USAMO 2008) 将图 G 的顶点集划分为两个集合 A 和 B,使得每个顶点在其所属集合中都有偶数个邻居. 证明:划分的方法数是 2 的幂.

B.7. 设 G 为 n 个顶点上的 d–正则图,其中两个顶点之间的距离最大为 2. 容易看出 $n\leqslant d^2+1$. 证明:如果 $n=d^2+1$,则 $d\in\{1,2,3,7,57\}$.

习题解答

引言

1.1. 证明:如果图至少有两个顶点,那么有两个顶点的度数相同.

证明 n 个顶点的图可能的度数是 $0,1,\cdots,n-1$,假设没有度数相同的顶点,则每个可能的度数都出现. 但是 $n-1$ 度的顶点要连接到所有其他 $n-1$ 个顶点,包括 0 度的顶点. □

1.2. 是否存在(简单)图,其顶点度数序列为:

(a) $2,2,2,3$;

(b) $2,2,3,3$;

(c) $1,1,1,1,4,4$;

(d) $1,1,1,3,4,4$.

解 (a) 不存在. 度数之和为奇数,与 $\sum d(v_i)=2|E|$ 是偶数矛盾.

(b) 存在. 取四个顶点的完全图,去掉一条边.

(c) 不存在. 假设有这样的图. 度数为 4, 4 的两个顶点之间至多有一条边,因此它们至少有 6 条边连接到度数为 1 的四个顶点,但后者至多一共连出 4 条边,矛盾.

(d) 不存在. 假设有这样的图. 度数为 3,4,4 的三个顶点之间中最多有三条边,所以它们至少有 $4+4+3-2\times3=5$ 条边到度数为 1 的三个顶点,后者最多连出 3 条边,矛盾. □

注 我们在 (c) 和 (d) 中使用的一般思想是,如果序列 $d_1,d_2,\cdots,d_n$ 对某个 $0\leqslant k\leqslant n-1$ 满足

$$d_{k+1}+d_{k+2}+\cdots+d_n-2\binom{n-k}{2}>d_1+\cdots+d_k$$

那么没有度数为 $d_1,d_2,\cdots,d_n$ 的图.

否则，设顶点 v_i 的度数为 d_i，$1 \leqslant i \leqslant n$，则顶点 $v_{k+1},\cdots,v_n$ 之间最多有 $\binom{n-k}{2}$ 条边，所以至少有

$$d_{k+1}+d_{k+2}+\cdots+d_n-2\binom{n-k}{2}$$

条从顶点 $v_{k+1},\cdots,v_n$ 到顶点 $v_1,\cdots,v_k$ 的边．但后者最多连出 $d_1+\cdots+d_k$ 条边，矛盾．*

1.3. 设 G 是 n 个顶点的图，有 m 条边和 p 个连通分支．证明：$m+p \geqslant n$.

证明 在第 i 个连通分支中有 n_i 个顶点，因此至少有 n_i-1 条边（推论 1.10），然后

$$m \geqslant \sum_i (n_i-1) = \left(\sum_i n_i\right) - p = n-p \qquad \square$$

1.4. 证明：如果不同的顶点 v 和 w 之间有一条轨迹，那么它们之间有一条路径．

证明 取从 v 到 w 的最短轨迹 $v=v_1,v_2,\cdots,v_r=w$．如果它不是一条路径，那么存在 $i<j$，$v_i=v_j$，然后

$$v=v_1,v_2,\cdots,v_i,v_{j+1},\cdots,v_r=w$$

是一条更短的轨迹，矛盾．因此最短的轨迹是路径． $\square$

1.5. 证明：围长为 5 的 k–正则图（没有长度为 3 或 4 的圈）至少有 k^2+1 个顶点．

证明 选择一个顶点 v，它有 k 个邻居．这些邻居中的每一个都有另外 $k-1$ 个邻居，如图11.1．这些邻居必然两两不同，并且与 v 的邻居不同，否则我们将有一个长度为 3 或 4 的圈．因此我们至少有 $1+k+k(k-1)=k^2+1$ 个不同的顶点． $\square$

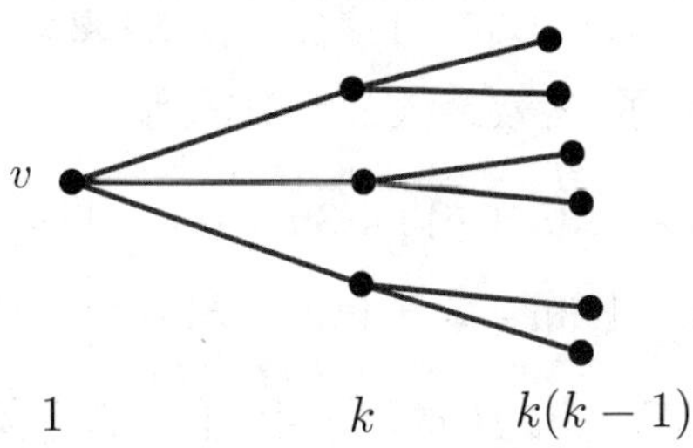

图 11.1　图中必有的 k^2+1 个顶点

*根据 Erdős–Gallai 定理，如果一个非负整数序列对每个 k 满足相反的上述不等式，以及总和为偶数，那么可以实现为一个图．——译者注

1.6. 证明:完全图 K_n 的所有子图中,至少有一半是连通图.

证明 我们将证明对于任何子图 G,若 G 不连通,则 $\overline{G}$ 是连通的. 于是每对子图 $\{G,\overline{G}\}$ 中至少有一个是连通的,所以连通子图的个数至少占总数的 $\frac{1}{2}$.

设 V' 为 G 的一个连通分支的顶点集合,于是在 G 中 V' 和 $V\backslash V'$ 之间没有边,因此这些边都在 $\overline{G}$ 中. 也就是说,$\overline{G}$ 包含了以 V' 和 $V\backslash V$ 为顶点集的完全二部图.

要证明 $\overline{G}$ 是连通的,只需证明 V' 中任意两个顶点之间和 $V\backslash V'$ 中任意两个顶点之间在 $\overline{G}$ 中存在路径. 对于第一种情况,设 $u,v\in V'$,任取 $w\in V\backslash V'$,则 u,w,v 给出要求的路径;第二种情况类似. □

1.7. 设 G 是连通图. 若一条边移除后把图变得不连通,则称这条边为**割边**. 证明:一条边是割边当且仅当它不属于任何的回路.

证明 假设边 uv 是一个割边,并且是某个回路的一部分. 因此有一条从 u 到 v 的路径 c 不使用边 uv. 于是,在连接任何两个顶点 w 和 w' 的路径中,若出现 uv,则可以将其替换为路径 c. 因此即使去掉 uv,图仍然是连通的,矛盾.

假设边 uv 不属于任何回路,并且去除 uv 后,u 与 v 还是连通的. 于是有 u 到 v 且不含 uv 的路径,这条路径和 uv 一起形成一个回路,矛盾. □

1.8. 设 n 是正整数,G 有 $12n$ 个顶点,每个顶点的度数都是 $3n+6$,任何两个顶点的公共邻点个数都相同,求 n.

解 设 k 为任意两个顶点的公共邻点数. 我们将查看 $(u,\{v,w\})$ 组的数量 S,其中 u 连接到 v 和 w.

对任何两个顶点 v,w,恰有 k 个 u,于是 $S=k\binom{12n}{2}$. 对任何 u,可以有 $\binom{d(u)}{2}=\binom{3n+6}{2}$ 种方式选择 $\{v,w\}$,因此得到 $S=12n\binom{3n+6}{2}$. 于是有

$$k=\frac{12n(3n+6)(3n+5)}{12n(12n-1)}=\frac{(3n+6)(3n+5)}{12n-1}$$

看起来分母不容易整除分子,考察最大公约数得到

$$\gcd(12n-1,3n+6)\mid 4(3n+6)-(12n-1)=25$$

$$\gcd(12n-1,3n+5)\mid 4(3n+5)-(12n-1)=21$$

因此 $12n-1\mid 25\times 21$. 而 25×21 的因子中,唯一满足模 12 为 -1 的是 35,于是得到唯一可能的解为 $n=3$. * □

*严格说还需要构造出满足要求的图,可以将顶点对应于 $\{(x,y)|1\leqslant x,y\leqslant 6\}$,两个顶点 (x_1,y_1) 与 (x_2,y_2) 相邻当且仅当 $x_1=x_2$,$y_1=y_2$ $x_1-y_1\equiv x_2-y_2 \pmod 6$ 三个式子中有一个成立. 可以验证任何两个顶点之间恰有 $k=6$ 个公共点. ——译者注

1.9. 设连通图 G 上的路径长度最大为 k，证明：任何两条长度为 k 的路径有公共顶点.

证明 假设有两条长为 k 无公共顶点的路径，记为

$$P_1 = u_1, u_2, \cdots, u_{k+1}$$

$$P_2 = v_1, v_2, \cdots, v_{k+1}$$

因为 G 连通，存在路径连接 P_1 中的顶点和 P_2 的顶点. 取最短的这样一条路径，则路径上除了端点将没有 P_1 或 P_2 中的点，路径可以记为

$$P = u_i, w_1, w_2, \cdots, w_s, v_j$$

现在可以将 P_1 中以 u_i 结尾的较长一半，P_2 中以 v_j 结尾的较长一半与 P 连接起来得到更长的路径，如图11.2.

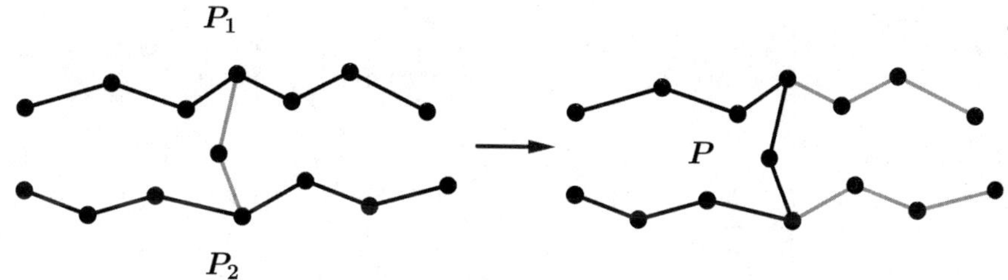

图 11.2 得到更长的路径

实际上，我们不妨设 $i \geqslant \frac{k+2}{2}$，$j \geqslant \frac{k+2}{2}$，于是路径

$$u_1, u_2, \cdots, u_i, w_1, w_2, \cdots, w_s, v_j, v_{j-1}, \cdots, v_1$$

的长度至少是 $\frac{k}{2} + 1 + \frac{k}{2} = k + 1$，与 G 的最长路径长度为 k 矛盾. □

1.10. 设 G 是连通图，对任何顶点 v，设 $N(v)$ 为 v 的邻点集，定义

$$f(v) = \frac{1}{d(v)} \sum_{u \in N(v)} d(u)$$

为 v 的邻点的度数的平均值. 证明：如果 $f(v) = d(v)$ 对所有顶点 v 成立，那么 G 是正则图.

证法一 取度数最大的一个顶点 v，$d(v) = \Delta$，得到

$$f(v) = \frac{1}{d(v)} \sum_{u \in N(v)} d(u) \leqslant \frac{1}{d(v)} \sum_{u \in N(v)} d(v) = d(v)$$

于是不等式成立等号,必然有 $d(u)=d(v)=\Delta$ 对所有 $u\in N(v)$ 成立.

但是我们可以对 v 的邻居,v 邻居的邻居等应用相同的推导. 由于图是连通的,所以所有的度数都是 Δ. □

注 我们从最小度数开始,同样的论述也会奏效.

证法二 我们将证明更强的结果

$$\sum_{v\in V} f(v) \geqslant \sum_{v\in V} d(v)$$

将左侧重写为

$$\sum_{v\in V} f(v) = \sum_{u\in N(v)} \frac{d(u)}{d(v)} = \sum_{uv\in E}\left(\frac{d(u)}{d(v)}+\frac{d(v)}{d(u)}\right)$$

现在我们可以应用均值不等式得到

$$\frac{d(u)}{d(v)}+\frac{d(v)}{d(u)} \geqslant 2\sqrt{\frac{d(u)}{d(v)}\frac{d(v)}{d(u)}} = 2$$

因此

$$\sum_{v\in V} f(v) \geqslant \sum_{uv\in E} 2 = 2|E| = \sum_{v\in V} d(v)$$

现在,因为总有 $f(v)=d(v)$,不等式中等号成立. 这意味着在所有的均值不等式中等号成立,因此 $d(u)=d(v)$ 对于所有边 uv 成立. 由于图是连通的,因此所有的度数都是相等的. □

注 图连通的条件是必不可少的. 否则,我们只会得到每个分支上度数相等,而不是所有的度数相等.

1.11. 设 G 是 n 个顶点的图,对 G 的任何 4 个顶点,至少有 2 条边的端点都属于这 4 个点. 证明:G 至少有 $\frac{n(n-1)}{6}$ 条边.

思路 看起来在任何 4 个顶点中,至少 $\frac{1}{3}$ 的潜在边实际上是边,这对于整个图来说应该也很自然地成立. 我们要做的是对所有 4 个顶点的集合求和.

证明 对于顶点 v_1,v_2,v_3,v_4,设 $f(v_1,v_2,v_3,v_4)$ 为这些顶点之间的边数. 我们知道 $f(v_1,v_2,v_3,v_4)\geqslant 2$.

我们将对顶点的所有无序四元组 $\{v_1,v_2,v_3,v_4\}$ 求和,得到

$$\sum_{\{v_1,v_2,v_3,v_4\}} f(v_1,v_2,v_3,v_4) \geqslant 2\binom{n}{4}$$

另一方面，在这个求和中，每条边被计数 $\binom{n-2}{2}$ 次（此边的两个端点必须在四元组中，并且可以以 $\binom{n-2}{2}$ 种方式选择四元组的其余两个顶点）. 我们得到

$$\sum_{\{v_1,v_2,v_3,v_4\}} f(v_1,v_2,v_3,v_4)=|E|\binom{n-2}{2}$$

将两者放在一起，我们得到

$$|E|\geqslant\frac{2\binom{n}{4}}{\binom{n-2}{2}}=\frac{n(n-1)}{6}$$

□

1.12. (全俄数学奥林匹克竞赛) 设图 G 有 $2n+1$ 个顶点，对任何 n 个顶点，存在另一个顶点和它们都相邻. 证明:G 中存在一个顶点和其余顶点都相邻.

证明 首先，条件意味着任何 n 个顶点都有共同的邻居，也说明任何 $k<n$ 个顶点也有共同的邻居.

我们先证明 G 有一个 K_{n+1} 子图. 选取相邻的顶点 v_1 和 v_2. 这两个顶点必然有一个共同的邻居 v_3. 然后 v_1,v_2,v_3 必然有一个共同的邻居 v_4. 依此类推，最终得到 $v_1,v_2,\cdots,v_{n+1}$ 形成 K_{n+1}.

现在，剩下的 n 个顶点必须有一个共同的邻居，并且在 $v_1,v_2,\cdots,v_{n+1}$ 之中，这个顶点将连接到 G 的所有其他顶点. □

1.13. (Kvant，A.K. Kelmans) 设图 G 有 $2n$ 个顶点，每点度数为 n. 证明:去掉 G 中任何 $n-1$ 条边，G 还是连通图.

证明 令 G' 为去掉 $n-1$ 条边后的图，并假设它不连通. 因此，顶点可以被拆分为 A 和 B，使得 A 和 B 之间没有边. 设 $|A|=k,|B|=2n-k$，不妨设 $k\leqslant n$.

现在，A 中的每个顶点 v 在 G 中都有 n 条边. 但是在 A 中最多可以有 $k-1$ 条边，所以它在 G 中至少有 $n+1-k$ 条边连接到 B. 任何这样的边都不在 G' 中，因此被删除了. 于是，G 中一共至少有 $k(n+1-k)\geqslant n$ 条边被删除，这个数大于 $n-1$，矛盾. □

1.14. 设 G 至少含有一条边，并且度数相同的任何两个顶点没有公共的邻点. 证明:G 包含一个度数为 1 的顶点.

证明 设顶点 v 的度数最大，记为 k. v 的 k 个邻居，$v_1,v_2,\cdots,v_k$，有不同的度数（因为任何两个都有 v 作为共同的邻居）. 但是它们的度数不小于 1，不大于 k，必然恰好是 $1,2,\cdots,k$. 因此 G 中有度数为 1 的顶点. □

1.15. 证明:一个 4–正则连通图去掉任何一条边后，还是连通的.

证明 假设相反，移除边 uv 会使图不连通．查看 $G\backslash\{uv\}$ 中包含 u 的连通分支．所有顶点的度数为 4（就像它们在原始图中一样），除了 u，其度数为 3．因此，该连通分支的度数总和是奇数，这与握手引理 1.8 矛盾． □

注 结果适用于所有度数都是偶数的任何图．

1.16. 证明：顶点度数均值不小于 d 的图必然有一个子图，其最小度数至少是 $\frac{d}{2}$．

思路 在某种程度上，题目的要求暗含了策略：任何子图中顶点的度数不会超过原图此顶点的度数，因此原图中度数小于 $\frac{d}{2}$ 的任何顶点不能成为最终子图的一部分．为什么不删除所有这些不能成为子图一部分的顶点，看看会发生什么呢？

证明 我们只需将度数小于 $\frac{d}{2}$ 的顶点从图中一一移除即可．

从 n 个顶点上的图 G 开始．由于平均度数至少为 d，所以至少有 $\frac{dn}{2}$ 条边．移除一个度数小于 $\frac{d}{2}$ 的顶点．因为被移除的边少于 $\frac{d}{2}$ 条，所以会留下多于 $\frac{d(n-1)}{2}$ 条边，这意味着平均度数至少还是 d．

继续这样做，这个过程必然在某个时刻结束（当只剩下一个顶点时，平均度数不可能是 d），此时不会有度数小于 $\frac{d}{2}$ 的顶点． □

1.17. 图 G 有 n 个顶点，每点度数不小于 $\frac{n-1}{2}$．证明：G 是连通图．

证明 假设 G 不连通．它至少有两个连通分支，任何连通分支中一个顶点度数不小于 $\frac{n-1}{2}$，所以该分支至少有 $1+\frac{n-1}{2}$ 个顶点．两个连通分支一起至少有 $2\left(1+\frac{n-1}{2}\right)=n+1$ 个顶点，矛盾． □

1.18. 图 G 的最小度数为 $\delta>1$，证明：G 中有长度至少为 $\delta+1$ 的圈．

证明 取最长的路径 $v_1,v_2,\cdots,v_k$，于是 v_k 不能连接到路径外的顶点（否则可以扩展路径）．因此，它连接到路径中至少 δ 个顶点．满足 $v_i\in N(v_k)$ 的最小的 i 不超过 $k-\delta$．于是圈 $v_iv_{i+1}\cdots v_kv_i$ 的长度至少是 $k-i+1\geqslant\delta+1$，如图11.3． □

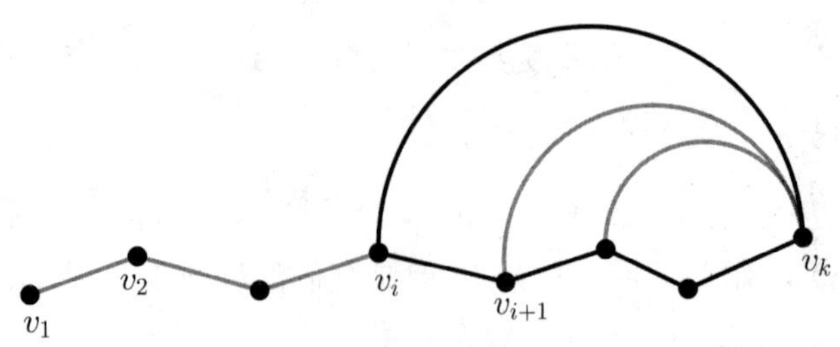

图 11.3 长度为 $k-i+1\geqslant\delta+1$ 的圈

1.19. n 个顶点的 k-正则图中,任何两个顶点恰好有 b 个相同邻点,证明

$$k(k-1)=b(n-1)$$

证明 我们用两种方式计算顶点组 $(u,\{v,v'\})$ 的个数,其中 $v\neq v',uv,uv'\in E$.

一方面,先选择 u 有 n 种方式,然后 u 有 k 个邻居,可以通过 $\binom{k}{2}$ 的方式选择 $\{v,v'\}$,所以总数等于 $n\binom{k}{2}$.

另一方面,先选择 $\{v,v'\}$ 可以有 $\binom{n}{2}$ 种方式,接着有 b 种方式选择它们的公共邻居 u. 因此总数为 $b\binom{n}{2}$.

将两个结果联立,得到 $n\binom{k}{2}=b\binom{n}{2}$,消去 n 得到题目结论. □

1.20. 设 t,n 是正整数,$t\leqslant 2(n-1)$,简单图 G 有 n 个顶点. 对于 G 中的任何边 xy,有 $d(x)+d(y)\leqslant t$. 证明:G 中至多有 $\frac{tn}{4}$ 条边.

证明 设 E 是边的集合,$e=|E|$. 对所有边 xy 计算 $d(x)+d(y)$ 的求和. 观察每个 $d(x)$ 在求和中被计算了 $d(x)$ 次,得到

$$et\geqslant\sum_{xy\in E}(d(x)+d(y))=\sum_{x\in V}d(x)^2\geqslant\frac{\left(\sum\limits_{x\in V}d(x)\right)^2}{n}=\frac{4e^2}{n}$$

其中,我们使用了柯西公式. 化简,得到 $e\leqslant\frac{tn}{4}$. □

注 当 t 是偶数时,对于 $\frac{t}{2}$-正则图,可以取到等号. 对于奇数 t,无法取到等号.

1.21. 设 t,n 是正整数,$t\leqslant 2(n-1)$. G 有 n 个顶点,满足:若顶点 $x\neq y$ 不相邻,则 $d(x)+d(y)\geqslant t$. 证明:G 中至少有 $\frac{tn}{4}$ 条边.

证明 设 E 为边的集合,$e=|E|$,对所有不相邻的 x,y 计算 $d(x)+d(y)$ 的求和. 观察到 $d(x)$ 计算了 $n-1-d(x)$ 次,我们得到

$$\begin{aligned}t\left(\binom{n}{2}-e\right)&\leqslant\sum_{xy\notin E}(d(x)+d(y))\\&=\sum_{x}d(x)(n-1-d(x))\\&=(n-1)\sum_{x}d(x)-\sum_{x}d(x)^2\end{aligned}$$

$$
\begin{aligned}
&\leqslant (n-1)\sum_x d(x) - \frac{\left(\sum_x d(x)\right)^2}{n} \\
&= 2(n-1)e - \frac{4e^2}{n}.
\end{aligned}
$$

写成二次不等式为

$$
e^2 - e\frac{2n(n-1)+tn}{4} + \frac{tn^2(n-1)}{8} = \left(e - \frac{tn}{4}\right)\left(e - \frac{n(n-1)}{2}\right) \leqslant 0
$$

因此 e 不小于较小的根,即 $e \geqslant \frac{tn}{4}$. □

1.22. 设 G 是 m–正则图,有 n 个顶点,$m < n-1$. 证明:G 中不包含 K_k,其中 $\frac{n}{2} < k < n$.

证明 用反证法,假设 V_1 是 K_k 的顶点集,而 V_2 是剩余顶点集. 设 V_1 和 V_2 之间有 t 条边.

根据 V_1 中所有顶点的度数 m 的条件,有

$$
mk = m|V_1| = \sum_{v \in V_1} d(v) = k(k-1) + t
$$

因此

$$
m = k - 1 + \frac{t}{k}
$$

对 V_2 中的顶点使用相同的条件,顶点之间最多有 $\frac{(n-k)(n-k-1)}{2}$ 条边,则

$$
m(n-k) = m|V_2| = \sum_{v \in V_2} d(v) \leqslant (n-k)(n-k-1) + t
$$

因此

$$
m \leqslant n - k - 1 + \frac{t}{n-k}
$$

等号成立当且仅当 V_2 确定一个完全子图.

将关于 m 的两个关系放在一起,我们得到

$$
2k - n \leqslant \frac{t}{n-k} - \frac{t}{k} = \frac{t}{k(n-k)}(2k-n)
$$

因为 $2k > n$,所以 $k(n-k) \leqslant t$. 但是 V_1 和 V_2 之间最多有 $|V_1| \cdot |V_2| = k(n-k)$ 条边,所以 $t = k(n-k)$. 于是 G 包含了 V_1 和 V_2 之间的所有边,同时关于 V_2 的度数的不等式中等号成立,这意味着 V_2 确定了一个完全子图. 于是 G 是完全图,和 $m < n-1$ 矛盾. □

1.23. 设二部图 G 的顶点集为 X 和 Y，每个顶点的度数不少于 1. 对于任何相邻的 $x \in X$ 和 $y \in Y$，总有 $d(x) \geqslant d(y)$. 证明：$|X| \leqslant |Y|$.

证明 解法的思想是作一个巧妙的求和，将不等式 $\dfrac{1}{d(x)} \leqslant \dfrac{1}{d(y)}$ 对所有边 xy 求和，得到

$$|X| = \sum_{xy \in E} \frac{1}{d(x)} \leqslant \sum_{xy \in E} \frac{1}{d(y)} = |Y| \qquad \square$$

1.24. 给定 n 个顶点的图 G，和正整数 $m < n$. 证明：G 中有 $m+1$ 个顶点，这些顶点中最大的度数与最小的度数的差不超过 $m-1$.

证明 设 $0 \leqslant d(v_1) \leqslant d(v_2) \leqslant \cdots \leqslant d(v_n) \leqslant n-1$ 是图的度数. 设 $n-1 = mk+r$，其中 $0 \leqslant r < m$，根据 $m < n$，有 $k \geqslant 1$.

假设不存在满足要求的 $m+1$ 个顶点. 考虑 $v_i, v_{i+1}, \cdots, v_{i+m}$，得到

$$d(v_{i+m}) - d(v_i) \geqslant m, \forall i \leqslant n-m$$

重复应用这个不等式，得到

$$d(v_{mk+i} \geqslant mk + d(v_i),\ i = 1, 2, \cdots, r+1.$$

现在，考察两个集合 $A = \{v_1, \cdots, v_{r+1}\}$ 和 $B = \{v_{mk+1}, \cdots, v_{mk+r+1}\}$ 之间的边. 对于任何 $1 \leqslant i \leqslant r+1$，因为 $r+2 \leqslant m+1 \leqslant mk+i$，所以 v_{mk+i} 和 $v_{r+2}, \cdots, v_n$ 之间最多有 $n-r-2 = mk-1$ 条边. 于是 v_{mk+i} 和 A 之间至少有 $d(v_{mk+i}) - mk + 1 > d_i$ 条边. 对 i 求和，得到 A 和 B 之间至少有

$$\sum_{i=1}^{r+1} (d(v_{mk+i}) - mk + 1) > \sum_{i=1}^{r+1} d_i$$

条边，这个数大于 A 中点的度数之和，矛盾. $\square$

注 序列必须是图的度数而不是 0 和 $n-1$ 之间的随机数. 否则，我们将有反例. 例如：$m=3$，$n=6$ 和 $1,1,1,4,4,4$.

1.25. (IMOSL 2004) 允许在图中作如下操作：取一个 4–圈，然后去掉其中的一条边. 从 K_n 开始操作并进行下去，最后剩余的边的数目的最小值是多少？

解法一 显然，图在每一步都保持连通. 因此，最后它至少有 $n-1$ 条边. 我们将证明对于 $n \geqslant 3$，不能得到 $n-1$ 条边，最小数目是 n.

我们先证明:若开始时有一个奇回路(长度为奇数的回路),则操作过程中一直有一个奇回路. 事实上,假设在某个步骤我们从 4–圈 u, v, w, x, u 中删除边 uv. 根据假设操作前有一个奇回路,若 uv 不是它的一部分,则这个奇回路操作后仍然存在. 若 uv 是其中的一部分,在回路中把 uv 边替换为 u, x, w, v 得到长度为奇数的闭轨. 奇闭轨如果有重复顶点,可以分开成两条闭轨,其中一条长度还是奇数. 于是极小的奇闭轨是奇回路,证明了奇回路总是保留下来.

因此,最后有一个奇回路,所以最后的图连通且有圈,至少有 n 条边.

现在归纳证明可以最后只剩下 n 条边:当 $n = 4$ 时,从圈 v_1, v_2, v_3, v_4, v_1 中移除 v_1v_2,然后从圈 v_2, v_3, v_1, v_4, v_2 中移除 v_2v_3,剩余 4 条边. 当 $n \geqslant 5$ 时,对于 $1 \leqslant i \neq j \leqslant n-2$,从圈 $v_n, v_i, v_j, v_{n-1}, v_n$ 中移除 v_nv_i. 于是 v_n 最终只与 v_{n-1} 保持连接. 然后对 $v_1, v_2, \cdots, v_{n-1}$ 上的完全图利用归纳假设可以移除到只剩 $n-1$ 条边,一共剩下 n 条边. □

解法二 关键的发现是该图永远不是二部图. 事实上,假设在某个时刻它变成二部图,我们看看它成为二部图的上一个时刻.

假设从圈 u, v, w, x, u 中去除边 uv 后变成二部图. 那么 u 和 v 在二部图的同一个顶点集合中,比如 A,否则图在去除 uv 之前就是二部图. 由于 vw 和 ux 是边,所以 x 和 w 必须在二部图的另一个顶点集中,和 w, x 相邻矛盾.

因此图在每一步都不是二部图,不能成为一个树,又因为始终连通,最终图至少有 n 条边. □

1.26. (IMO 1991) 设连通图 G 有 n 条边. 证明:可以把所有的边标号 1 到 n,满足对任何度数大于 1 的顶点,其所有关联边的标号的最大公约数为 1.

证明 从顶点 v_0 开始构造路径,将边依次标记为 $1, 2, \cdots$,直到卡住为止. 如果有尚未标记的边,那么其中有一条边关联已经通过的顶点. 从该顶点开始并继续标记未标记的边,直到再次陷入困境. 重复此过程,如图11.4.

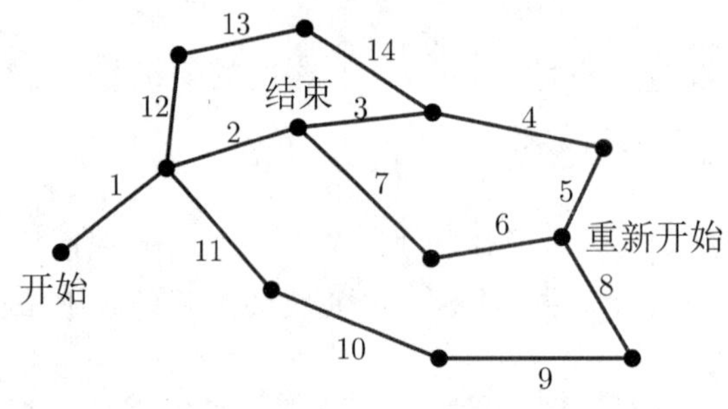

图 11.4　一种标号

现在,对于任何至少有两条关联边的顶点,若它是 v_0,则其中一条关联边的标号是 1,因此最大公约数为 1. 否则,第一次到达此点时必然将不会卡住,它有两条边被标记为连续的数字,因此也是互素的. □

1.27. (伊朗 TST 2012) 是否可以把 $\binom{n}{2}$ 个连续的自然数放在 n 个顶点的完全图的边上,使得任何长度为 3 的路径或圈上依次所标记的三个数 a,b,c,满足 $(a,c)|b$?

解 观察条件意味着对于任何 k,可被 k 整除的边形成一个完全子图. 实际上,如果 u 和 v 是能被 k 整除的边的顶点,那么可以把这两条边放在一个长度为 3 的路径或圈中,中间顶点为 uv,于是 uv 上的数可以被 k 整除. 所以对于任何 k,存在某个 a,使得这 $\binom{n}{2}$ 个数中有 $\binom{a}{2}$ 个数可以被 k 整除.

对于 $n=2,3$,我们可以随意分别标注边为 1 和 1, 2, 3.

对于 $n=4$,在任何 6 个连续数字中,恰好有 2 个可以被 3 整除,而 $2=\binom{a}{2}$ 无解,因此 n 不满足条件.

对于 $n\geqslant 5$,存在素数 $p\neq 3$ 使得 $p\mid\binom{n}{2}$(这是因为 n 和 $n-1$ 互质且大于 3). 因此,在任何 $\binom{n}{2}$ 个连续整数中,恰好有 p 个数可以被 $\frac{\binom{n}{2}}{p}$ 整除. 但这意味着 p 的形式必须是 $p=\binom{a}{2}$,当素数 $p\neq 3$ 时无解.

因此题目的答案是 $n=2,3$. □

1.28. 设 G 是一个图,证明:可以把顶点集分成两个集合,使得每个顶点有至少一半的邻点位于另一个集合.(也就是说,证明图有一个生成子图为二部图,每个顶点的度数不小于此点在 G 中度数的一半.)

证明 将 G 的顶点划分为 A 和 B,使 A 和 B 之间的边数最大化.

如果其中一个集合中有一个顶点,比如 A,它的邻居在 A 中的数量比在 B 中的多,那么可以将该顶点从 A 移动到 B,于是增加 A 和 B 之间的边数,矛盾. 所以使得 A 和 B 之间边数最大的分拆方式满足题目要求. □

1.29. (AMM 1985, Harary, Robinson) 图 G 的直径定义为 G 中两个顶点的最大可能距离. 证明:或者 G 的直径不超过 3,或者它的补图的直径不超过 2.

证明 假设 G 的直径至少为 4. 选取 u,u' 使得 $d(u,u')\geqslant 4$. 对 $i\geqslant 0$, 定义 $V_i=\{v|d(u,v)=i\}$,于是 $V_0,\cdots,V_4$ 都非空. 另外,根据 $\{V_i\}$ 构造方式,如果两个顶点 v,v' 满足 $v\in V_i,v'\in V_j$ 且 $|i-j|\geqslant 2$,那么边 vv' 在 $\overline{G}$ 中.

我们证明对于任何两个顶点 v 和 v',它们之间在 $\overline{G}$ 中存在一条最多有两条边的路径. 若它们不在同一个或连续的 V_i 中,则在 $\overline{G}$ 中相邻,距离为 1. 若它们分别在 V_i 和 V_j 中且 $|i-j|\leqslant 1$,则 $i,j\geqslant 2$ 或 $i,j\leqslant 2$. 若是前者,则 v 和 v' 都连接

到 V_0 中的顶点,因此它们之间存在长度为 2 的路径. 若是后者,则 v 和 v' 都连接到 V_4 中的顶点,也存在长度为 2 的路径.

所以 $\overline{G}$ 的直径最多为 2. □

1.30. (荷兰 TST 2018) 设图 G 满足:对任何四个顶点 v_1, v_2, v_3, v_4,存在 i,使得 v_i 与 v_{i-1}, v_{i+1} 都相邻或都不相邻(理解指标为模 4 的数). 证明:可以把 G 的顶点集分拆成 V_1 和 V_2,使得 V_1 中任何两个顶点都相邻,V_2 中任何两个顶点都不相邻.

思路 很自然要选取 V_1 尽量地大.

证明 设 H 为具有最大顶点数的完全子图. 我们将证明 $G\backslash H$ 不包含边.

假设 u 和 v 是 $G\backslash H$ 中相连的两个顶点. 由于 H 是最大的完全子图的,因此 H 中存在顶点 u' 和 v'(不一定是不同的),使得 u 不连接到 u' 并且 v 不连接到 v'(否则可以将 u 或 v 添加到 H 以形成更大的完全子图).

如果 u' 和 v' 是不同的,那么 u, v, v', u' 不满足题目条件,矛盾.

如果找不到这样的不同的 u' 和 v',那么 u 和 v 都连接到 H 中除一个顶点之外的所有顶点——称该顶点为 u'. 于是 $H\backslash\{u'\}\cup\{u, v\}$ 诱导一个比 H 更大的完全子图,矛盾. □

1.31. (克罗地亚 TST 2011) 图 G 的任何四个顶点中都存在三个两两相邻的顶点,或者三个两两不相邻的顶点. 证明:顶点集可以分拆成 A 和 B,使得 A 诱导了完全图,而 B 诱导的图没有边.

证明 取 A 为具有最大顶点数的完全子图的顶点集合,B 为剩余顶点的集合,我们将证明这个选择是有效的. 若 A 只是一个顶点,则根据 A 的最大性,G 没有边,命题显然成立.

对于 B 中的任意两个顶点 u 和 v,在 A 中有两个顶点 u' 和 v'(可以相同),使得 u 与 u' 不相连,v 与 v' 不相连(否则,可以将两个顶点之一添加到 A 并创建一个更大的完全子图).

如果可以选择 u' 和 v' 使得 $u' \neq v'$,那么四个顶点 u, v, u', v' 中没有三个顶点可以确定一个三角形. 因此根据题目条件,其中有三个顶点两两不相邻,因为 u' 和 v' 相邻,所以这三个顶点不同时包含 u' 和 v'. 因此 u 和 v 都在这三个顶点之中,说明 u 和 v 不相邻.

如果无法选择 $u' \neq v'$,那么对于 u 和 v,存在 $u' \in A$ 和它们都不相邻,而且任何其他顶点 $w \in A$ 和它们都相邻. 如果 u, v 相邻,可以从 A 中删除 u' 并添加 u 和 v,得到更大的完全子图,矛盾. 因此这个情况下也有 u 和 v 不相邻.

这样我们就证明了 B 中任何两个点都不相邻. □

1.32. 证明:n 个顶点的图如果不包含长度为 k 的路径,那么它至多有 $\frac{k-1}{2}n$ 条边.

证明 我们对图 G 顶点数 n 归纳来证明这一点.

显然当 $n=1,2,\cdots,k$ 时,命题成立,因为 $\frac{k-1}{2}n$ 不少于可能的边的总数.

假设对 $n-1$ 个顶点的图命题成立,我们将证明对 $n>k$ 个顶点的命题. 若 G 不连通,则只需对其连通分支直接应用归纳假设即可.

假设 G 连通. 如果存在顶点 $v,d(v)\leqslant\frac{k-1}{2}$,那么 $G\backslash\{v\}$ 也满足题设. 应用归纳假设,$G\backslash\{v\}$ 至多有 $\frac{k-1}{2}(n-1)$ 条边. 加上去掉的边一共不超过 $\frac{k-1}{2}n$,就证明了 n 个顶点的情况.

假设 G 连通且 $\delta G>\frac{k-1}{2}$. 设最长路径为 $v_1,v_2,\cdots,v_r,r\leqslant k$,于是 v_1 和 v_r 的所有邻居都在路径中.

我们证明这 r 个顶点可以形成一个圈. 若 v_1 连接到 v_r,则显然形成了圈. 否则,设 v_1 的邻点集为 $\{v_i|i\in I\}$,v_r 的邻点集为 $\{v_j|j\in J\}$,其中 $|I|,|J|>\frac{k-1}{2}$,并且 $I,J\subset\{2,\cdots,r-1\}$. 现在 $I'=\{i-1|i\in I\}\subset\{1,\cdots,r-1\}$,根据抽屉原则 $I'\cap J\neq\varnothing$,于是存在指标 i,使得 v_1 与 v_i 相邻,v_{i-1} 与 v_r 相邻. 现在

$$v_1,v_2,\cdots,v_{i-1},v_r,v_{r-1},\cdots,v_i,v_1$$

是一个圈,如图11.5.

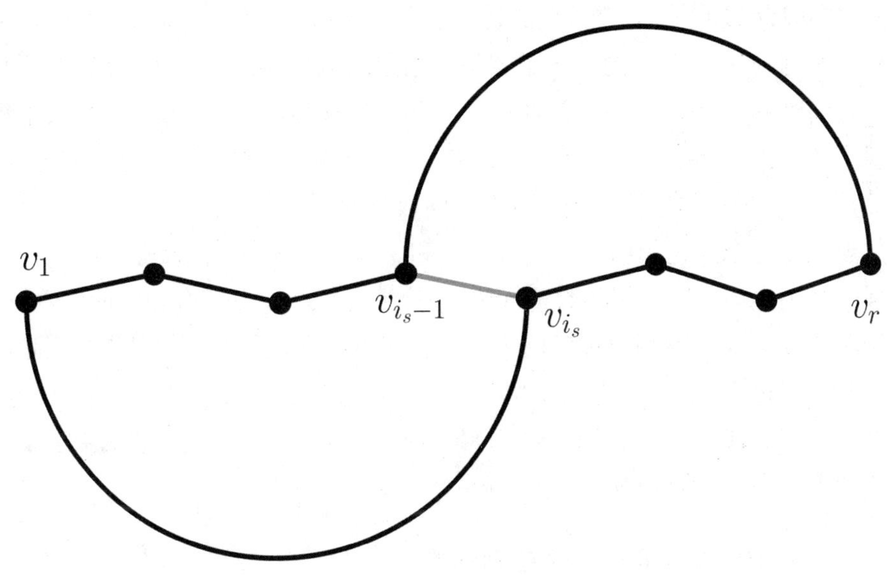

图 11.5 r 个顶点形成的圈

因为图连通,所以圈中的某点连接到圈外的点. 这会给出一条更长的路径,矛盾. 因此不存在 $\delta(G) > \frac{k-1}{2}$ 且最长路径不超过 k 的情况,归纳法就完成了. □

1.33. 设 $n > 4, k$ 是整数, $2 \leqslant k \leqslant n-2$. 考虑至少有一条边的 n 个顶点的图 G. 证明: G 是完全图当且仅当其中任何 k 个顶点诱导的子图的边数相同.

证法一 若 G 是完全图,则任何 k 个顶点的诱导子图都有 $\binom{k}{2}$ 条边.

相反,假设所有 k 个顶点的诱导子图都有相同数量的边. 这有很多情况,我们需要从中提取一些信息,因此最好查看两组仅在一个顶点上不同的 k 个顶点.

取两个顶点 u 和 w 并考察所有不包含 u 和 v 的 $k-1$ 个顶点的集合. 对于这样的一个集合 A,两个集合 $\{u\} \cup A$ 和 $\{w\} \cup A$ 中的边数相同. 因此从 u 到 A 的边数与从 w 到 A 的边数相同.

记住我们可以根据需要选择 u, w, 和 A. 取 u 是一个度数最大的顶点. 如果它的度数为 $n-1$,对任何其他顶点 w 和 $k-1$ 元顶点集合 A, w 到 A 都有 $k-1$ 条边,于是 G 是完全图.

假设 u 的度数不是 $n-1$,取 u_1 为 u 的邻居,并选择与 u_1 不相邻的 w. 将 u, w 以外的顶点排序为 $u_1, u_2, \cdots, u_{n-2}$,从与 u 相邻且与 w 不相邻的顶点开始,接着是与 u, w 都相邻或都不相邻的顶点,最后是与 w 相邻且与 u 不相邻的顶点. 由于 u 具有最大度数,因此对于任何 $r < n-2$, u 在 $u_1, u_2, \cdots, u_r$ 中的邻居个数比 w 多. 然后取前 $k-1$ 个顶点 $u_1, u_2, \cdots, u_{k-1}$,就得到矛盾. □

证法二 假设 G 的每 k 个顶点的诱导子图都有相同的边数,比如 e. 取 $r > k$,我们将证明任何 r 个顶点的诱导子图都有相同的边数. 选择 r 个顶点,其中任何 k 个点之间都有 e 条边. 对顶点的所有 k 元子集求和,共有 $\binom{r}{k}e$ 条边,其中每条边计算了 $\binom{r-2}{k-2}$ 次,所以这 r 个点之间有 $\frac{r(r-1)}{k(k-1)}e$ 条边,这与 r 个顶点的选取无关. 因此,每 r 个顶点的诱导子图都具有相同数量的边.

现在将这个结论应用于 $r = n-1$ 和 $r = n-2$. 对于 $r = n-1$,说明删除任何一个顶点都会留下相同数量的边,等价于说每个顶点都有相同的度数,记为 d. 对于 $r = n-2$,说明删除任意两个顶点会留下相同数量的边. 但是若删除两个顶点,则丢失 $2d$ 条边(如果它们不相邻)或 $2d-1$ 条边(如果它们相邻). 因此,要么每对顶点相邻,即 G 是完全图,要么每对顶点不相邻,即 G 是空图. 由于我们假设 G 至少有一条边,所以它必然是完全图. □

1.34. 设 n 个顶点的图 G 满足下列性质:

- 没有顶点的度数是 $n-1$.
- 任何两个不相邻的顶点恰有一个公共邻点.

- 不存在三个顶点两两相连(也就是说,不存在三角形).

证明:G 是正则图.

证明 首先证明任意两个不相邻的顶点的度数相同. 设这样的两个顶点为 u 和 v, 它们恰好有一个共同的邻居 w. 设 u 的其他邻居为 $u_1, u_2, \cdots, u_r$, v 的其他邻居为 $v_1, v_2, \cdots, v_s$.

每个 u_i 不与 v 相连, 所以它与 v 恰好有一个共同的邻居. 这不能是 w, 否则 u_i, u, w 形成一个三角形, 所以它必须是某个 v_j. 因此, 每个 u_i 对 $v_1, v_2, \cdots, v_s$ 恰好连一条边. 类似地, 每个 v_j 对 $u_1, u_2, \cdots, u_r$ 也恰好连一条边. 这意味着 $\{u_1, u_2, \cdots, u_r\}$ 和 $\{v_1, v_2, \cdots, v_s\}$ 之间存在双射, 所以 u 和 v 的邻居数相同, 如图11.6.

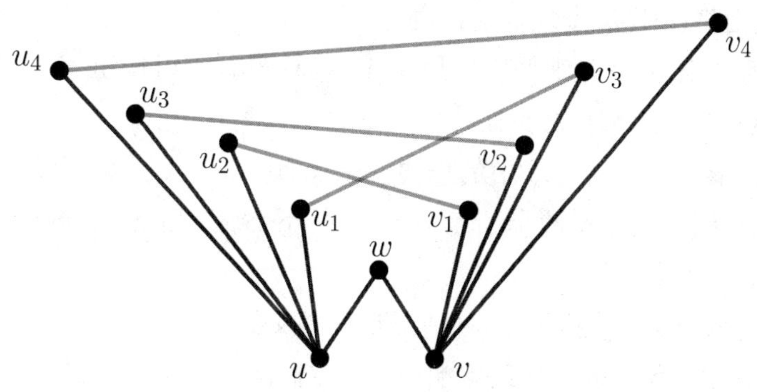

图 11.6 u 和 v 的邻居可以配对

现在, 只需证明 G 的补集, $\overline{G}$, 是连通的(因为 $\overline{G}$ 中相邻的任意两个顶点在 G 中的度数相同). 假设 $\overline{G}$ 不连通, 则 G 的顶点可以划分为 V_1 和 V_2, V_1 和 V_2 之间的所有边都在 G 中. 因为没有顶点连接到所有其他顶点, 所以 $|V_1|, |V_2| > 1$(这里是我们需要问题的第一个条件的地方). 这意味着 V_1 的任何两个顶点都有多个共同的邻居, 矛盾. □

1.35. 设图 G 有偶数个顶点, 证明: 存在两个顶点有偶数个公共邻点.

证明 假设结论不成立, 则任何两个顶点有奇数个公共邻点. 设 $2n$ 为顶点数.

首先证明每个顶点的度数都是偶数. 对于一个顶点 v, 考虑以 v 及其邻居为顶点集的诱导子图 H. v 的任何邻居都与 v 有奇数个共同的邻居(反证法假设). 因此在 H 中, v 的任何邻居的度数都是偶数(奇数个公共的邻居以及 v 本身). 根据握手引理 1.8, v 的度数也必须是偶数. 但是子图中 v 的度数和大图中是一样的, 这就得到 v 是偶数度.

现在,对于一个固定的 v,考察长度为 2 的路径 v, w, u(三个顶点都不同). w 是 v 的邻居,有偶数种选择;对于每个 w,u 是 w 的邻居且不是 v,有奇数种选择. 因此,对于固定的 v,此类路径的总数是偶数.

但是我们还可以从 u 的角度来看. 反证法假设说明,v 和 u 有奇数个公共邻居,所以对于固定的 u,有奇数个路径. u 本身有 $2n-1$ 种选择,所以 v 固定时,路径总数必须是奇数. 这是矛盾的,因此问题的结论得到证明. □

1.36. 设图 G 的每个顶点处有一个电灯和一个开关. 一开始,所有灯都点亮. 触动一个开关会改变这个顶点处的灯以及相邻顶点处的灯的状态. 证明:可以触动一些开关,使得所有的灯都熄灭.

证明 我们归纳证明这一点. 当 $n=1$ 时命题显然成立. 假设对 $n-1$ 个顶点的命题为真,我们将证明 n 个顶点的命题.

对于任何顶点 v,将归纳假设应用于 $V\backslash\{v\}$:得到一组按钮 $S_v \subseteq V\backslash\{v\}$,按下它们会将 $V\backslash\{v\}$ 中的所有灯关闭.

如果存在某个 v,按下 S_v 中的按钮使 v 关闭,那么我们就完成了.

否则,观察到对于任意两个顶点 u 和 v,按下 S_u 然后 S_v 会改变 u 和 v,保持其他顶点处的灯不变.

现在根据 n 的奇偶性区分两种情况是有意义的.

若 n 是偶数. 我们可以将顶点配对为 $\frac{n}{2}$ 对(随机). 对于每对 (u, v),按 S_u 和 S_v,只改变 u 和 v 的灯状态. 对所有对执行此操作后,所有灯都将关闭.(或者观察到我们实际上在做的是连续按下所有集合 $S_v, v \in V$).

若 n 是奇数,我们需要在应用此技巧之前做一些其他的事情. 观察到存在偶数度的顶点 v_0(否则,度数之和为奇数,与握手引理矛盾). 按下 v_0 后,偶数个灯会亮着,然后将这些亮着的灯配对并执行上述相同的过程,就将所有的灯熄灭. □

注 若一个按钮只改变相邻顶点的灯状态,不改变所在顶点的状态,则结论将不成立. 取有奇数个顶点且度数均为偶数的图,点亮的灯数始终是奇数,不会全部熄灭. 题目证明除了最后一段,一直有效.

1.37. 证明:如果一个图的最小度数不小于 3,那么存在一个圈,其长度不是 3 的倍数.

证法一 证明连通图的结果就足够了,否则只需将论证应用于一个连通分支. 我们对顶点数归纳来证明. 满足条件的 4 个顶点的图必然是 K_4,结论成立.

现在,考虑顶点数 $n \geqslant 5$ 的图 G. 由于 G 至少有 $\frac{3n}{2}$ 条边,因此 G 中必然有圈. 如果它的长度不能被 3 整除,我们就完成了. 否则,假设此圈为:

$v_1, v_2, \cdots, v_{3s}, v_1$. 如果存在任何不在圈中的边 v_iv_j，那么两个圈 $v_i, v_{i+1}, \cdots, v_j, v_i$ 和 $v_j, v_{j+1}, \cdots, v_i, v_j$ 的长度总和为 $3s+2$，所以不能都被 3 整除.

假设没有这样的边. 如果某些 v_i 和 v_j 在圈外有一个共同的邻居，比如 u，那么两个圈 $v_i, v_{i+1}, \cdots, v_j, u, v_i$ 和 $v_j, v_{j+1}, \cdots, v_i, u, v_j$ 的长度总和为 $3s+4$，因此不能都被 3 整除.

假设这也不会发生. 我们将所有顶点 $v_1, v_2, \cdots v_{3s}$ 压缩成一个顶点 v 来构建一个新图 H，该顶点将与所有连接到 $\{v_i\}$ 之一的顶点连接. G 的任何一条边，除了圈 $v_1, v_2, \cdots, v_{3s}, v_1$ 的边，都对应 H 的一条边，如图11.7.

显然 H 依然满足每个顶点的度数至少为 3 的条件，因为除了 v 之外的所有顶点都保持了它们的度数，而每个 v_i 都至少连接到圈外的一个顶点，所以 v 将有至少 $3s$ 个邻居. 应用归纳假设，H 中有一个长度不能被 3 整除的圈.

如果它是 G 中的一个圈，我们就完成了. 否则，此圈通过 v 并且其中 v 的两个邻居将是 G 中不同顶点 v_i 和 v_j 的邻居. 因此，我们得到了一个在 v_i 和 v_j 之间的路径，长度不能被 3 整除，设为 t，并且不使用圈 $v_1, \cdots, v_{3s}, v_1$ 中的任何其他顶点. 我们现在尝试将它与路径 $v_iv_{i+1}\cdots v_j$ 或 $v_jv_{j+1}\cdots v_i$ 之一连接起来. 形成的两个圈的长度总和为 $3s+2t$，因此其中之一的长度不被 3 整除，我们就完成了证明. □

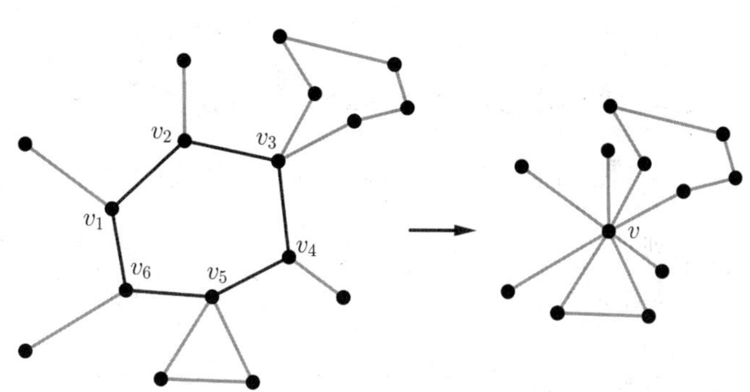

图 11.7　将圈 $v_1, v_2, \cdots v_{3s}$ 压缩成一个顶点 v

证法二　取图中最大长度的路径 $v_0, v_1, \cdots, v_m$. 因为极大条件，v_0 的所有邻居都必然在这条路径的顶点中，并且因为 $d(v_0) \geqslant 3$，除了 v_1 之外至少还有两个 v_0 的邻点. 假设它们是 v_j 和 v_k，$j<k$. 若 $j \not\equiv 2 \pmod 3$，则圈 $v_0, v_1, \cdots, v_j, v_0$ 的长度 $j+1$ 不是 3 的倍数. 同理若 $k \not\equiv 2 \pmod 3$，则圈 $v_0, v_1, \cdots, v_k, v_0$ 的长度不是 3 的倍数. 若 $j \equiv k \equiv 2 \pmod 3$，则圈 $v_0, v_j, v_{j+1}, \cdots, v_k, v_0$ 的长度为 $k-j+2$，它不是 3 的倍数. □

1.38. (IOM 2017, Ilya Bogdanov) 设 n 和 k 是整数, $k < n$. 图 G 有 n 个顶点, 任何两个顶点之间的距离不超过 k. 求最小的 d, 使得满足上述条件的任何图 G 中存在两个顶点, 它们之间有一条轨迹, 其长度是一个不超过 d 的偶数.

解 我们证明 $d = 2k$.

首先取圈 C_{2k+1}, 对于其中任意两个连续的顶点, 长度为偶数的轨迹的最短长度显然是 $2k$. 所以 $d \geqslant 2k$.

现在, 对于一个一般的图 G, 我们证明在任何两个顶点之间存在一条长度为偶数且不超过 $2k$ 的轨迹. 取 u 和 v 并取它们之间最短的偶数长轨迹, 长度为 $2s$. 假设 $s > k$, 取路径中间的顶点 w, 也就是 s 条边之后的顶点.

根据题目假设, 存在从 v 到 w 的长度为 $r \leqslant k$ 的轨迹, 以及从 u 到 w 的长度为 $t \leqslant k$ 的轨迹. 三个数 r, t, s 中有两个的奇偶性相同, 无论是哪两个, 都可以从 w 到 u, v 的四条轨迹 (两条长度 s, 两条长度分别为 r, t) 中选择两条连接成 u 到 v 的轨迹 (如图11.8), 长度为小于 $2s$ 的偶数 ($r+s, t+s, r+t$ 之一), 矛盾.

因此 $d = 2k$. □

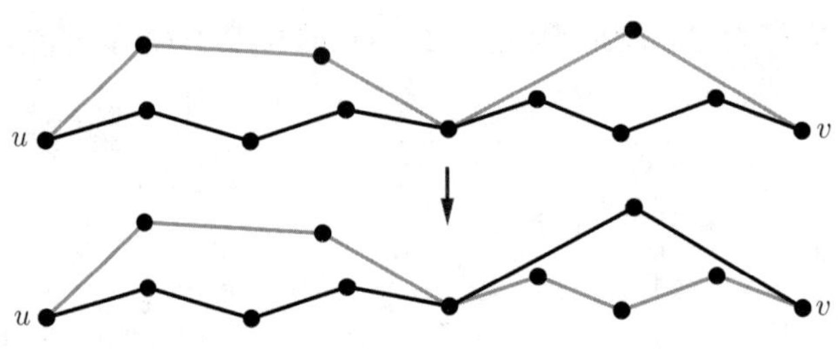

图 11.8　找到从 u 到 v 更短的偶数轨迹

1.39. 求最小的实数 c, 使得任何 n 个顶点的图若至少有 cn 条边, 则一定有两个无公共顶点的圈.

解 我们将证明 $c = 3$.

首先, 图 $K_{3,n-3}$ 没有两个顶点不相交的圈, 因为任何圈都至少有两个顶点来自三个顶点的集合. 它有 $3(n-3)$ 条边. 这不符合题目的结论, 因此 $3(n-3) < cn$, 对任何 n 成立. 当 n 足够大时, 得到 $c \geqslant 3$.

现在, 假设一个图至少有 $3n$ 条边, 我们证明它有两个顶点不相交的圈. 如果图不连通, 那么有一个连通分支依然满足题目条件, 只需对这个连通分支证明即可. 如果有顶点度数小于 4, 那么删除度数小于 4 的顶点, 题目条件仍然成立, 只需对剩下的图证明即可. 因此假设图连通并且所有度数不小于 4.

取最长路径 $v = v_0, v_1, \cdots, v_k = u$, 有两种情况:

uv 不是边. 因为 v 和 u 的所有邻居都在 $\{v_1,\cdots,v_{k-1}\}$ 中，每个都有至少 4 个邻居，所以 v 和 u 分别有至少三个邻居 v_{i_1},v_{i_2},v_{i_3} 和 v_{j_1},v_{j_2},v_{j_3} 分别不等于 v_1 和 v_{k-1}. 如果其中有 v 的邻点下标小于 u 的邻点下标，比如说，$i_1<j_1$，那么 $v,v_1,v_2,\cdots,v_{i_1},v$ 和 $u,v_{j_1},v_{j_1+1},\cdots,v_{k-1},u$ 是两个顶点不相交的圈. 否则，不妨设 $0<j_1<j_2<j_3\leqslant i_1<i_2<i_3<k$. 然后我们有顶点不相交的圈 $v,v_{i_2},v_{i_2+1},\cdots,v_{i_3},v$ 和 $u,v_{j_1},v_{j_1+1},\cdots,v_{j_2},u$，如图11.9.

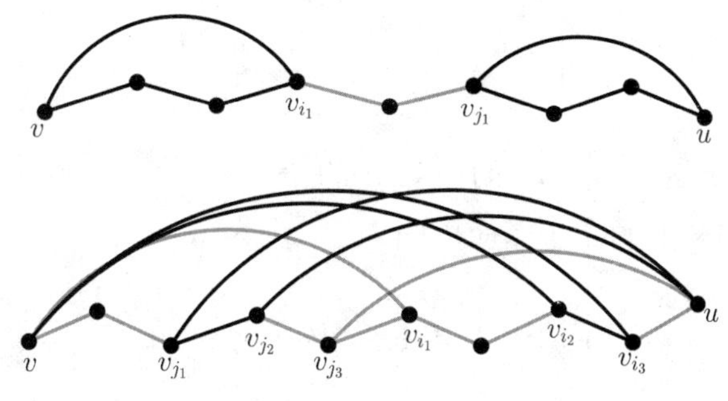

图 11.9　顶点不相交的圈

uv 是边. 则 $v_0,v_1,\cdots,v_k,v_0$ 是一个圈. 此时没有 v_i 连接到圈外的顶点(否则会得到更长的路径)，所以这个圈包含了图的所有顶点. 根据握手定理，顶点度数均值不小于 6，取一个顶点度数至少为 5 的顶点，比如 v_0. 除了它在圈中的邻居之外，它至少连接到其他三个顶点 $v_i,v_j,v_l,i<j<l$. 因为每点度数至少为 4，存在 v_j 的邻居不是 v_0,v_{j-1} 或 v_{j+1}. 假设它是 $v_{j'}$，我们可以不妨设 $j'<j$. 然后我们有顶点不相交的圈 $v_{j'},v_{j'+1},\cdots,v_j,v_{j'}$ 和 $v_l,v_{l+1},\cdots,v_0,v_l$，如图11.10. □

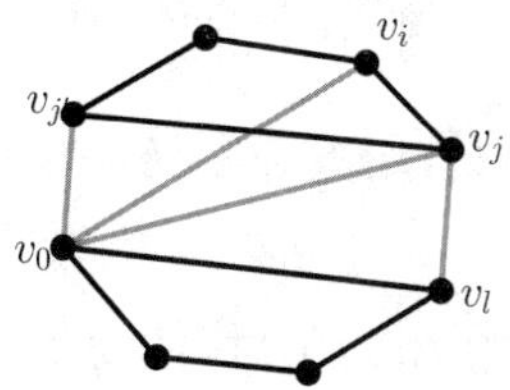

图 11.10　顶点不相交的圈

1.40. 设 n 是正整数，求最小的 k，使得 K_n 的所有边可以分成 k 个二部图.

解　这个数是 $\lceil\log_2 n\rceil$.

首先，我们证明至少需要这么多的二部图. 设 $s=\lceil\log_2 n\rceil$，这意味着 $n>2^{s-1}$. 假设我们可以用 $s-1$ 个二部图，$G_1,G_2,\cdots,G_{s-1}$，分开 K_n.

根据抽屉原则，二部图 G_1 的两个顶点集合之一有严格超过 2^{s-2} 个顶点. 对于这些顶点，再次应用抽屉原则，有严格超过 2^{s-3} 个点分别在 G_1,G_2 中属于同一个顶点集,如此继续. 最终,我们有超过 1 个点在 $G_1, G_2, \cdots, G_{s-1}$ 每个图中均属于同一个顶点集. 这些顶点之间的边不属于每个二部图 G_i,矛盾. 因此至少需要 s 个二部图.

我们现在对 n 归纳构造划分方法. $n=1,2$ 时命题显然成立. 现在假设对 $1,2,\cdots,n-1$ 个点均能找到所需的划分. 对于 n 个点的情形,我们以最自然的方式取二部图 G_1:将顶点分成两组 V_1 和 V_2,大小大致相同,即

$$|V_1| = \lfloor \frac{n}{2} \rfloor,\ |V_2| = \lceil \frac{n}{2} \rceil$$

然后取 G_1 为顶点集是 V_1 和 V_2 的完全二部图.

现在对 V_1 和 V_2 上的完全图应用归纳法. 因为

$$\lceil \log_2 |V_1| \rceil = \lceil \log_2 |V_2| \rceil = s-1$$

所以应用归纳假设,V_1,V_2 上的完全图的边均可以划分为 $s-1$ 个二部图.

将 V_1 的一个这样的二部图与 V_2 的一个这样的二部图配对(二部图的不交并还是二部图),获得大图中的 $s-1$ 个二部图. 与 G_1 一起,得到 K_n 的边分成的 s 个二部图. □

1.41. (RMM 2012,Marek Cygan) 设 G 是二部图,顶点集为 A 和 B. 如果一个顶点集 $X \subseteq A$,并且每个 B 中的顶点和 X 中至少一个顶点相邻,或者 $X \subseteq B$,并且每个 A 中顶点至少和一个 X 中顶点相邻,那么称 X 是"强大集". 证明:A 中的强大集个数和 B 中的强大集个数的奇偶性相同.

证明 用 a 表示 A 中的强大集个数,用 b 表示 B 中的强大集个数,需要证明 $a \equiv b \pmod 2$.

考虑 $S \subseteq A$ 和 $T \subseteq B$ 组成的 (S,T) 对,使得 S 和 T 之间没有边. 用 p 表示这些对的数量.

对于任何集合 $S \subseteq A$,集合 $T \subseteq B$ 与 S 形成一对当且仅当它仅由不与 S 中的任何顶点相连的顶点形成. 若有 k 这样的顶点,则有 2^k 个可能的 T. 因此与 S 可配对的 T 有偶数个,除非 S 连接到 B 的所有顶点,在这种情况下 T 只能是空集. 因此,连接到 B 中所有顶点的集合 S 的数量与上述 (S,T) 对的数量具有相同的奇偶性. 同理,连接到 A 的所有顶点的集合 T 的数量与上述 (S,T) 对的数量具有相同的奇偶性. 这意味着

$$a \equiv p \equiv b \pmod 2$$ □

1.42. 设 $G(V,E)$ 是一个图. 顶点集合 $S\subseteq V$ 如果满足任何 V 中顶点或者在 S 中,或者和 S 中至少一个顶点相邻,那么称 S 是"支配集". 证明:支配集的个数总是奇数.

证明 考虑顶点集的对 (S,T),满足 $S\cap T=\varnothing$,S 与 T 之间没有边,设所有这样的对构成的集合为 A. 观察到若 $(S,T)\in A$,则 $(T,S)\in A$. 而 $(S,S)\in A$ 当且仅当 $S=\varnothing$. 因此 $|A|$ 是奇数.

然而,对于任何集合 S,$(S,T)\in A$ 当且仅当 T 是 S' 的子集,其中 S' 是不在 S 中并且不连接到 S 中任何顶点的所有顶点构成的集合. 因此有 $2^{|S'|}$ 个可能的 T. 若 S 不是支配集,则 $|S'|>0$,配对的 T 有偶数个;若 S 是支配集,则配对的 T 为空集,只有 1 个.

因此支配集的数目与 A 具有相同的奇偶性,所以是奇数. □

1.43. 设 G 是连通图,边数为偶数. 证明:可以把 G 的边分拆成长度为 2 的路径.

证明 取最多的长度为 2 的路径(以下称为"V 形"),使得任何两个路径都没有公共边. 我们将证明这些 V 形覆盖了所有的边.

假设有一些边 $u_1v_1,u_2v_2,\cdots,u_kv_k$ 未被覆盖. 首先,这些边的端点是两两不同的,否则有公共端点的两条边可以搭配成一个新的 V 形.

取两条未覆盖边的端点之间的最短距离——不妨设它在 u_1 和 u_2 之间. 因此我们得到一条路径

$$u_1,w_1,w_2,\cdots,w_s,u_2$$

不包含其他 u_i 或 v_i.

直观地说,我们将稍微修改已选择的 V 形,以便"移动"未使用的边 u_1v_1,使其更接近 u_2v_2.

边 u_1w_1 用于某个 V 形. 如果是 u_1,w_1,w_2,那么我们不选这个 V 形,改为选择 v_1,u_1,w_1,新的未使用边将是 w_1w_2;如果是 u_1,w_1,z,其中 z 是另外的顶点,那么我们取消选择它并选择 v_1,u_1,w_1,新的未使用边将是 w_1z. 在两种情况下,新的未使用边将有一个端点比 u_1 更靠近 u_2,如图11.11.

因此,如果这样进行,就保持选择了相同数量的 V 形,但一直在减少两个未使用边的端点之间的最短距离.

最终某两条未使用的边将有一个公共端点,这意味着可以添加另一个 V 形. 这与最初的假设相矛盾,因此最多的 V 形会覆盖所有的边. □

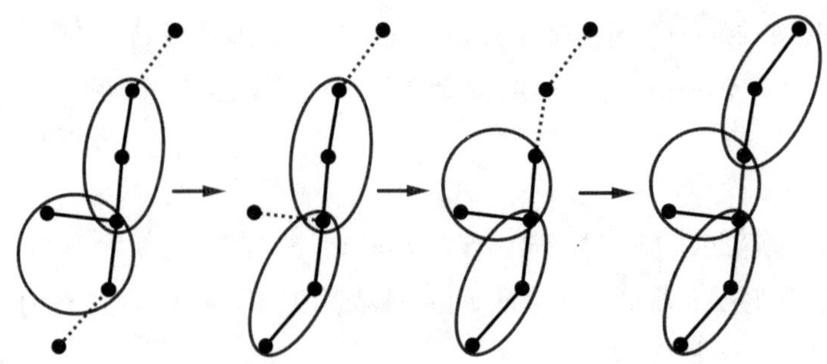

图 11.11 “移动”未使用边使其相互更靠近

1.44. (Radu Bumbăcea, MR 0504) 设连通图 G 的顶点度数至少为 2, 而且没有偶圈.

(1) 证明:G 有一个生成子图,所有点的度数为 1 或 2.

(2) 证明:如果去掉“没有偶圈”的条件,那么结论不再成立.

证明 我们需要证明可以选择一些边,使得每个顶点都关联其中的 1 或 2 条.

我们归纳选取一些边,保持每个顶点都关联其中的 0, 1, 2 条边,然后减少关联 0 条边的顶点数. 假设已选择了一些边,使得 k 个顶点与其中的 1 或 2 条关联(这样的点称为好点),其余的顶点没有关联任何已选边.

取顶点 v 不关联任何已选的边. 我们想要修改选择,使得已有的 k 个顶点仍然关联 1 或 2 条边(所关联的边和之前可能有区别),而 v 也关联 1 条边(其余顶点关联 0, 1 或 2 条边). 如果可以一直这样修改,那么最终所有的点是好点,达到我们的目的.

假设无法进行修改. 根据顶点当前所关联的边数 $i(i=0,1,2)$,将顶点归为“i 类”. 可以假设没有 2 类顶点之间有选定的边,否则取消这条边,还是有 k 个好点.

如果 v 有 0 或 1 类型的邻居,那么选择连接 v 和这个邻居的边,达到修改的目标,矛盾. 因此,v 的邻居都是 2 型,取其中一个为 v_1. v_1 有一个选定的边连接到某个点 v_2,它必须是 1 类型(因为我们假设在 2 类的顶点之间没有已选择的边). 因为每个点度数至少为 2,v_2 有一个与 v_1 不同的邻居,记为 v_3. 如果 v_3 是 0 或 1 类型,那么我们可以取消选择 v_1v_2 并选择 vv_1 和 v_2v_3,使 v 变成 1 类点,同时保持其他的好点,矛盾. 因此,v_3 的类型为 2. 若它有一条到尚未提及的顶点的选定边,例如 v_4,则它的类型为 1.

继续这个过程,我们得到原始图中的路径(如图11.12)

$$v, v_1, v_2, \cdots, v_r$$

而且路径中被选择的边恰好是:$v_1v_2, v_3v_4, \cdots$,路径上顶点 v_{2t+1} 是类型 2,v_{2t} 是类型 1.

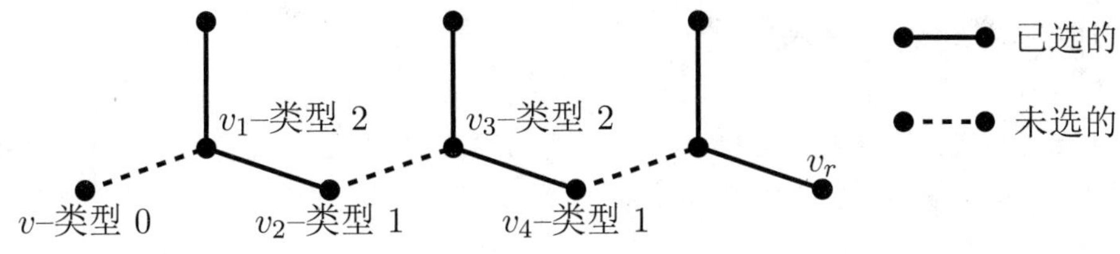

图 11.12　得到的路径

我们可以假设路径到某一步不能继续扩展. 基于 r 的奇偶性,有两种情况:

若 $r=2t+1$,则 v_r 的类型为 2. 那么它就有一条已选择的边去往路径中的顶点之一. 但是路径上所有 1 类型的顶点都已经在路径上关联一条已选择的边,所以 v_r 会连接一个 2 类型的顶点,这和假设没有两个 2 类型的顶点用已选择的边连接矛盾.

若 $r=2t$,则 v_r 将是 1 类型. 它将有一条未选择的边连接到路径中的顶点(这里还是用到题目条件:所有度数至少为 2). 如果是某个 v_{2i+1},那么

$$v_{2i+1}v_{2i+2}\cdots v_{2t}v_{2i+1}$$

将是一个长为偶数的圈, 与题目假设矛盾. 如果是某个 v_{2i}, 那么我们可以选择 $v_{2i}v_{2t}$,因为两者都是 1 类型. 然后将路径

$$vv_1, v_1v_2, \cdots, v_{2i-1}v_{2i}$$

中所有边的选择状态改变,这样就又达到了修改的目的,矛盾.

因此,修改总是可行的,最终可以得到一个子图,每点度数为 1 或 2.

如果我们放弃"没有偶圈"的条件, 那么命题不能成立. 取完全二部图 $K_{2,n}$, $n\geqslant 5$,顶点集为 V_1, V_2, $|V_1|=2, |V_2|=n$. 假设我们可以根据需要选择边,V_2 的每个顶点上都会有一条边选择,至少一共有 n 个. 但是选择的每条边都关联 V_1 中的顶点一次,因此 V_1 中两个顶点之一将至少关联 $\frac{n}{2}>2$ 条选择的边. □

欧拉回路和哈密顿圈

2.1. 证明:如果一个连通图有 $2k$ 个奇数度的顶点,那么它的边集可以写成 k 条步道的并集,且任意两个步道没有公共边.

证明 我们想应用欧拉定理 2.2,所以添加一个新的顶点 v 和一些新的边,将 v 连接到 $2k$ 个奇数度的顶点. 新图的所有顶点都是偶数度,因此它包含欧拉回路. 这个欧拉回路经过了 v 点 k 次,所以当我们从回路中删除 v 和新连接的 $2k$ 条边后,得到 k 个无公共边的步道,包含原始图的所有边. □

2.2. 证明:一个图的所有边可以划分为一些圈当且仅当所有顶点的度数是偶数.

证明 ($\Longrightarrow$) 若所有边可以划分为圈, 则每个顶点在每个圈中都有偶数条相邻的边,因此度数为偶数.

($\Longleftarrow$) 假设所有的度数都是偶数. 一个连通分支中,所有的度数都至少为 2,所以存在一个圈. 去掉那个圈,所有的度数都保持为偶数,所以我们可以继续这样做,直到不剩下边为止. □

2.3. 设连通图 G 的所有顶点的度数为偶数,v 是一个度数为 $2n$ 的顶点. 证明:可以移除 v 关联的 n 条边,使图保持连通.

证明 由欧拉定理 2.2,存在一个欧拉回路:$v_1, v_2, \cdots, v_r = v_1$. v 在该回路中出现 n 次. 对于每次出现,假设为 v_i,我们移除边 v_iv_{i+1}.

任何顶点 u 都会出现在回路中,比如 v_j. 设 v_i 是 v 在回路中从 v_j 开始的下一次出现位置.(如果 $v_{j+1}, v_{j+2}, \cdots, v_r$ 中没有出现 v,那么从 v_1 继续.)则

$$u = v_j, v_{j+1}, \cdots, v_i$$

是从 u 到 v 的步道.

由于从任何顶点到 v 都有一个步道,所以图是连通的. □

2.4. (圣彼得堡数学奥林匹克 2015) 设 n, k 为正整数, k 是偶数. 证明: nk–正则图的边可以划分为一些集合,每个集合由具有公共顶点的 n 条边组成.

证明 对连通图证明即可(对于不连通的图,应用到每个连通分支).

根据欧拉定理 2.2, 存在欧拉回路, 选取回路上的一个方向, 每个顶点出发有 $\frac{nk}{2}$ 条边. 对于每个顶点,可以将这 $\frac{nk}{2}$ 条边分为 $\frac{k}{2}$ 组大小为 n 的集合, 这就是我们想要的划分. □

注 采取欧拉回路是必不可少的. 如果我们直接选择与顶点相邻的边,那么将无法控制对其他顶点的度数的影响.

2.5. 设 G 是 n 个顶点的图,顶点度数均不小于 $\frac{n-1}{2}$. 证明:G 有一条哈密顿路径.

证法一 添加一个新顶点并将其连接到所有现有顶点. 在这个 $n+1$ 个顶点的新图中,所有的度数都至少为 $\frac{n+1}{2}$,因此根据狄拉克定理 2.4,存在哈密顿圈. 移除添加的顶点,留下了 G 的哈密顿路径. □

证法二 也可以重复狄拉克定理的证明. 将能够建立越来越长的路径,直到得到哈密顿路径,该路径不一定能继续扩展为哈密顿圈. □

2.6. 设 G 是 n 个顶点的图. 假设有 $k > \frac{n}{2}$ 个顶点之间没有边. 证明:G 没有哈密顿圈.

证明 设 V_1 是题目描述中的 k 个顶点的集合,假设存在一个哈密顿圈. 因为 V_1 中的顶点均不相邻,所以 V_1 中不包含圈中连续的顶点. 于是 V_1 中的顶点个数不超过圈中顶点个数的一半,即 $k \leqslant \frac{n}{2}$,矛盾. □

注 特别地,如果 n 个顶点的二部图 G 是哈密顿图,那么对 A 和 B 应用上述结论,得到

$$|A| \leqslant \frac{n}{2} \text{ 和 } |B| \leqslant \frac{n}{2}$$

因此实际上有

$$|A| = |B| = \frac{n}{2}$$

2.7. 找到一个不包含哈密顿路径的 3–正则连通图.

解 如图11.13, 构建一个图, 使得有一个顶点 u 被移除后有 3 个连通分支. 于是任何仅通过 u 一次的路径最多只能通过其中的两个分支, 这个图没有哈密顿路径. □

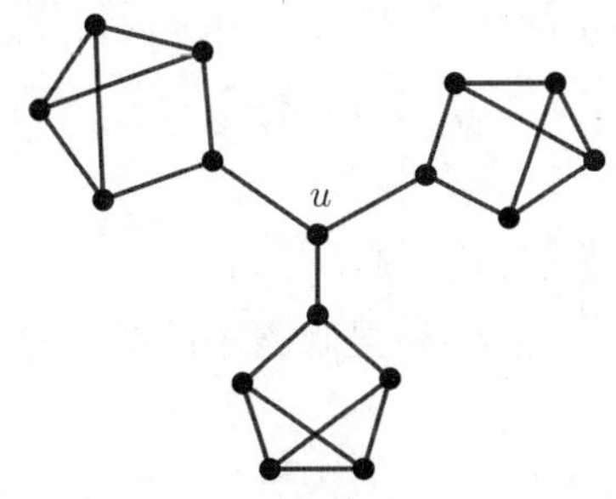

图 11.13 不含哈密顿路的 3–正则图

注 上面的论证可以适用于其他 k. 如果 $k \neq 2, 4$,那么我们可以构建一个 k–正则连通图,其中一个顶点 u 被删除后至少留下 3 个连通分支. 更准确地说,如果 k 是奇数,那么可以安排最多 k 个分支;而对于偶数 k,可以安排最多 $\frac{k}{2}$ 个分支. $k = 4$ 的情况需采用不同的技巧. 其中一个方法是构建一个图,其中两个顶点 u, v 删除后会留下 4 个连通分支.

2.8. 考虑顶点为 $3 \times n$ 格点阵的图:每列有 3 个顶点,每行有 n 个,每个顶点都与距离为 1 的顶点相连. 证明:此图有哈密顿圈当且仅当 $2 \mid n$.

证明 观察到该图实际上是二部图(可以在行和列上交替地为顶点着色),因此任何圈的长度都是偶数. 若存在哈密顿圈,则图的顶点个数是偶数,这意味着 n 必须是偶数.

对于偶数 n,也很容易地找到一个构造,如图11.14. □

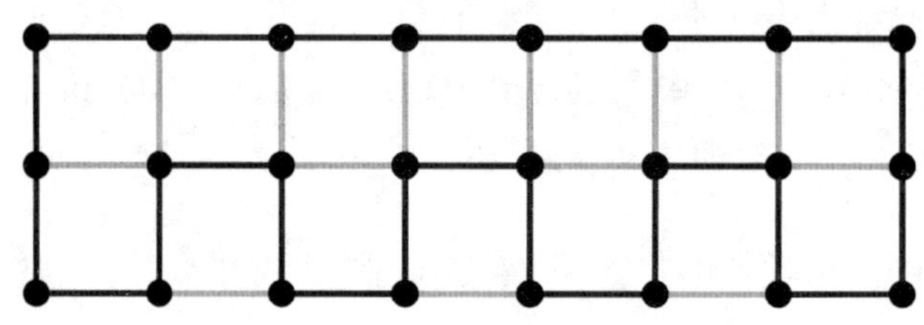

图 11.14 偶数 n 的构造

注 类似的论证和构造可以表明 $m \times n$ 的网格有哈密顿圈当且仅当 mn 是偶数.

2.9. (IMOLL 1992) 设 $n \geqslant 2$ 是一个奇数. 求最小的 k,使得可以将 $\{1, 2, \cdots, k\}$ 分拆为 n 个子集 $X_1, X_2, \cdots, X_n$, 满足: 对于任何 i, j, $1 \leqslant i < j \leqslant n$, 都存在 $x_i \in X_i, x_j \in X_j$, 且 $|x_i - x_j| = 1$.

解 观察到 $\{1, 2, \cdots, k\}$ 中存在 $k-1$ 对连续整数. 然而对于任何 i 和 j 都有一对连续整数与之对应,所以至少有 $\binom{n}{2}$ 对整数,$k \geqslant \binom{n}{2} + 1$.

要为 $k = \binom{n}{2} + 1$ 构造, 需要将 $\{1, 2, \cdots, k\}$ 划分为 n 个子集 X_1, X_2, $\cdots$, X_n 使得对于任何 i, j, $1 \leqslant i \leqslant j \leqslant n$, 存在正好一对 $x_i \in X_i, x_j \in X_j$ 使得 $|x_i - x_j| = 1$.

这有一个巧妙的方法: 考虑带有顶点 $v_1, v_2, \cdots, v_n$ 的完全图 K_n. 由于 n 是奇数,有一个欧拉回路. 从 v_1 开始,如果回路中的第 s 个顶点是 v_t,我们就把 s 放入 X_t 中.

显然,这种构造将 $\{1, 2, \cdots, k\}$ 划分为 n 个集合,满足题目条件: 若 v_i 和 v_j 之间的边是回路中的第 s 条,则 $s \in X_i, s+1 \in X_j$. □

2.10. (改编自全俄数学奥林匹克 2003) 设 G 是至少有 5 个顶点的连通图, 任何 4 个顶点之间至少有 2 条边. 证明:G 有哈密顿路径.

证明 取图中最长的路径,$v_1, v_2, \cdots, v_k$. 假设它不是哈密顿路径. 必然 v_1 不与 v_k 相连,否则 $v_1, v_2, \cdots, v_k, v_1$ 将是一个圈,并且根据给定图是连通的,还有另一条边 v_iu,u 不在圈中,则有更长的路径 $v_{i+1}, \cdots, v_k, v_1, \cdots, v_i, u$,矛盾.

如果有 2 个顶点 u, u' 不在路径中,那么我们可以考察 4 个顶点 v_1, v_k, u, u' 之间的边. 显然 u, u' 没有连接到 v_1, v_k 中的任何一个,否则我们可以扩展路径. 而且 v_1 和 v_k 没有连接,所以这 4 个顶点之间最多只有一条边,矛盾.

因此,只有一个顶点 u 不在路径中. 由于图是连通的,u 必然连接到某个 v_i. 因为 $k \geqslant 4$,我们可以不妨设 $i \geqslant 3$. 显然 u 不连接到 v_{i-1},否则就有更长的路径 $v_1, v_2, \cdots, v_{i-1}, u, v_{i+1}, \cdots, v_k$. 现在考察 4 个顶点 v_1, v_k, v_{i-1}, u 之间的边,我们需要同时有 v_1v_{i-1} 和 $v_{i-1}v_k$ 两条边. 于是得到了更长的路径(如图11.15)

$$v_1, v_2, \cdots, v_{i-1}, v_k, v_{k-1}, \cdots, v_i, u$$

矛盾,因此初始路径是哈密顿路径. □

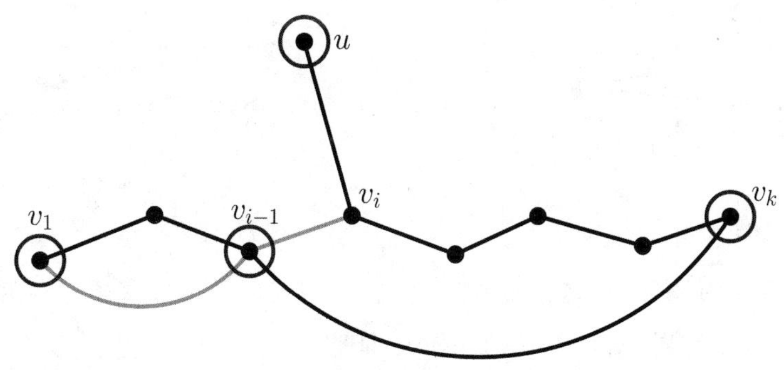

图 11.15 应用条件的顶点以及得到的更长路径

2.11. 证明:对于奇数 n, 可以将 K_n 的边划分为哈密顿圈;对于偶数 n, 可以将 K_n 的边划分为哈密顿路径.

证明 首先对偶数 $n = 2k$ 证明,可以将 K_n 的边划分为哈密顿路径. 设顶点为 $1, 2, \cdots, 2k$,我们将以 $2k$ 为模考虑所有的内容.

一个(不明显的)构造如图11.16. 每个路径的形式(模 $2k$)都是

$$i, i+1, i-1, i+2, i-2, \cdots, i+k-1, i-(k-1), i+k$$

注意 i 和 $i+k$ 的路径是相同的，所以有 k 条这样的路径，可以假设 $1 \leqslant i \leqslant k$. 要看到这些路径是边互不相交的，注意任何路径的边都是 $i+s, i-s(1 \leqslant s < k)$ 或 $i-s, i+s+1(0 \leqslant s < k)$ 的形式，所以对于不同的 $i, j \leqslant k$，它们没有公共的边.

为了证明 $n = 2k+1$ 时，可以将 K_n 划分成哈密顿圈，我们从 n 为偶数的构造开始，然后用一个小技巧：把一个顶点 v "添加"到构造中，并将每个哈密顿路径的端点连接到 v，如图11.17.

我们得到的哈密顿圈为(模 $2k$)

$$v, i, i+1, i-1, i+2, i-2, \cdots, i+k-1, i-(k-1), i+k, v$$

□

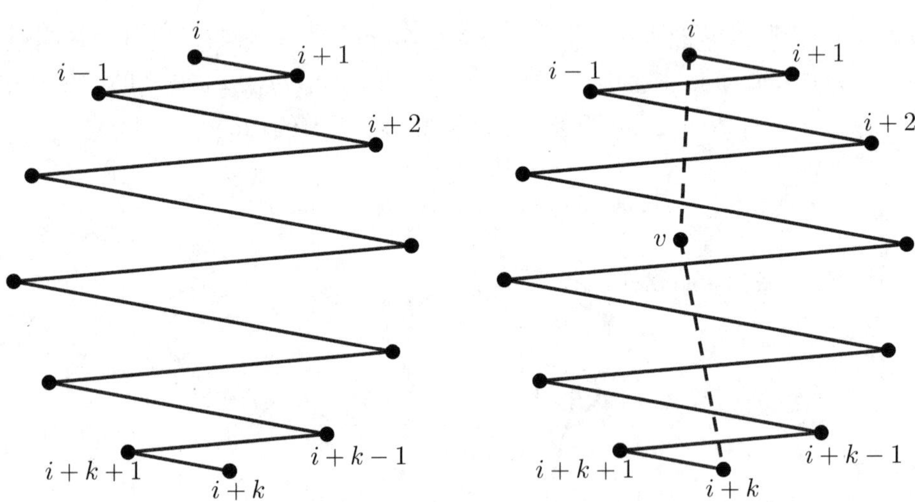

图 11.16　哈密顿路径之一

图 11.17　哈密顿圈之一

2.12. 设 G 是 $n(n \geqslant 4)$ 个顶点的图. 用 $h(G)$ 表示 G 中哈密顿路径的数量(若两条路径的所有边相同，则认为它们相同). 证明

$$h(G) \equiv h(\overline{G}) \pmod 2$$

证明　很难完全描述或者掌握一般的图 G 的哈密顿路径. 证明的主要思想是：想象在 G 的顶点上有一个完全图 K_n；G 的哈密顿路径是这个完全图的哈密顿路径，其中不包含来自 $\overline{G}$ 的任何边.

设 P 为 K_n 的哈密顿路径构成的集合. 这样的路径由 n 个顶点的排序，有 $n!$ 种方式完成，每个排序和它的反向给出相同的路径，因此 $|P| = \frac{n!}{2}$.

设 $e_1, e_2, \cdots e_k$ 为 $\overline{G}$ 的所有边，定义 A_i 为 K_n 中包含边 e_i 的哈密顿路径的集合，于是有

$$h(G) = |P| - |A_1 \cup A_2 \cup \cdots \cup A_k|$$

现在可以应用容斥原理：

$$h(G)=|P|+\sum_{k=1}^{n-1}(-1)^k\sum_{i_1<\cdots<i_k}|A_{i_1}\cap\cdots\cap A_{i_k}|$$

（哈密顿路径包含 $n-1$ 条边，因此任何至少 n 个 A_i 的交集都必然是空集.）

现在的关键发现是对于任何 $1\leqslant s<n-1$，s 个 A_i 的交集大小是偶数. 实际上，我们看看 K_n 有多少哈密顿路径具有 s 条固定的边. 如果这些边形成一个回路，或者如果有一个度数至少为 3 的顶点，那么不存在相应的哈密顿路径. 否则，这 s 条边确定的图有 n 个顶点，$n-s$ 个连通分支，每个分支由一条路径组成（可以将单独一个顶点视为路径）. 为了从这些 $n-s$ 个连通分支得到一条路径，首先需要将它们排序，这些路径将完整地按此顺序出现在哈密顿路径中；然后要为至少有一条边的每个分支决定哪个顶点首先出现，这有两种方式. 因此，若用 k 表示至少有一条边的连通分支的数量，记住路径和它的反向是相同的，则有 $\frac{(n-s)!2^k}{2}$ 条包含这 s 条边的哈密顿路径. 分子的两项都是偶数，所以这是偶数.

由于 $|P|$ 也是偶数，因此模 2 有

$$h(G)\equiv\sum_{i_1<\cdots<i_{n-1}}|A_{i_1}\cap A_{i_2}\cap\cdots\cap A_{i_{n-1}}|\pmod 2$$

现在我们观察到右侧恰好是 $h(\overline{G})$，因为 $n-1$ 个 A_i 的交集非空（此时交集为一元集）当且仅当对应的 $n-1$ 条边形成了一条路径，这就是 $h(\overline{G})$ 中的一条哈密顿路径. 因此 $h(G)\equiv h(\overline{G})\pmod 2$. □

2.13. (A.G. Thomasson，1978) 在 3–正则连通图中固定一条边. 证明：包含该边的哈密顿圈有偶数个.

证明 设 uv 是一条边，只需证明：去掉边 uv 后，从 u 到 v 的哈密顿路径数是偶数.

考虑从 u 开始的哈密顿路径（不一定以 v 结束）

$$P:u=v_1,v_2,\cdots,v_n$$

v_n 正好连接到 $v_1,\cdots v_{n-2}$ 中 $d(v_n)-1$ 个点. 对于它的每个邻居 v_i，使用路径交换技术，得到另一条从 u 开始的哈密顿路径

$$P':u=v_1,\cdots,v_i,v_n,v_{n-1},\cdots,v_{i+1}$$

通过这种方式可获得 $d(v_n)-1$ 条路径，这些路径中的任何一条，都可以通过相同的方式获得原始路径. 将两条可以通过这种方式相互获得的路径（即上面的 P 和

P')形成一对(不是配对,一条路径出现在多个对中). 我们现在将看看所有这些对.

对于 $v_n \neq v$, 每条以 v_n 结尾的路径都属于偶数对(即 $d(v_n) - 1 = 2$ 对). $v_n = v$ 的每条路径则属于奇数对(恰好 1 对). 由于每对包含两条路径,因此在对中出现的路径总次数是偶数. 这意味着满足 $v_n = v$ 的路径数是偶数,这就是我们想要的. □

注 我们实际上证明了,若图的所有度数都是奇数,则对任何一条边,包含此边的哈密顿圈的个数是偶数.

树

3.1. 设 T 为一个树,存在一个顶点的度数 $d>2$,证明:T 至少有 d 个叶子.

证法一 最简单的证明是通过握手引理 1.8,可知

$$\sum_{v\in V} d(v)=2(n-1)$$

假设最多有 $d-1$ 个叶子,则有

$$\sum_{v\in V} d(v)\geqslant 1\times d+(n-d)\times 2+(d-1)\times 1=2n-1$$

矛盾. □

证法二 一个更好的证明如下:取度数为 d 的顶点 v 并从图中删除. 我们将得到 d 个连通分支,每个分支至少有两个叶子. 在每个分支的两个叶子中,最多有一个是连接到原始图中的 v,因此至少一个是原始图中的叶子. 于是我们在原始图中发现了至少 d 个叶子. □

3.2. 设连通图 G 有 n 个顶点,不超过 $n+k$ 条边. 证明:可以删除 $k+1$ 个顶点,得到没有圈的图.

证明 设 T 为 G 的一个生成树,则 G 有 $k+1$ 条边不是生成树的边. 删除这 $k+1$ 条边中每条边的一个端点,剩下的图只有来自 T 的边,必然不包含圈. □

3.3. 设 $n>0$ 是一个整数. 如果任意两个圈都没有公共边,那么 n 个顶点上的图可以拥有的最大边数是多少?

解 显然,若图不连通,则可以在两个连通分支之间加一条边,不创建任何新圈. 因此我们只需考虑连通图.

考虑有 $k\geqslant n-1$ 条边的连通图. 取一个生成树,有 $k-n+1$ 条边不在生成树上. 任何这样的边连同它在生成树上的端点之间的路径,形成一个圈. 这些圈不在生成树上的唯一边互不相同,因此是不同的圈. 由于每个圈至少有 3 条边,因此一共至少有 $3(k-n+1)$ 的边. 这意味着 $3(k-n+1)\leqslant k$,所以 $k\leqslant\frac{3n-3}{2}$.

$\left\lfloor\frac{2n-3}{2}\right\rfloor$ 是可以达到的: 对于奇数 n, 可取风车图, 由 $\frac{n-1}{2}$ 个有公共顶点的三角形构成; 对于偶数 n, 取 $n-1$ 个点的风车图, 连同到一个新顶点的边, 如图11.18. □

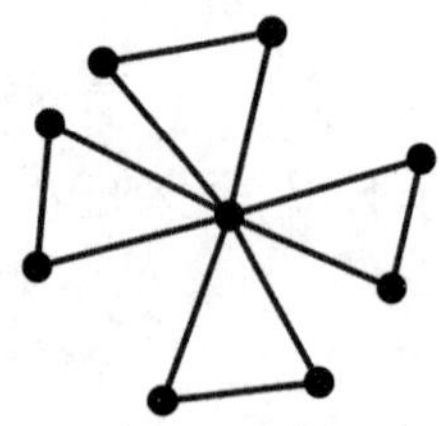

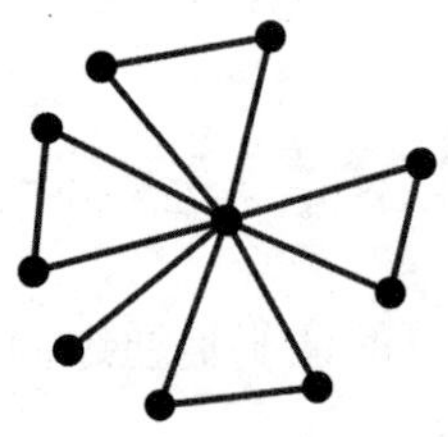

图 11.18　根据 n 的奇偶性的构造

3.4. 设 $d_1, d_2, \cdots, d_n$ 为正整数,使得

$$d_1 + d_2 + \cdots + d_n = 2n - 2$$

证明:存在 n 个顶点的树,度数为 $d_1, d_2, \cdots, d_n$.

证明　我们对 n 归纳证明这一点,当 $n = 1$ 时,这是显然的.

现在,假设命题对 $n-1$ 个顶点成立,我们将证明它对 n 个顶点也成立. 不妨设 $d_1 \leqslant d_2 \leqslant \cdots \leqslant d_n$. 于是 $nd_1 \leqslant 2n-2$,因此 $d_1 = 1$. 度数为 d_1 的顶点必然是一个叶子,所以可以应用归纳假设,然后"粘上"这个叶子.

我们应用归纳假设到度数序列 $d_2, d_3, \cdots, d_{n-1}, d_n - 1$,这是正整数数列(因为 $d_n \geqslant 2$),和为 $2n-4$. 因此存在 $n-1$ 个顶点的树,具有这些度数. 添加一个新的顶点,连接到度数为 $d_n - 1$ 的顶点即可. □

3.5. 在 n 个顶点的树的每个顶点处都有一只蚱蜢. 在某一时刻,所有蚱蜢都跳到相邻的顶点. 观察到任何两只蚱蜢跳到不同的顶点. 证明:n 是偶数.

证法一　选取一个顶点 v,根据到 v 的距离将顶点涂成黑色和白色: 若 $d(u,v)$ 是偶数,则将 u 涂成白色;否则,将 u 涂成黑色,如图11.19.

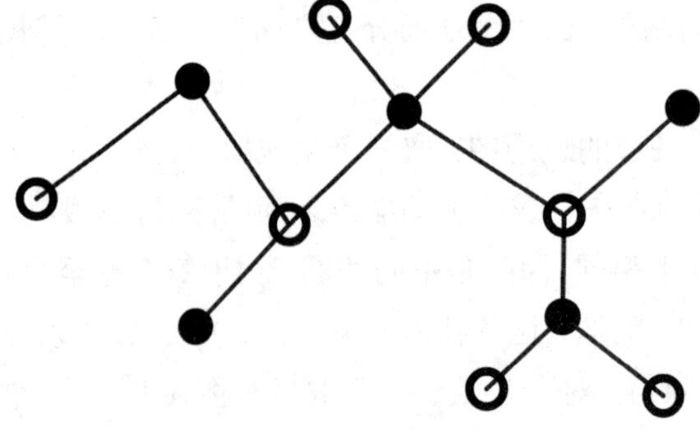

图 11.19　顶点用黑白染色

每只蚱蜢在跳跃时都会改变颜色. 由于蚱蜢都跳到不同的顶点,因此黑白顶点的个数相同,n 是偶数. □

注 从图11.19 中可以看出,n 是偶数的条件是必要的,但不是充分的. 即使有相同数量的黑白顶点,也不是充分条件(例如,如果一个顶点正好与两片叶子相邻,就已经无法完成题目要求).

证法二 可以证明更强的结论:蚱蜢可以分对,任何一对中的两个都在跳跃中交换了位置. 这显然意味着 n 是偶数.

我们对 n 归纳来证明这一点. 对于 $n=1,2$,这是显然的.

现在,假设命题对 $1,2,\cdots,n-1$ 成立,我们证明它对 n 也成立. 选择树的一个叶子,v,连接到某个顶点 u. 在 v 点的蚱蜢将跳到 u,因为它无其他地方可去. 但是只有 u 点的蚱蜢可以跳到 v(因为它是唯一与 v 相邻的顶点),所以它会跳到 v.

我们现在删除 u 和 v 并对剩下的所有连通分支应用归纳假设,于是得到,在每个连通分支中,蚱蜢可以分成对,每对交换位置. □

3.6. 设 $G(V,E)$ 是 $n\geqslant 2$ 个顶点的连通图. 证明:存在子集 $V_1\subseteq V$,$|V_1|\leqslant \frac{n}{2}$,使得 V 中的任何顶点要么在 V_1 中,要么与 V_1 中的某顶点相邻.(这样的集合称为**支配集**.)

证法一 G 有生成树,如果 V_1 对生成树满足条件,它就对 G 满足条件,所以只需对树证明.

我们对 n 归纳来证明. 对于 $n=2,3$,这是显然的.

现在,设 $n\geqslant 4$,树 T 有 n 个顶点. 去掉 T 的所有叶子,得到树 T',从 T' 中选取叶子 v. 现在在 T 中,v 至少有一个相邻的叶子;并且移除 v 以及相邻的叶子,图依然连通(这就是为什么需要使用 T' 的原因),如图11.20

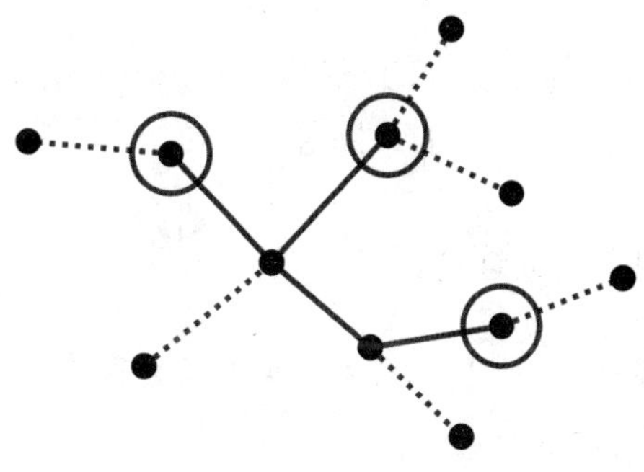

图 11.20 可选择的 v

去除 v 和相邻的叶子，得到图 T''. 对 T'' 应用归纳假设，该图最多有 $n-2$ 个顶点，因此存在一组至多有 $\frac{n-2}{2}$ 个顶点的支配集. 将 v 添加到集合中，我们获得最多包含 $\frac{n}{2}$ 个顶点的支配集. □

证法二 设 T 是 G 的生成树. 由于任何树都是二部图，可以将顶点集写为 $V = A \cup B, |A| \leqslant |B|$，满足：$T$ 的所有边都连接了 A 的一个顶点和 B 的一个顶点. 现在取 $V_1 = A$，显然它最多包含 $\frac{n}{2}$ 个顶点，任何不在 V_1 中的顶点必须在 B 中，有 T 的边关联这个顶点，此边的另一个顶点必然在 $A = V_1$ 中，所以 V_1 是支配集. □

3.7. 设 $k > 0, T$ 为 n 个顶点的树，其中最长路径的长度（直径）为 $2k-3$. 证明：T 至少包含 $n-k+1$ 条长度为 k 的路径.

证明 考虑最长的路径 P，以及 P 的端点 u 和 v. 首先，P 有 $k-2$ 个子路径长度为 k.

为了找到长度为 k 的剩余路径，我们观察到：对于不在 P 上的每个顶点 w，P 上和它距离最近的顶点设为 w'，则 w 到 w' 的路径除 w' 外不包含 P 上的顶点. w' 到 u 和 v 的路径，分别与 w 到 w' 的路径连接，得到从 w 分别到 u 和 v 的路径. 二者长度之和至少为 $2k-3+2=2k-1$，所以其中一个的长度至少为 k. 只取它的开始部分，得到一条从 w 开始、长度为 k 的路径，如图11.21.

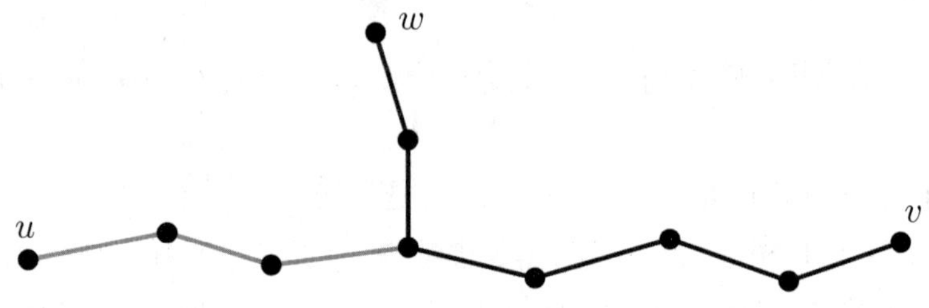

图 11.21　找到从 w 开始，长度为 k 的路径

容易看出所有这些路径都是不同的，共有 $n-(2k-3)$ 条. 将它们与前面找到的路径放在一起，我们得到 $n-k+1$ 条路径. □

注 这个证明实际上适用于任何连通图.

3.8. 设 $T_1, T_2, \cdots, T_k$ 是一个树 T 的子树，其中任意两个子树至少有一个公共顶点. 证明：它们有一个共同的顶点，即

$$T_1 \cap T_2 \cap \cdots \cap T_k \neq \varnothing$$

证明 结论似乎很明显,但我们需要一些形式化证明,我们将证明两个关键引理:

引理 1 两个子树 T_1 和 T_2 的交集也是一个子树.(即 T_1 和 T_2 共有的顶点和边确定了一个树.)

引理 1 的证明 对于 $T_1 \cap T_2$ 中的任意两点 u 和 v,在 T_1 和 T_2 中分别有连接 u, v 的路径,它们也在原始的树 T 中. 而根据 T 是树,连接 u, v 的路径是唯一的,因此这些路径都是同一条,也在 $T_1 \cap T_2$ 中. 这意味着 $T_1 \cap T_2$ 是连通的. 而 T 中没有圈,交集也没有圈,所以交集是一个树,如图11.22.

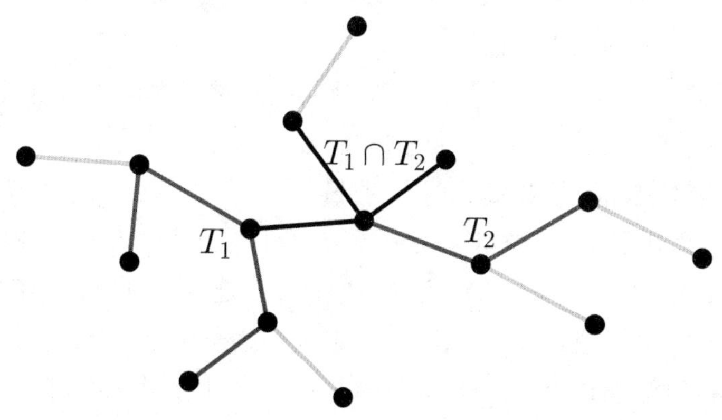

图 11.22 子树的交

引理 2 考虑三个子树 T_1, T_2 和 T_3,如果其中任意两个子树都有一个公共顶点,那么他们三个有一个共同的顶点.

引理 2 的证明 设 v_1 为 T_2 和 T_3 的公共顶点,v_2 为 T_1 和 T_3 的公共顶点,v_3 为 T_1 和 T_2 的公共顶点. 因为 $v_1, v_2 \in T_3$,所以 v_1 和 v_2 之间的路径 c_3 在 T_3 中. 同理 v_1 和 v_3 之间的路径 c_2 在 T_2 中,v_2 和 v_3 之间的路径 c_1 在 T_1 中.

取 v_1 到 c_1 上的最短路径,到达 c_1 一个顶点 v,于是 v_1 开始,经过 v 分别有路径到达 v_2 和 v_3. 由于在树中任何两个顶点之间有唯一的路径,因此 c_2, c_3 都经过 v. 这意味着 v 是所有三个路径公共顶点,因此在所有的 T_1, T_2,和 T_3 中.

回到原题证明,我们对 k 归纳证明结论. 当 $k = 2$ 时,命题是显然的.

现在,对于 $k \geqslant 3$,取 $T_{k-1} \cap T_k$. 根据引理 1,这是一个树. 根据引理 2,它与每个 $T_1, T_2, \cdots, T_{k-2}$ 有共同点.

因此可以对 $T_1, T_2, \cdots, T_{k-2}, T_{k-1} \cap T_k$ 应用归纳假设,得到所有 T_i 存在公共顶点. □

注 这个问题表明树的行为很像一维对象. 例如,在一条线上,我们有一维的海莱定理:如果 n 个线段中,任何两个都有一个公共点,那么 n 个线段有一个公共点.

3.9. 设 T 是有 t 个顶点的树. 证明:每个平均度数为 $2t$ 的图都包含 T 作为子图(即包含一个与 T 同构的子图).

证明 设 G 是一个平均度数为 $2t$ 的图. 我们从第 1 章的习题 1.16 知道,G 有一个最小度数为 t 的子图 G'.(为了找到它,只需依次删除了度数小于 t 的顶点,这会增加平均度数).

我们将证明 T 与 G' 的某个子图同构. 直观地说,我们可以在 G'' 中构建 T,也就是说,在 G' 中依次找到一些边,连接方式与 T 相同. 这应该不是问题,因为任何顶点上都有足够多的边来保证构建 T.

形式上,我们对 $k \leqslant t$ 归纳证明,任何 k 个顶点的树都同构于 G' 的某个子图. 当 $k=1$ 时,命题显然成立.

现在假设结果对 k 成立,我们证明它对 $k+1 \leqslant t$ 也成立. 设树 H 有 $k+1$ 个顶点,取它的一个叶子 v. 忽略叶子 v 得到 k 个顶点的树 $H \backslash \{v\}$. 根据归纳假设,$H \backslash \{v\}$ 同构于 G' 的一个子图. 设 u 为 H 中与 v 连接的顶点,考察 G' 中与 u 对应的顶点 u'. 因为 u' 至少有 t 个邻居,所以其中之一不是 $H \backslash \{v\}$ 对应的子图中的顶点. 因此可以添加这个邻居作为 v 的对应顶点,以及与 u' 相连的边,从而获得与 H 同构的子图. □

3.10. 设 T 是 n 个顶点的树,$0<k \leqslant n$. 对于 k 个顶点构成的子集 A,用 $C(A)$ 表示 A 诱导的子图的连通分支个数. 计算: $\sum\limits_{A \subseteq V,|A|=k} C(A)$.

解 关键的发现是可以用诱导子图的边数来表达连通分支的数量. 实际上,诱导子图是树的集合,也就是森林,所以连通分支的个数是 $C(A)=k-e(A)$,其中 $e(A)$ 是诱导子图的边数. 因此有

$$\sum_{A \subseteq V,|A|=k} C(A)=k\binom{n}{k}-\sum_{A \subseteq V,|A|=k} e(A)$$

现在,在 $\sum\limits_{A \subseteq V,|A|=k} e(A)$ 中,每条边被计数 $\binom{n-2}{k-2}$ 次,因为需要 T 的剩余 $n-2$ 个顶点中选择 A 剩余的 $k-2$ 个顶点. 由于共有 $n-1$ 条边,有

$$\begin{aligned}
\sum_{A \subseteq V,|A|=k} C(A) &= k\binom{n}{k}-(n-1)\binom{n-2}{k-2} \\
&= \frac{n!}{(k-1)!(n-k)!}-\frac{(n-1)!}{(k-2)!(n-k)!} \\
&= (n-k+1)\binom{n-1}{k-1}
\end{aligned}$$

□

3.11. (伊朗 TST 2013) 在一个图中,每条边都分配了一个数字,使得对于每条长度为偶数的闭轨,边上数字的交替和为零. 证明:可以为每个顶点分配一个数字,使得每条边上的数字是其端点上的数字之和.

思路 我们有很多变量和方程,变量是顶点上的数字. 对于有很多边的图,有比变量更多的方程. 所以我们必须使用一部分方程解出顶点上的数字,然后检查其他方程是否也成立(当然需要使用偶闭轨上的题目条件). 取一个生成树的想法不言而喻.

证明 假设图是连通的(否则在每个连通分支上解决问题). 设 $n(e)$ 为边 e 上的数,我们的目标是给出顶点上的数,用 $m(v)$ 表示,使得 $n(ab)=m(a)+m(b)$ 对所有边 ab 成立.

选择一个生成树 T,设 v 是一个叶子,令 $m(v)=x$ 待定. 我们可以根据 x,为所有顶点 u 定义 $m(u)$,使得对树 T 的所有边 uu',有 $m(u)+m(u')=n(uu')$ 成立. 从 v 开始沿着树的路径定义. 如果树中 v 和 u 之间的路径是 $v,v_1,v_2,\cdots,v_k,u$,那么

$$\begin{aligned}m(u)&=n(v_ku)-m(v_k)\\&=n(v_ku)-n(v_{k-1}v_k)+m(v_{k-1})\\&\quad\vdots\\&=n(v_ku)-n(v_{k-1}v_k)+\cdots+(-1)^kn(vv_1)+(-1)^{k+1}x\end{aligned}$$

我们将证明如此定义的函数 m 对于适当的 x 满足所有要求. 现在,若 uw 不是 T 的边,则有两种情况:

第一种情况:树中从 u 到 w 的路径长度为奇数(于是和这条边形成的圈长度为偶数). 假设它是 $u,u_1,\cdots,u_{2k},w$. 我们有

$$n(uu_1)-n(u_1u_2)+\cdots+n(u_{2k}w)-n(uw)=0$$

利用树中的边已经满足 $n(ab)=m(a)+m(b)$,得到

$$(m(u)+m(u_1))-(m(u_1)+m(u_2))+\cdots+(m(u_{2k})+m(w))-n(uw)=0$$

化简为

$$n(uw)=m(u)+m(v)$$

正是我们所需的.

第二种情况：树中从 u 到 w 的路径长度为偶数. 从 v 到 u 以及从 v 到 w 的路径具有相同的奇偶性. 若它们都是偶数，则有

$$m(u)=x+\text{路径 } vu \text{ 上的边的赋值的交错和}$$

以及 $m(w)$ 的类似公式. 于是在方程 $m(u)+m(v)=n(uv)$ 中，x 的系数是 2，唯一存在 x，使方程成立. 同样对于两条路径都是奇数的情形，也可以选择 x 使 $n(uw)=m(u)+m(w)$ 成立(方程中 x 的系数为 -2).

现在我们证明若有一对关系 $n(uw)=m(u)+m(w)$ 成立，则对任何其他对 $u'w'$，关系也成立. 事实上，把从 v 到 u,w,u',w' 的路径和边 uw 和 $u'w'$ 连接，我们得到了一个长度为偶数的闭轨，如图11.23.

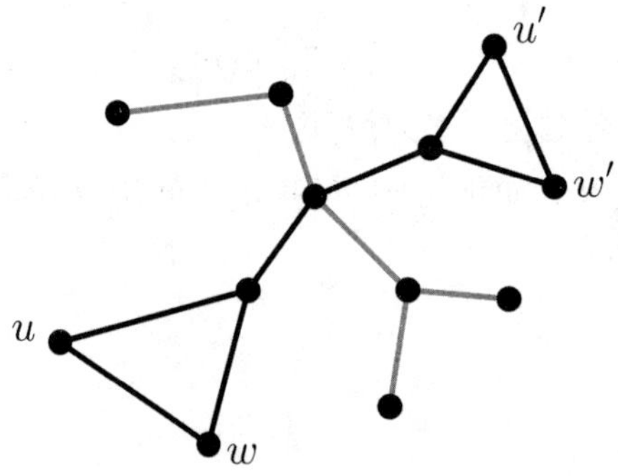

图 11.23 包含 uw 和 $u'w'$ 的偶闭轨

对这条偶闭轨应用题目条件，得到 $n(u'w')=m(u')+m(w')$. □

注 我们也可以用不同的方式进行证明：若有一条偶闭轨，则去除其中的一条边. 如果得到的图有良好的顶点标记，则这个标记也适用于原始图. *

因此，只需对没有偶闭轨的图来证明结论，这些图要么是树，要么是只带有一条附加边的树.

3.12. 对所有 n 个顶点的树，求 $\sum\limits_{x\neq y\in V} d(x,y)$ 的最大值和最小值.

解 对于最小值，考虑"星形"树，即由一个顶点连接到所有其他顶点的树. 在这个树中，有 $n-1$ 个距离为 1，其余为 2. 于是有

$$\sum_{x,y\in V,x\neq y} d(x,y)=(n-1)+2\frac{(n-1)(n-2)}{2}=(n-1)^2$$

*闭轨上的边可以重复，书中没有详述这种情况怎么处理. ——译者注

为了证明这是最小值,观察到树有 $n-1$ 条边,恰好有 $n-1$ 个距离等于 1,所有其他距离至少为 2,于是得到了不等式.

对于最大值,取长度为 $n-1$ 的路径. 由于长度为 i 的路径有 $n-i$ 个,所以总和为

$$\begin{aligned}\sum_{x,y\in V,x\neq y} d(x,y) &= 1(n-1)+2(n-2)+\cdots+(n-1)1\\ &= \frac{n(n+1)}{2}n-\frac{n(n+1)(2n+1)}{6}\\ &= \frac{(n-1)n(n+1)}{6}\end{aligned}$$

我们归纳证明这是最大值. 当 $n=2$ 时命题显然成立. 现在假设命题对 $n-1$ 成立,取 n 个顶点的一个树. 选择一个叶子 v 并发现:从 v 开始的路径长度加起来最多为 $1+2+\cdots+(n-1)$.

实际上,如果存在一条 v 开始的长度为 $k+1$ 的路径,那么存在 v 开始的长度为 k 的路径. 如果 v 开始的路径长度最大值为 k,那么 v 开始的所有路径中,存在长度为 $1,2,\cdots,k-1$ 的路径各至少一条,其他路径长度长度均不超过 k. 这意味着路径的总和不超过 $\frac{k(k-1)}{2}+k(n-k)\leqslant 1+2+\cdots+n-1$.

代入归纳假设可知,路径总和至多为

$$\frac{(n-2)(n-1)n}{6}+\frac{n(n-1)}{2}=\frac{(n-1)n(n+1)}{6}$$ □

3.13. 设 $T(V,E)$ 是树,定义 V 上的函数 $f(v)=\sum_{u\in V} d(u,v)$. 证明:函数在最多两个顶点处达到最小值.

证明 下面是关键的引理:

引理 若 $v\in V, u,w\in N(v)$,则 $2f(v)<f(u)+f(w)$.(可以把这个性质看作是函数 f 在树上是"凸的".)

引理的证明 对于顶点 z,我们考虑三种情况(如图11.24).

若从 v 到 z 的路径经过 u(则不经过 w),则有

$$d(u,z)=d(v,z)-1$$

以及

$$d(w,z)=d(v,z)+1$$

所以

$$2d(v,z)=d(u,z)+d(w,z)$$

路径经过 w 时,也有同样结果.

若从 v 到 z 的路径不经过 u 或 w,则

$$d(u,z)=d(w,z)=d(v,z)+1$$

于是

$$2d(v,z)=d(u,z)+d(w,z)-2<d(u,z)+d(w,z)$$

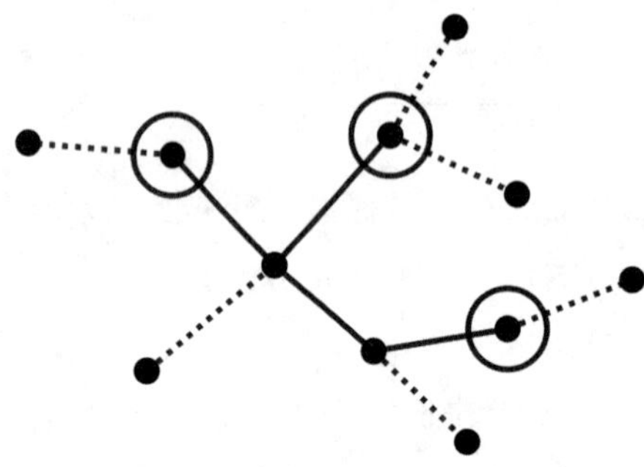

图 11.24　顶点 v,邻居 u,w 和 z 的三种情形

对于顶点 $z=v$ 有严格的不等式成立,此时

$$0=2d(v,v)<d(u,v)+d(w,v)=2$$

因此对 z 求和后,有严格的不等式

$$2f(v)=\sum_z 2d(v,z)<\sum_z (d(u,z)+d(w,z))=f(u)+f(w)$$

回到题目的证明,设函数在点 v 达到极小值,分两种情况:

第一种情况:没有 v 的邻居 v' 满足 $f(v')=f(v)$. 对于图中的任何顶点 z,都有一条从 v 到 z 的路径:$v,v_1,v_2,\cdots,v_r=z$. 从 $f(v)<f(v_1)$ 开始,并且应用引理得到

$$2f(v_1)<f(v)+f(v_2)\implies f(v_2)-f(v_1)>f(v_1)-f(v)>0$$

说明 $f(v_1)<f(v_2)$,继续如此推导可知

$$f(v)<f(v_1)<f(v_2)<\cdots<f(v_r)=f(z)$$

第二种情况:存在 v 的邻居 v' 使得 $f(v')=f(v)$. 对于 v 的任何其他邻居 u,根据引理有 $2f(v)<f(u)+f(v')$,所以 $f(v)<f(u)$. 同理对于 v' 的任何邻居 u,

有 $f(v') < f(u)$. 现在对于图中的每个顶点 $z(z \neq v, z \neq v')$,有一条从 v 或 v' 中的一个到 z 的路径,但不包含另一个. 不妨设为: $v, v_1, v_2, \cdots, v_r = z$. 现在做和之前一样的论证,得到

$$f(v) < f(v_1) < v(v_2) < \cdots < f(v_r) = f(z)$$

因此,在第一种情况下最小值取到一次,在第二种情况下取到两次. □

注 也可以研究最大值. 使用上面的论证风格,可以发现最大值只能在叶子上达到. 对于星形图(由一个顶点和连接到它的 $n-1$ 个其他顶点),它可以达到 $n-1$ 次. 在这个图中,f 的最大值为 $2n-3$.

3.14. 在一个图中,如果一条轨迹至少通过每个顶点一次,就将称其为**伪哈密顿的**. 证明:在 $n \geqslant 3$ 个顶点上的连通图中,存在长度最多为 $2n-4$ 的伪哈密顿轨迹. 你能用 G 中最长路径的长度(记为 k)改进这个界限吗?

证明 G 有很多边时会让我们困惑,所以取一个生成树 T,这样就只需证明树的命题. 我们对 n 归纳来证明. 当 $n=3$ 时,树就是一条长度为 2 的路径,满足条件.

对于 $n \geqslant 4$,取树的一个叶子,记为 v,它的邻居为 u. 移除 v 并应用归纳假设,得到一条长度最多为 $2(n-1)-4$ 的伪哈密顿轨迹. 这条轨迹必然通过 u,在通过的位置添加边 uv 和 vu. 得到长度最多为 $2n-4$ 的整个图的伪哈密顿轨迹.

现在,我们根据最长路径的长度 k 来改进界限.

因为连通图的任何树子图都可以扩展为生成树(命题 3.3). 一条路径也是树,所以最长的路径可以展开为一个生成树,我们只需对这个树 T 证明.

如果 T 在最长路径之外没有顶点,那么最短的伪哈密顿路径长度为 k. 我们对 n 归纳证明包含长度为 k 的路径的树 T 有长度最多为 $2n-k-2$ 的伪汉密尔顿轨迹.

对于 $n > k+1$ 个顶点上的树 T,存在不属于路径的叶子 v——实际上,存在一条边将路径上的某顶点与其外部的某顶点连接起来;从此边开始一条路径,最终将通向一片叶子. 现在移除 v 并应用归纳假设. $T\backslash\{v\}$ 有长度为 $2(n-1)-k-2$ 的伪哈密顿轨迹,可扩展成 T 上长度为 $2n-k-2$ 的伪哈密顿轨迹. □

注 1 等号可以取到:取长度为 k 的路径,另外的 $n-k-1$ 个顶点都与路径上一个顶点(不是端点)连接,如图11.25. 该图的伪哈密顿轨迹长度至少为 $2n-k-2$.

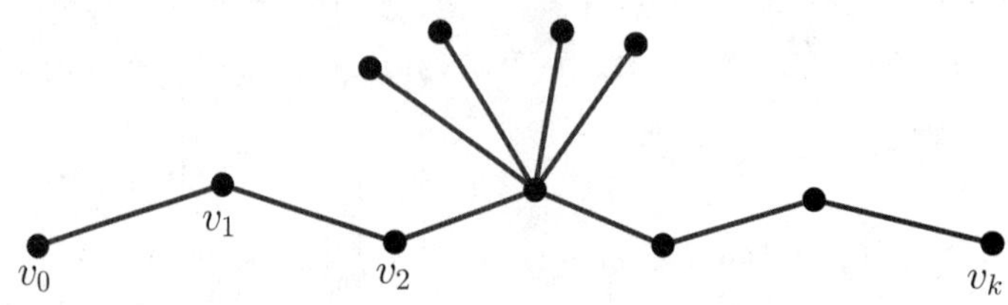

图 11.25 等号成立的模型

注 2 有趣的是,用于寻找伪哈密尔顿路径的这些界限的方法与证明哈密顿圈或路径存在的方法完全无关.

3.15. (RMM 2019,Fedor Petrov) 设 $\varepsilon > 0$ 为实数. 证明:除有限多 n,任何 n 个顶点、至少有 $(1+\varepsilon)n$ 条边的图都有两个长度相同的圈.

思路 圈只有 $n-2$ 个可能的长度,所以只需证明对于足够大的 n,至少有 n 个不同的圈. 我们只考虑连通图并取一个生成树. 任何不属于生成树的边和树上的唯一路径确定了一个圈. 这样就得到了许多圈,但还不足以证明有两个圈有相同的长度. 获得更多圈的关键是发现:如果两个圈有公共边,那么它们可以放在一起形成一个新的圈.

证明 假设所有圈的长度互不相同. 为每个连通分支取一个生成树,用 A 表示这些生成树的边的集合,用 B 表示剩余边的集合. 显然有

$$|A| \leqslant n-1,\ |B| \geqslant (\varepsilon+1)n-(n-1) \geqslant \varepsilon n$$

B 的每条边,连同来自 A 的一条路径,决定了一个圈,用 $C_1, C_2, \cdots, C_{|B|}$ 表示这些圈,如图11.26.

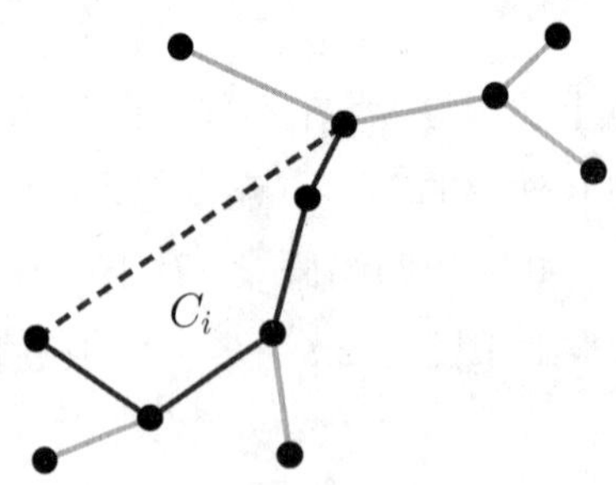

图 11.26 圈 C_i

这 $|B|$ 个圈有不同的长度，因此 A 中相应路径的长度也不同，至少分别为 $1,2,\cdots,|B|$,它们的长度总和至少为

$$1+2+\cdots+|B| \geqslant \frac{|B|^2}{2} \geqslant \frac{\varepsilon^2 n^2}{2}$$

直观上，当 n 很大时，这个数比 n 大很多，所以会有边属于这些路径中的很多条. 形式上看，由于 A 中的边少于 n，根据抽屉原则，其中存在一条边属于至少 $k=\lceil\frac{\varepsilon^2 n}{2}\rceil$ 个不同的圈 C_i. 不妨设 $C_1,\cdots,C_k$ 都有一条公共的边属于 A.

现在，关键的发现是可以组合这 k 个圈中的任何两个来获得另一个圈. 事实上，任何两个这样的圈 C_i,C_j $(i,j\leqslant k)$ 必然包含一段共同的路径，该路径由 A 中的边构成. 将两个圈中的边放在一起，同时去掉公共路径，就可以得到一个圈 $C_{i,j}$，如图11.27.

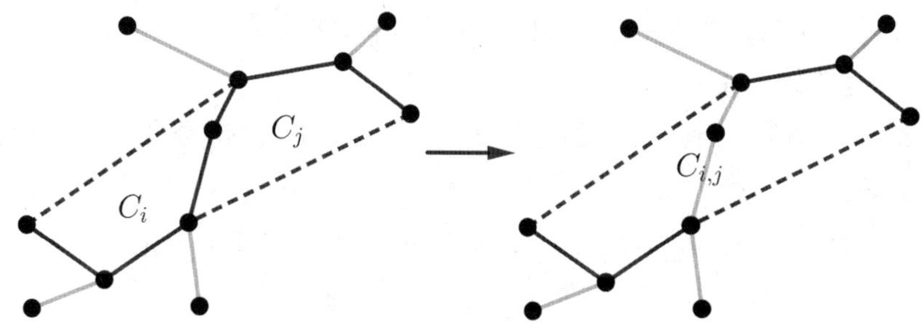

图 11.27　从 C_i 和 C_j 构建 $C_{i,j}$

因为 $C_{i,j}$ 除了包含来自 A 的边，恰好包含来自 B 的两条边，分别对应于圈 C_i 和 C_j 在 B 中的边，所以我们得到的圈 $\{C_{i,j},1\leqslant i<j\leqslant k\}$ 两两不同.

我们得到了 $\binom{k}{2}$ 个不同的圈，计算有

$$\binom{k}{2} \geqslant \binom{\frac{\varepsilon^2 n}{2}}{2} \geqslant \frac{\varepsilon^4}{4}n(n-1)$$

显然对于足够大的 n（例如 $n>\frac{4}{\varepsilon^4}+1$ ），$\frac{\varepsilon^4}{4}n(n-1)>n$，所以存在两个圈的长度相同，矛盾.

因此，对于足够大的 n，将有两个相同长度的圈. □

3.16. (伊朗 TST 2008) 设 T 是 $k+1$ 个顶点的树. 证明: k 阶超立方体的边可以划分成一些与 T 同构的树.(k 阶超立方体是顶点集为 $\{0,1\}^k$ 的图，即所有 0,1 序列 $(a_1,a_2,\cdots,a_k)$，其中两个点相邻当且仅当它们恰好在一个坐标上不同. 对于 $k=3$，这给出了三维空间中的立方体，其边为棱.)

证法一 首先,观察立方体有 $k2^{k-1}$ 条边(有 k 个坐标,其中只有第 i 个坐标不同的两个顶点之间的边的总数,相当于将剩余 $k-1$ 个位置填入 $\{0,1\}$ 的方法数,所以有 2^{k-1} 种方式).

我们将证明在 k 阶超立方体中存在顶点集为 $x_1, x_2, \cdots, x_{k+1}$($x_i$ 都是 0,1 向量),以及这些顶点集上的树 X,同构于 T,而且满足以下条件:对于任何有偶数个 1 的向量 $v \in \{0,1\}^k$,定义树 $X+v$ 的顶点为 $x_1+v, x_2+v, \cdots, x_{k+1}+v$,其中加法模 2 计算,边结构相同(即如果 x_i, x_j 是 X 中的边,那么 x_i+v, x_j+v 也是 $X+v$ 中的边). 那么对不同的有偶数个 1 的 v, w, $X+v$ 和 $X+w$ 没有公共边. 如果我们确实做到了这一点,那么由于有 2^{k-1} 个恰有偶数个 1 的 v,因此产生的树 $X+v$ 的并集将有 $k2^{k-1}$ 条边,覆盖了超立方体的所有边.

现在 $X+v$ 和 $X+v'$ 有公共边当且仅当存在树的边 $x_i x_j$ 和 $x_{i'} x_{j'}$,使得 $x_i + v = x_{i'} + v'$ 和 $x_j + v = x_{j'} + v'$. 这等价于 $x_i = x_{i'} + (v' - v)$ 和 $x_j = x_{j'} + (v' - v)$. 鉴于 $v' - v$ 也有偶数个 1,只需保证 X 与任何 $X+v$ 没有公共边,其中 v 有偶数个 1.

我们将依次构造 x_i. 不妨设已经将 T 的顶点排序,使得每个 x_i 恰好连接到 $x_j (j < i)$ 之一.

假设已经构造了 $x_1, x_2, \cdots, x_i$,而 x_{i+1} 必须连接到某个 $x_j (j \leqslant i)$. 我们还需要确保对于已有的边 (x_r, x_s)(在 $x_1, x_2, \cdots, x_i$ 中),边 (x_{i+1}, x_j) 不是 $(x_r + v, x_s + v)$,其中 v 是任意有偶数个 1 的向量.

对于每条这样的边 (x_r, x_s),x_r 和 x_s 正好在一个位置不同,所以当 $x_s + v$ 和 $x_r + v$ 中的一个正好是 x_j 时,比如 x_r,另一个与 x_j 只在这一位上不同. 我们只需对每条边 (x_r, x_s),保证 $x_{i+1} \neq x_s + x_j - x_r$ 即可. 有 $i - 1 \leqslant k - 1$ 条这样的边,而 x_i 有 k 个邻居,总是可以选择 x_{i+1},这样就完成了证明. * □

证法二 选择树 T 的一个顶点并将其指定为根. 对于 T 的除根之外的任何顶点 v,都有一条从 v 到根的唯一路径,称这条路径上 v 之后的下一个顶点为 v 的父顶点. 将树的边记为 $e_1, e_2, \cdots, e_k$.

我们将按以下方式在超立方体中构建树:根始终是有偶数个 1 的顶点. 若一个顶点通过边 e_i 连接到其父节点,则在超立方体中选择它恰好只在位置 i 与其父节点不同,如图11.28.

从任何的根开始,我们都得到一个树,这是因为过程中没有得到过相同的超立方体中的顶点:若根对应超立方体中的顶点 x,则 T 中的顶点 v 对应 $x+s$,其中

*此处有漏洞,x_{i+1} 的选取还要求与 $x_1, \cdots, x_i$ 不同,因此可能有更多的位置不能使用,证法二在逻辑上更完整. ——译者注

向量 s 中的 1 正好位于从根到 v 的路径上的边对应的位置.

共有 2^{k-1} 个这样的树,每个根一个,所以我们只需要证明它们是边不相交的.

树 T 的顶点集可以唯一分成两个集合,使得 T 成为二部图. 将与根在一个顶点集的顶点称为偶顶点,其余的称为奇顶点,T 的边的两个端点的奇偶性总是不同. 超立方体中相邻顶点所对应向量中 1 的个数的奇偶性也不同. 因为每个树的根都对应了偶数个 1 的点,所以有奇数个 1 的顶点在每个树中都对应奇顶点,有偶数个 1 的顶点在每个树中都对应偶顶点.

现在,假设超立方体的边 xy 属于两个树. 若 x 和 y 两个顶点在位置 i 不同,则边 xy 在两个树中都对应边 e_i. 由于上一段所述的奇偶性关系,如果 x 在一个树中是 e_i 的父节点,那么它在另一个树中也是这个父节点. 然后,我们可以以相同的方式将两个树追溯到根,于是根必然重合,矛盾.

因此,所构造的树是边不相交的,这就完成了证明. □

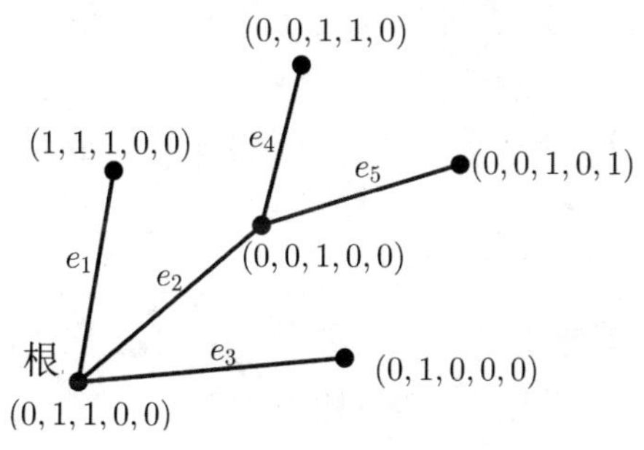

图 11.28 分拆中的一个树

3.17. 证明:完全二部图 $K_{m,n}$ 有 $m^{n-1}n^{m-1}$ 个生成树.

证明 我们将应用证明凯莱定理相同的策略来计算 K_n 的生成树数量.

设 $K_{m,n}$ 的顶点集分别为 $A=\{1,2,\cdots,m\}$ 和 $B=\{m+1,m+2,\cdots,m+n\}$.

从一个生成树开始,我们执行以下算法,会得到两个列表:删除编号最大的叶子并记下它所连接的顶点 v 的编号. 若 v 是 A 的顶点,则将其写在第一个列表中;若 v 是 B 的一个顶点,则将其写在第二个列表中;当只剩下一条边时停止(如图11.29). 于是得到

$$(a_1,a_2,\cdots,a_{n-1})\ \text{是来自}\ A\ \text{的顶点序列}$$
$$(b_1,b_2,\cdots,b_{m-1})\ \text{是来自}\ B\ \text{的顶点序列}$$

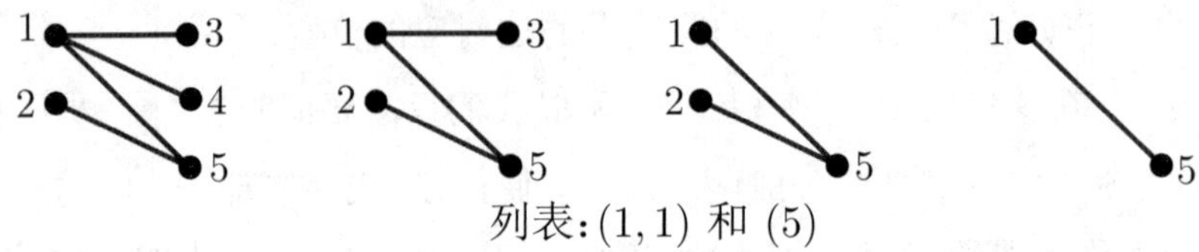

列表:(1,1) 和 (5)

图 11.29 算法和结果列表

有 $m^{n-1}n^{m-1}$ 个这样的列表对. 我们证明每对列表恰好对应于一个生成树.

首先，我们证明一个列表最多对应一个树. 观察到算法完成后剩下的边有 1 作为端点. 假设已经在列表中写了 $a_1,\cdots,a_s;b_1,\cdots,b_t$，此刻的叶子顶点恰好是尚未删除且不在剩余列表

$$a_{s+1},\cdots,a_{n-1},b_{t+1},\cdots,b_{m-1}$$

中的顶点.

我们试着推断在步骤 i 中删除了哪个顶点. 在步骤 1,它必然是不在任一列表中的最大顶点. 而且,我们知道它必须连接到另一个集合中的一个顶点,所以我们可以推断出它是连接到 a_1 还是 b_1.

现在假设我们已经知道在 i 步骤之后,断开了顶点 $x_1,x_2,\cdots,x_i$,并且他们分别连接到 $a_1,\cdots,a_s,b_1,\cdots,b_{i-s}$.

在步骤 $i+1$ 中移除的顶点只能是不在 $x_1,x_2,\cdots,x_i$ 中,也不在

$$a_{s+1},\cdots,a_{n-1},b_{i-s+1},\cdots,b_{m-1}$$

中的最大顶点.（显然，有这样一个顶点，而且与 1 不同，因为我们列出了最多 $i+(n-1-s)+(m-1-i+s)=m+n-2$ 个顶点.）我们还可以推导出这个顶点附加到了 a_{s+1} 和 b_{i-s+1} 中的哪一个.

完成了 $m+n-2$ 个步骤后,我们可以推导出最后一条边的另一个端点——它是唯一一个既不在 $x_1,x_2,\cdots,x_{m+n-2}$ 中,也不是 1 的顶点.

由此可见,我们已经推导出了树的所有边,所以不能有超过一个树对应同一对列表.

然后,我们证明每对列表对应于一个树. 我们对 $m+n$ 归纳来证明这一点. 对于 $m=1$ 或 $n=1$ 的情况,命题显然成立.

现在假设结果对 $m+n-1$ 成立,我们证明对 $m+n$ 的结果.从两个列表开始,取不属于任何列表的最大顶点,不妨设是 $a\in A$. 使用归纳假设,存在 $K_{m-1,n}$ 的子树,顶点标记为 $\{1,\cdots,m+n\}\backslash\{a\}$, 并且对应于列表 $(a_1,\cdots,a_{n-1}),(b_2,\cdots,b_{m-1})$. 增加顶点 a 并连接到 b_1,我们得到列表 $(a_1,a_2,\cdots,a_{n-1}),(b_1,b_2,\cdots,b_{m-1})$ 对应的树. □

色数

4.1. 设 T 是至少有两个顶点的树，求 $\chi(T)$.

解法一 我们将证明 $\chi(T)=2$. 因为 T 至少有一条边，显然需要两种颜色.

现在，固定一个顶点 v. 对于任何其他顶点 u，若 $d(v,u)$ 是奇数，则将 u 着色为 1，否则将 u 着色为 2.

假设存在 u 和 u' 相连且颜色相同. 若 $d(v,u)\neq d(v,u')$，则根据二者同奇偶，有

$$|d(v,u)-d(v,u')|\geqslant 2$$

这与 $d(u,u')=1$ 以及三角不等式矛盾. 因此

$$d(v,u)=d(v,u')$$

把 v 到 u，v 到 u' 的路径和 uu' 放在一起，得到长度为奇数的闭轨，这个闭轨会包含一个圈，矛盾. *因此上述染色方式使得相邻的顶点不同色. □

解法二 我们也可以直接观察到，因为一个树没有圈，所以它没有偶圈，因此是二部图(定理 1.12)，结论成立. □

4.2. 设 G 为图，m 为 G 的边数. 证明：$\chi(G)\leqslant \dfrac{1}{2}+\sqrt{2m+\dfrac{1}{4}}$.

证明 考虑带有 $\chi(G)$ 种颜色的 G 着色. 关键的发现是，对于任何两种颜色 i 和 j，在颜色为 i 的顶点和颜色为 j 的顶点之间有相邻的——否则，我们可以重新着色所有颜色为 i 的顶点为 j，得到使用 $\chi(G)-1$ 种颜色的着色.

因为有 $\binom{\chi(G)}{2}$ 对颜色和 m 条边，所以 $m\geqslant\binom{\chi(G)}{2}$. 这意味着

$$\chi(G)^2-\chi(G)-2m\leqslant 0$$

求解二次不等式，得到

$$\chi(G)\leqslant\frac{1+\sqrt{1+8m}}{2}=\frac{1}{2}+\sqrt{2m+\frac{1}{4}}$$ □

4.3. 证明：图 G 包含长度至少为 $\chi(G)-1$ 的路径.

*英文版解答直接说得到一个圈，没有提长度为奇数，证明不够严密. 长度为奇数的闭轨中若有重复顶点，则可以写成两个闭轨的并，于是有更小的长度为奇数的闭轨. 最短的长度为奇数的闭轨不会有重复顶点，是一个圈. ——译者注

证明 设 $\chi(G)=k$. 若顶点 v 满足 $d(v)\leqslant k-2$,则 $G\backslash\{v\}$ 的色数为 k(否则,用 $k-1$ 种颜色将 $G\backslash\{v\}$ 着色,然后可以用 $k-1$ 种颜色之一给 v 着色). 因此可以移除顶点直到最小度数不小于 $k-1$. 但是根据命题 1.11,这样的图有一个长度为 $k-1$ 的路径. □

注 1 对于完全图 K_k,最大路径的长度正好是 $k-1=\chi(K_k)-1$.

注 2 色数为 k 的图有一个子图,其中所有顶点的度数至少为 $k-1$,这是一个可以记住的有用事实.

4.4. 在一个图中,每个顶点最多有 5 个邻居. 证明:可以用 3 种颜色为顶点着色,使得每个顶点至多有一个相同颜色的邻居.

证明 取一种 3 染色,使得端点颜色相同的边个数最少.

如果有一个顶点 v,比如染了颜色 1,它有两个相同颜色的邻居,那么还有另一种颜色,比如 2,v 至多有一个这种颜色的邻居. 因此,用 2 重新着色 v,我们减少了相同颜色顶点之间的总边数,矛盾.

因此,上面的染色结果满足要求. □

4.5. 设图 G 有 n 个顶点,m 条边. 证明:可以用 k 种颜色为 G 的顶点着色,使得至多 $\frac{m}{k}$ 条边的两个端点颜色相同.

证明 取一种着色,使得端点颜色相同的边个数最少.

如果颜色 i 的顶点 v 有超过 $\frac{d(v)}{k}$ 条边连接到颜色 i 的顶点,那么还有另一种颜色 j,使得小于 $\frac{d(v)}{k}$ 条边连接 v 和颜色 j 的顶点. 因此如果我们用颜色 j 重新给 v 着色,那么端点颜色相同的边总数减少,矛盾.

所以从 v 到颜色 i 的顶点最多有 $\frac{d(v)}{k}$ 条边. 对 v 求和,并用 S 表示相同颜色的顶点之间的边总数,有

$$2S\leqslant\sum_{v}\frac{d(v)}{k}=\frac{2m}{k}$$

所以

$$S\leqslant\frac{m}{k}$$

□

注 显然,这种方法对于较小的 m 并不有效. 对于所有度数不超过 k 的图,这个证明给了我们 $S\leqslant\frac{n}{2}$. 但是对于大多数这样的图,我们可以用 k 种颜色着色,使得没有顶点颜色相同的边,即 $S=0$. 另一方面,对于 m 很大的情况,该方法效果很好. 例如,对于完全图,它给出了很好的近似值.

4.6. 给定一个图 G 和正整数 n,证明:可以删除 G 的所有边的至多 $\frac{1}{n}$,使得剩下的图不包含 $n+1$ 个顶点的完全图.

证明 根据上一个问题,可以为 G 的顶点着色,使得至多 $\frac{|E|}{n}$ 条边位于相同颜色的顶点之间. 删除所有这些边,剩余图可以 n 染色,无相邻同色点,因此剩余图形不能包含任何 K_{n+1}. □

4.7. 设 G 和 G' 是同一组顶点上的两个图. 图 $G\cup G'$ 的顶点集和 G 相同,边是 G 和 G' 的边集的并. 证明:$\chi(G\cup G')\leqslant\chi(G)\chi(G')$.

思路 这类似于讨论过的例子,即 $\chi(G)\chi(\overline{G})\geqslant n$. 当时我们考察对 $(c(u),c'(u))$,其中 c 和 c' 分别是 G 和 $(\overline{G})$ 中的颜色. 这里我们还将这样做,关键是发现这些对对于相邻的两个顶点必然是不同的.

证明 我们证明 $(c(u),c'(u))$ 对,其中 c 和 c' 分别是 G 和 G' 中 u 的颜色,确定了 $G\cup G'$ 的一个染色. 事实上,如果 $G\cup G'$ 中的两个顶点 u 和 v 相邻,那么它们在 G 和 G' 其中一个图中相邻,所以 $c(u)\neq c(v)$ 或 $c'(u)\neq c'(v)$ 成立,这意味着 $(c(u),c'(u))\neq(c(v),c'(v))$. 因此 $(c(u),c'(u))$ 给出了 $G\cup G'$ 用集合 $\{1,2,\cdots,\chi(G)\}\times\{1,2,\cdots,\chi(G')\}$ 的染色. 由于这个集合有 $\chi(G)\chi(G')$ 个元素,因此 $G\cup G'$ 可以 $\chi(G)\chi(G')$ 染色,说明 $\chi(G\cup G')\leqslant\chi(G)\chi(G')$. □

4.8. 设图 G 的顶点一一对应于 $\{1,2,\cdots,n\}$ 的非空子集. 若两个集合的交集为空,则连接两个对应的顶点. 求 G 的色数.

解 我们将证明色数是 n.

首先,G 包含 K_n(顶点是 $\{1\},\{2\},\cdots,\{n\}$),所以至少需要 n 种颜色.

但是我们可以对 G 如下 n 染色:用颜色 1 给包含 1 的子集着色;在剩余的子集中,用颜色 2 为包含 2 的子集着色;依此类推. 这是一个合法的 n 染色(颜色为 i 的任何两个集合都包含 $\{i\}$,交集非空,因此对应的顶点没有连接). □

4.9. (图伊玛达奥林匹克 2013,V. Dolnikov) 设 G 连通,$\chi(G)\geqslant n+1$. 证明:可以从 G 中去除 $\frac{n(n-1)}{2}$ 条边,还保持它连通.

证明 我们对 n 用归纳法来证明这一点. 当 $n=1$ 时,结论是平凡的. 现在,取 $n>2$ 并假设 $n-1$ 的命题成立.

存在 G 的一个顶点 v,其移除保持图连通. 这意味着我们可以在保持连通的情况下删除 $d(v)-1$ 条 v 的关联边.

如果 $d(v) \geqslant n$，那么对 $G\backslash v$ 应用归纳假设. 其色数至少为 n，我们可以去掉 $\frac{(n-1)(n-2)}{2}$ 条边，保持 $G\backslash v$ 连通. 加上 v 关联的 $n-1$ 条边，这一共去掉了 $\frac{n(n-1)}{2}$ 条边.

若 $d(v) \leqslant n-1$，则 $G\backslash v$ 的色数为 $n+1$（否则，我们用 n 种颜色为 $G\backslash v$ 着色，然后，v 最多有 $n-1$ 个邻居，n 种颜色中的一种在 v 邻居中未使用，可以用来将 v 着色）. 现在忽略 v 并对 $G\backslash v$ 继续做同样的事情——不可能在不减少色数的情况下无限地删除顶点，所以最终我们将能够应用归纳法. □

注 等号可以在 K_{n+1} 时取到，此时最多去掉 $\frac{n(n-1)}{2}$ 条边，保持连通性.

4.10. 设 G 是 $2n$ 个顶点的图. 有 N 种颜色的标签，要将标签分配到顶点，使得任意相邻的两个顶点至少有一个同色的标签，并且任何不相邻的顶点没有同色的标签. 求最小的 N，使得对于 $2n$ 个顶点的任何图 G，这样的标签分配都是可能的.

解 我们将证明 $N = n^2$.

首先，考察完全二部图 $K_{n,n}$. 因为图中没有三角形，没有三个顶点可以有同一种颜色的标签. 因此，我们需要为每条边使用一种颜色，这意味着需要 n^2 种颜色.

现在，我们对 n 用归纳法，证明 n^2 种颜色足够. 假设结果对 n 成立，我们将证明结果对 $n+1$ 也成立.

取 $2(n+1)$ 个顶点中任意两个相邻的顶点 u 和 v（没有相邻的顶点时结果是平凡的），对于其余的 $2n$ 个顶点，根据归纳假设，n^2 种颜色就足够了.

现在，对于 $2n$ 个顶点中的每一个 w，在 w 处和连接到 w 的 $\{u,v\}$ 中每个点，添加一个新的颜色标签. 最后为 u 和 v 添加一个新的颜色标签. 总共需要 $n^2+2n+1=(n+1)^2$ 种标签. □

4.11. 在图 G 中，任意两个奇圈都有一个公共顶点. 证明：$\chi(G) \leqslant 5$.

思路 给了奇圈的条件，很自然地想到二部图. 也许我们可以获得一个子图为二部图，用两种颜色给它上色，然后看看我们需要添加多少颜色以适应奇圈.

证法一 取最短的奇圈 $v_1, v_2, \cdots, v_{2k+1}$，这意味着没有圈外的边 v_iv_j（否则，两个圈 $v_j, \cdots, v_{2k+1}, v_1, \cdots, v_i, v_j$ 和 $v_i, v_{i+1}, \cdots, v_j, v_i$ 之一是奇圈，而且更短，矛盾）.

从图中移除这个圈的所有顶点，根据任何两个奇圈有公共点，剩下的图没有奇圈. 这意味着它是二部图，可以 2 染色（定理 1.12）.

用三种新颜色为奇圈 $v_1, v_2, \cdots, v_{2k+1}$ 染色，这是一个合法的染色（因为没有不在圈中的边 v_iv_j）.

因此 $\chi(G) \leqslant 5$. □

证法二 我们证明色数至少为 6 的图 G 有两个顶点不相交的奇圈. 这等价于原题.

为此,我们将 G 的颜色固定为 6 种,并设 H_1 和 H_2 分别是由前三种颜色和后三种颜色的所有顶点诱导的子图. 图 H_1 的色数不能减少,否则 G 可以用 5 种颜色重新着色. 因此 H_1 不是二部图,它有一个奇圈. 类似地,H_2 也有一个奇圈,显然这两个奇圈的顶点不相交. □

注 1 等号 $\chi(G)=5$ 可以取到,最明显的例子是 K_5.

注 2 类似地可以得到:如果 G 有一个子图 H,移除 H 后剩余二部图,那么

$$\chi(H)\leqslant\chi(G)\leqslant 2+\chi(H)$$

4.12. (全俄数学奥林匹克 2009) 设连通图 G 的任何一个奇圈被去掉后,图不再连通. 证明:$\chi(G)\leqslant 4$.

证法一 将图的顶点划分为两个集合 A 和 B,使得 A 和 B 之间的边数最多.

设 H 是 G 的生成子图,它恰好包含 A 和 B 之间属于 G 的所有边. 我们证明 H 是连通的. 否则,有分拆 $A=A'\cup A''$ 和 $B=B'\cup B''$,使得 A' 和 B'' 之间没有边,A'' 和 B' 之间也没有边. 但是由于图 G 是连通的,所以 A' 和 A'' 之间或 B' 和 B'' 之间必须存在边. 于是,$A'\cup B''$ 和 $B'\cup A''$ 之间的边比 A 和 B 之间的边多,这与最大值的假设矛盾.

因此 H 是连通的,这意味着 G 的任何奇圈在 H 中都有至少一条边(否则,去除这个圈后得到的图包含 H 的所有边,是连通的,和题设矛盾).

因此,在 A 上诱导的图没有奇圈,这意味着它是具有顶点集合 A_1 和 A_2(定理 1.12)的二部图. 类似地,在 B 上诱导的图是由顶点集合 B_1 和 B_2 组成的二部图. 因此,四个集合 A_1,A_2,B_1,B_2 给出了 G 的合法 4 染色. □

证法二 假设 $\chi(G)\geqslant 5$. 取 T 为 G 的生成树,令 H 为边不在 T 中的 G 的生成子图. 则由本章习题 4.1 和 4.7,我们有

$$5\leqslant\chi(G)\leqslant\chi(T)\chi(H)=2\chi(H)$$

因此 H 的色数至少为 3.

所以 H 不是二分的,它包含一个奇数圈. 但是删除这个奇数圈并不能断开图 G,因为这个奇圈不包含 T 的边——这与题目中的假设矛盾. □

4.13. 图 G 的每个奇圈都是一个三角形. 证明:$\chi(G)\leqslant 4$.

证明 假设命题不成立,并以 G 为最小反例,显然 G 必然连通.

选取一个顶点 v,定义 $V_i=\{u|d(v,u)\equiv i \pmod 2\}, i=1,2$.

若 V_1 和 V_2 都可以 2 染色,则 G 可以 4 染色,矛盾. 假设 V_1 不能 2 染色(另一种情况类似),因此它包含一个奇圈,设为三角形 v_1,v_2,v_3. 注意根据距离的三角不等式,有

$$d(v,v_1)=d(v,v_2)=d(v,v_3)$$

从 v 到 v_1 和 v_2 有相同长度的最短路径,路径上最后一个公共点 w 到 v_1 和 v_2 的距离相等. 把 w 到 v_1,v_2 的两段路径和 v_1v_2 放在一起,我们得到一个奇圈. 这个奇圈必须是三角形,因此 w 是 v_1 和 v_2 的公共邻居. 同理,v_1 和 v_3 有一个共同的邻居 w'. 若 $w\neq w'$,则 w,v_1,w',v_3,v_2 是一个长度为 5 的圈,矛盾. 因此 $w=w'$,图中包含一个 K_4.

现在,关键的发现是,如果我们删除 K_4 的边,就会得到四个连通分支,每个分支包含 K_4 的一个顶点. 事实上,假设 K_4 的顶点是 v_1,v_2,v_3,v_4,如果有一条从 v_1 到 v_2 的路径 P 不经过 v_3 和 v_4,那么 P,v_3,v_1 和 P,v_3,v_4,v_1 之一是长度超过 3 的奇圈,矛盾.

由于 G 是最小反例,4 个连通分支中的每一个都可以 4 染色,我们把它们染色,使得 K_4 的 4 个顶点得到不同颜色,于是 G 可以 4 染色,矛盾.

因此 $\chi(G)\leqslant 4$. □

注 等号显然对 $G=K_4$ 可以取到.

4.14. (改编自 IMOSL 2015) 设 $\chi(G)=k$,证明:G 至少有 $2^{k-1}-k$ 个奇圈.

证明 我们需要使用下面的引理.

引理 考虑一个色数为奇数 r 的图. 设 $V_0,V_1,\cdots,V_{r-1}$ 是顶点的着色(V_i 中的顶点用 i 着色),其中 $|V_0|\leqslant|V_1|\leqslant\cdots\leqslant|V_{r-1}|$,使得这种着色下序列 $(|V_0|,\cdots,|V_{r-1}|)$ 在字典排序下是最小的(即 $|V_0|$ 是最小的;在 $|V_0|$ 是给定最小值情况下,$|V_1|$ 是最小的;在 $|V_0|$ 和 $|V_1|$ 是前面意义下最小的情况下,$|V_2|$ 是最小的;依此类推). 则该图包含一个奇圈,该圈包含每个 V_i 中至少一个顶点.

引理的证明 选取 $v\in V_0$,然后选取 V_1 中 v 的所有邻居. 我们继续做以下事情:对于 V_i 中已选取的任何顶点,$i=1,2,\cdots,r-1$(注意我们不对 V_0 处理),我们选择它在 V_{i+1} 中的所有未选择的邻居(其中 V_r 被认为是 V_1). 继续这样在集合 $V_1,\cdots,V_{r-1},V_r=V_1$ 序列中循环取顶点,直到我们无法选择任何新的顶点.

假设 v 没有邻居在 V_{r-1} 中而且被选择，我们执行以下操作：将 V_i 中选取的所有顶点，$i=1,2,\cdots,r-1$ 移动到 V_{i+1}（取 $V_r=V_1$），并将 v 移动到 V_1. *这样我们就得到了一个字典序更小的着色（因为 V_0 减少），矛盾，如图11.30.

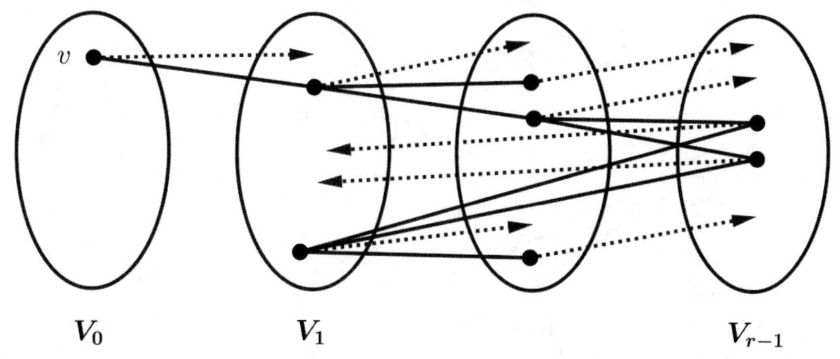

图 11.30 移动顶点得到矛盾

因此 v 有一个邻居 u 在 V_{r-1} 中被选取. 根据我们选取顶点的方式，有一条从 v 到 u 的路径经过每个 V_i（除了 V_0）相同的次数（路径上的点从 V_i 移动到 V_{i+1}），因此长度为 $s(r-1)$，s 是某个正整数. 这条路径的长度是偶数，因此加上边 uv，我们得到一个奇圈，它至少通过每个集合一次.

回到题目的证明. 设 $V_1,V_2,\cdots,V_k$ 为 G 的字典序最小的着色. 我们观察到，对于任何一组下标 $\{i_1<i_2<\cdots<i_r\}$，$r\geqslant 3$ 为奇数，集合 $V_{i_1},V_{i_2},\cdots,V_{i_r}$ 是在这些顶点上诱导的子图的字典序最小着色. 因此存在一个奇圈，顶点位于 $V_{i_1}\cap V_{i_2}\cap\cdots\cap V_{i_r}$ 中，并且包含每组中至少一个顶点.

现在，有 $2^{k-1}-k$ 这样的指标组（奇数个元素的子集的数量减去一元集的数量），给了我们不同的奇圈. □

4.15. 证明：对于任何 n，存在色数大于 n 的无三角形图.

证明 我们对 n 归纳构造这样的图. 对于 $n=2$，我们只需要一条边.

假设已经对 n 构造了所需的图 G_n，其顶点为 $v_1,v_2,\cdots,v_k$. 我们为 $n+1$ 构建模型 G_{n+1} 如下：首先，取 G_n 的一个复制，顶点还是 $v_1,v_2,\cdots,v_k$. 然后取 $u_1,u_2,\cdots,u_k$ 并将 u_i 与 v_i 在 G_n 中所有邻点 v_j 连接起来（我们在这里做的是构

*这样移动后不会产生同色的相邻点. 若 $i\neq 1$，则第 i 色的点一部分来自原始第 i 色，一部分来自原始第 $i-1$ 色中被选取的点，后一部分的点根据构造过程，其在 V_i 中的邻点也被选取，已经变成了 $i+1$ 色. 若 $i=1$，则还有顶点 v 从第 0 色变成第 1 色，根据构造 v 在 V_1 中邻点已经变成 2 色，而根据假设 v 在 V_{r-1} 的选取点中没有邻点，因此 v 没有新的 1 色邻点. ——译者注

建一组顶点 $\{u_i\}$，它们需要用到 n 种颜色，但两两之间没有边）. 最后，取另一个顶点 w 并将其连接到所有 u_i（我们想强制 w 取第 $n+1$ 种颜色），如图11.31.

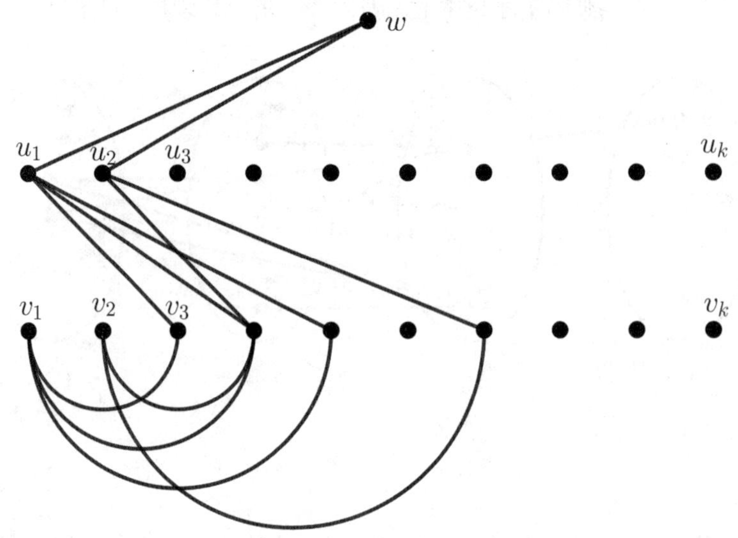

图 11.31　每个 u_i 连接到 w 以及 v_i 的邻点

现在证明得到的图的色数是 $n+1$. 观察 $\{u_i\}$ 必须使用了 n 种颜色（否则，假设我们可以用 $1,2,\cdots,n-1$ 给 $\{u_i\}$ 染色，把染了第 n 色的顶点 v_i 换成 u_i 的颜色. 两个顶点 v_i, v_j，若只有一个（设为 v_i）换色，则颜色 $c(v_i)=c(u_i)\neq c(v_j)$ 或 v_i, v_j 不相邻；若两个均换色，则之前二者均为第 n 色，不相邻；若二者均未换色，当然不同色或不相邻. 因此得到 G_n 用 $n-1$ 种颜色的染色，矛盾）. 因此，w 必须染第 $(n+1)$ 种颜色.

此外，根据构建的过程和归纳法，该图没有三角形. *因此给出了 G_{n+1} 的一个例子. □

注　可以证明更强的结果：对于任何 $n>0$，都有色数不小于 n 且围长不小于 n 的图（即不包含长度为 $3,4,\cdots,n-1$ 的圈）. 在附录的概率方法章节详细介绍了这一点.

4.16. (Brooks, 1941) 设 G 连通，$\Delta(G)\geqslant 3$. 证明：$\chi(G)=\Delta+1$ 当且仅当 $G=K_{\Delta+1}$.

思路　使用贪心法，同时证明如果图不是 $K_{\Delta+1}$，那么可以适当将顶点排序，可使用 Δ 种颜色着色.

*v_i, v_j, v_k 中根据归纳假设不构成三角形；因为 u_iu_j 不是边，w, u_i, u_j 不是三角形；若 u_i, v_j, v_k 是三角形，则 v_i, v_j, v_k 是三角形. ——译者注

证明 显然,如果 $G=K_{\Delta+1}$,那么 $\chi(G)=\Delta+1$.

相反,假设 $G\neq K_{\Delta+1}$. 我们要实现以下想法:对顶点 $x_1,x_2,\cdots,x_n$ 进行排序,使得 x_1x_2 不是边, x_1x_n 和 x_2x_n 是边,对于每个 $i<n$, x_i 至少连接到一个 $x_j(j>i)$.

如果我们能够做到这一点,就可以用 Δ 种颜色为顶点着色:首先,将 x_1 和 x_2 着色为颜色 1,然后按顺序为序列中的顶点着色. 由于对任何 $x_i(i<n)$,都有一个邻点 $x_j(j>i)$,当我们给 x_i 着色时,它的邻点中至多有 $\Delta-1$ 个已经着色,所以至少剩余一种颜色可以用来给 x_i 染色. 当我们到达 x_n 时,它的邻居中可能会有 Δ 个已经染色,但其中两个(x_1 和 x_2)有相同的颜色,因此还有颜色可以给 x_n.

现在我们尝试以相反的顺序构建序列.

首先,存在一个顶点,它的两个邻居不相连(否则,图是完全图 $K_{\Delta+1}$). 选取这个顶点作为 x_n 和它的两个邻居 x_1,x_2. 然后依次选取 $x_{n-1},x_{n-2},\cdots,x_3$ 使得每个 x_i 都连接到某个 $x_j(j>i)$. 如果能做到这一点,我们就完成了.

如果在得到 x_k 之后卡住,那么 $x_n,x_{n-1},\cdots,x_k$ 和其他不是 x_1 和 x_2 的顶点之间没有边. 这意味着删除 x_1 和 x_2 会使图不连通.

因此,我们只剩下移除两个顶点使图不连通的情况,这需要考虑一些子情况:

情况一:可以去除一个顶点使图不连通. 令该顶点为 a,对去掉 a 后的每个连通分支 H,将 $H\cup\{a\}$ 应用归纳假设涂色,然后将 a 的颜色调整成一致,并合并各个分支的涂色即可.

情况二:去除任何一个顶点总保持连通,但去除某两个顶点会使图不连通. 假设这两个顶点是 a 和 b. 设 H 是去掉 a,b 后得到的某个连通分支,则 H 与 $\{a,b\}$ 均有边相连. 若 ab 不是边则加上此边,$H\cup\{a,b\}$ 的最大度数还是不超过 Δ,应用归纳假设对 $H\cup\{a,b\}$ 涂色. 如果每个 $H\cup\{a,b\}$ 都可以用 Δ 种颜色着色,那么可以调整颜色并合并这些着色,获得 G 的着色(因为 a 和 b 在每个 $H\cup\{a,b\}$ 中有不同的颜色,可以统一把颜色调整为 $1,2$).

如果某个 $H\cup\{a,b\}$ 不能 Δ 染色,那么应用归纳假设,$H\cup\{a,b\}$ 加上边 ab 是 $K_{\Delta+1}$. 因此 ab 不是 G 中的边,并且 a 和 b 都只有一条边没连接到 H,设它们是 aa' 和 bb'. 我们现在可以对 $G\backslash(H\cup\{a,b\})$ 应用归纳假设涂上 Δ 种颜色,然后选择 a,b 的颜色相同且与 a',b' 均不同,最后把 H 中的点涂上和 a,b 颜色不同的其余 $\Delta-1$ 种颜色即可. * □

*此处修改了英文论述. ——译者注

平面图

5.1. 证明:$K_{3,3}$ 不是平面图.

证明 假设它是平面图,则 $|V|=6,|E|=9$,根据欧拉公式 5.2,$|F|=5$.

现在,使用引理 5.3,有

$$2|E|=3f_3+4f_4+5f_5+\cdots$$

但是 $K_{3,3}$ 是二部图,这意味着它没有奇圈,所以

$$f_3=f_5=\cdots=0$$

因此

$$2|E|=4f_4+6f_6+8f_8+\cdots\geqslant 4|F|$$

代入具体数值矛盾. □

5.2. 不使用四色定理,证明:每个无三角形的平面图的色数不超过 4.

证明 由于没有面是三角形,从引理 5.3 得到

$$2|E|=4f_4+5f_5+\cdots\geqslant 4|F|$$

因此 $|E|\geqslant 2|F|$. 将其代入欧拉公式 5.2,得到 $|E|\leqslant 2|V|-4$. 但这意味着存在一个度数最多为 3 的顶点. 然后我们可以删除该顶点,应用归纳法对剩余的图 4 染色,然后用一种不用于其邻居的颜色为所选顶点着色. □

5.3. 设 G 是 $n\geqslant 11$ 个顶点上的图. 证明:G 和 $\overline{G}$ 中至少有一个不是平面图.

证明 使用已经证明的事实:n 个顶点上的平面图最多有 $3n-6$ 条边. 假设 G 和 $\overline{G}$ 都是平面图,它们的总边数不超过 $6n-12$. 但是我们也知道它们一共有 $\frac{n(n-1)}{2}$ 条边,因此

$$\frac{n(n-1)}{2}\leqslant 6n-12 \implies n^2-13n+24\leqslant 0$$

这意味着

$$n\leqslant\frac{13+\sqrt{13^2-4\times 24}}{2}=\frac{13+\sqrt{73}}{2}<11$$

矛盾. □

5.4. 考虑平面中的 n 个点,使得任意两点之间的距离至少为 1. 证明:使得 $AB=1$ 的点对 A,B 个数小于 $3n$.

证明 观察到长度为 1 的线段形成一个平面图. 事实上,假设两个这样的线段 AB 和 CD 交叉,我们可以应用三角不等式得到

$$2 = AB + CD > AC + BD$$

所以 AC 和 BD 之一小于 1,矛盾.

因此该图是平面图,最多有 $3n-6$ 条边,从而得出结论. □

5.5. 设 G 是(非平面)图,有 n 个顶点,m 条边. 在平面上绘制它,可能会有相交的边,假定没有三条边有公共内点. 证明:至少有 $m-3n+6$ 个边的交叉点.

证法一 设 $\mathrm{cr}(G)$ 是交叉点的个数.

我们将考虑一个新图 G',它包含初始顶点和交点作为顶点. 每个交点都会添加两条新边,因为它将两条现有的边一分为二. 因此有

$$V(G') = n + \mathrm{cr}(G), E(G') = m + 2\mathrm{cr}(G)$$

现在,由于新图 G' 是平面图,应用 $|E'| \leqslant 3|V'| - 6$,得到

$$m + 2\mathrm{cr}(G) \leqslant 3n + 3\mathrm{cr}(G) - 6 \implies \mathrm{cr}(G) \geqslant m - 3n + 6$$ □

证法二 我们可以通过删除至多 $\mathrm{cr}(G)$ 条边来得到平面图——在每个交叉点删除其中一条边. 剩下的图是平面图,可以应用 $|E| \leqslant 3|V| - 6$,得到

$$m - \mathrm{cr}(G) \leqslant 3n - 6 \implies \mathrm{cr}(G) \geqslant m - 3n + 6$$ □

注 要获得更强的结论,请参阅附录的概率方法.

5.6. 凸 n 边形内有 m 个点. 一个三角剖分将多边形划分为三角形,所有顶点都在这 $m+n$ 个点中,并且内部的 m 个点都不在三角形的内部或边上. 证明:三角形的个数为 $T = n + 2m - 2$.

证明 我们将考虑一个图,顶点是 $m+n$ 个点,边是所绘制的线段. 该图是平面图,显然 $|F| = T + 1$, $|V| = m + n$. 所以只需要找到 $|E|$. 因为除了无界区域有 n 条边,其他面都是三角形,应用引理 5.3,有 $2|E| = 3T + n$. 代入欧拉公式,得到 $T = n + 2m - 2$. □

注 有另一个简洁的证明:我们用两种方式表示所有三角形的内角和:一方面得到 $T\pi$;另一方面是多边形的内角和加上每个内点处的内角和共 $2m\pi$,所以总和是 $(n-2)\pi + 2m\pi$. 结论显然成立.

5.7. 凸多面体有 n 个顶点,σ 表示所有面的角度之和. 证明:$\sigma = 2\pi(n-2)$.

证明 有 i 条边的面的内角和为 $(i-2)\pi$. 用 f_i 表示有 i 条边的面的个数,得到

$$\sigma = \sum_{i\geqslant 3}(i-2)\pi f_i = \pi\sum_{i\geqslant 3} i f_i - 2\pi\sum_{i\geqslant 3} f_i$$

但是从引理 5.3 得到

$$\pi\sum_{i\geqslant 3} i f_i = \pi 2|E|$$

并且显然有

$$2\pi\sum_{i\geqslant 3} f_i = 2\pi|F|$$

应用欧拉公式,得到

$$\sigma = 2\pi(|E|-|F|) = 2\pi(|V|-2) = 2\pi(n-2)$$

□

注 多面体角度和的公式看起来很像多边形的公式,但我们需要用欧拉公式来处理多面体. 这显示了欧拉公式对于理解多面体多么有启发性.

5.8. 证明:任何有 $7n$ 个面的凸多面体中存在有 $n+1$ 个面,其边数相同.

证明 假设每种边数的面至多有 n 个. 我们使用公式

$$2|E| = 3f_3 + 4f_4 + \cdots$$

时,右侧将至少是

$$3n + 4n + \cdots + 9n = 42n = 6|F|$$

所以我们得到

$$|E| \geqslant 3|F|$$

现在看看对偶图:多面体的面对应于对偶图中的顶点. 可以得到

$$|E| \leqslant 3|F| - 6$$

矛盾. □

注 在这个证明中,我们默认了一些东西: 在对偶图中不等式 $|E'| \leqslant 3|V'| - 6$ 成立. 为此,我们需要对偶图是简单图,即没有环也没有重边,这相当于原始图中不包含以下内容: 没有两个面共享一个以上的边;没有面的边界含一条边两次. 这确实适用于凸多面体,但不适用于所有平面图.

5.9. 证明：平面图的面可以二染色，使得相邻面不同色当且仅当所有顶点的度数为偶数.

证明 面可以二染色使得相邻面不同色的条件等价于对偶图 D 是二部图. 因此，本题相当于说对偶图 D 是二部图当且仅当每个面都有偶数条边.

显然，如果 D 是二部图，那么 D 的每个面是圈，因此有偶数条边，这意味着原始图中的每个顶点都有偶数度.

反之，假设 D 的每个面都有偶数条边，我们希望证明 D 是二部图. 只需证明 D 中的每个圈都有偶数条边（定理 1.12).

如果 D 中的一个圈 C 包围了面 $F_1, F_2, \cdots, F_k$，那么 C 的边数等于 F_i 的边数之和减去 C 内部边数的两倍，而每个 F_i 有偶数条边，结果显然是偶数. □

5.10. 证明：对于任何 $n \geqslant 3$，存在 n 个顶点的平面图，其边数为 $3n-6$.

证法一 我们需要一个所有面都是三角形的图.（然后 $2|E| = 3|F|$，根据欧拉公式 $|E| = 3n-6$). 如图11.32，给出一个例子. □

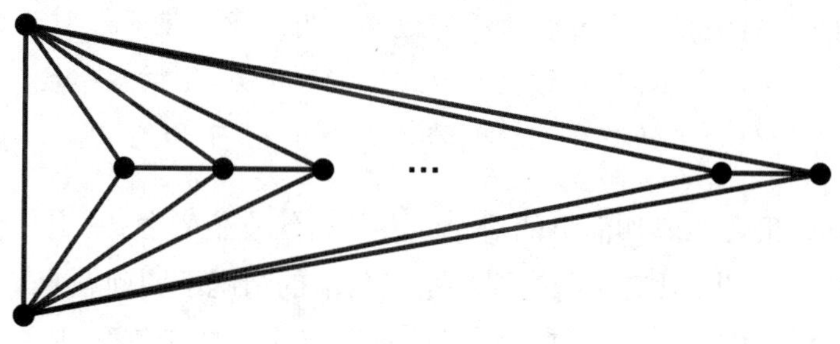

图 11.32 有 n 个顶点和 $3n-6$ 条边的平面图

证法二 从一个三角形和内部的 $n-3$ 个点开始，不断连接边，直到无法继续连接（再连会和已有的交叉），得到一个三角剖分，此时所有的面都是三角形. 用欧拉公式以及引理 5.3，得到结论. □

5.11. 设平面图 G 有哈密顿圈. 这个哈密顿圈将平面分成两部分：圈的内部和外部. 设 f_i' 是内部有 i 条边的面的数量，而 f_i'' 是外部有 i 条边的面的数量. 证明

$$\sum_{i \geqslant 3} (f_i' - f_i'')(i-2) = 0$$

证明 设 n 为 G 的顶点数. 考虑两个图：G' 由哈密顿圈和内部的边形成，G'' 由哈密顿圈和外部的边形成.

将欧拉公式 5.2 应用于 G'. 顶点集与 G 相同. 面数为 $\sum_i f_i' + 1$(1 表示外部区域),所以若用 E' 表示边集,则有

$$|E'| = n + \sum_{i\geqslant 3} f_i' + 1 - 2$$

应用引理 5.3,并将外部考虑为有 n 条边的面,得到

$$2|E'| = n + \sum_{i\geqslant 3} i f_i'$$

将两者放在一起,得到

$$\sum_{i\geqslant 3} f_i'(i-2) = n - 2$$

对外部应用相同的推理,得到类似关系,将两个关系相减,得到

$$\sum_{i\geqslant 3}(f_i' - f_i'')(i-2) = 0$$

□

5.12. (中国 TST 1991) 凸多面体的所有边都涂有红色或黄色. 对于面上的一个角,如果它的两条边颜色不同,则该角称为偏心角. 顶点 A 的偏心度,记为 S_A,定义为以其为顶点的偏心角的个数. 证明:存在两个顶点 B 和 C 使得 $S_B + S_C \leqslant 4$.

证明 观察到,如果我们添加面上的对角线并随机给它们着色,那么任何顶点的偏心度都不会减少. 因此,只需对所有面都是三角形的情况证明问题.

根据欧拉公式,$|E| = |F| + |V| - 2$. 由于所有面都是三角形,从引理 5.3 得到 $2|E| = 3|F|$,因此 $|F| = 2|V| - 4$.

但是现在我们可以从面的角度来看待偏心角. 每个面最多包含两个偏心角,所以偏心角的总数最多为 $2|F| = 4|V| - 8$. 由此可知至少有两个顶点有 $S_A, S_B < 4$. 但显然 S_A 和 S_B 是偶数,所以 $S_A + S_B \leqslant 4$. □

5.13. (Kempe, Heawood, 五色定理) 设 G 是平面图,证明:$\chi(G) \leqslant 5$.

证明 这比六色定理要复杂得多,我们对顶点数 n 归纳来证明. 当 $n \leqslant 5$ 时,命题显然成立.

现在,设 $n > 6$ 并考虑 n 个顶点上的平面图. 和以前一样,有一个顶点 v 的度数不超过 5. 忽略此点,并对剩余的顶点应用归纳假设以获得 5 种颜色的染色. 如果 v 有不超过 4 个邻居,那么可以用五种颜色中剩余的给 v 着色. 此外,若 v 的两个邻居有相同的颜色,则 v 的邻居中有颜色未使用,我们可以用它为 v 着色.

所以唯一困难的情况是 v 的五个邻居的颜色互不相同. 假设这些邻居在 v 周围顺时针依次是 $v_1,\cdots,v_5,v_i$ 的颜色为 i.

我们现在尝试对着色进行一些修改，以便能够为 v 着色. 我们看看是否可以将 v_1 用 3 号颜色重新着色，同时将 v_3 的颜色保留为 3. 这需要考察颜色为 1 和 3 的所有顶点的诱导子图，如果 v_1 和 v_3 属于这个子图的不同连通分支，那么在 v_1 所在的分支上将顶点的颜色 1,3 互换，还是得到合法的染色. 然后 v_1,v_3 都是颜色 3，可以将 v 染成颜色 1，如图11.33.

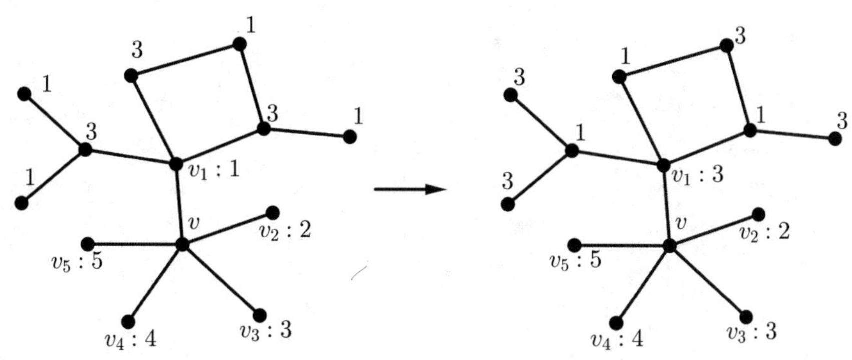

图 11.33　从 v_1 经过 1,3 色顶点的路径可达的顶点重新染色

所以剩下的不好情况是，有一条路径从 v_1 到 v_3，路上的顶点颜色为 1 或 3（必然交替）. 同理考虑 v_2 所在 2,4 颜色的分支上换色的可能性，无法成功的情形需要有一条从 v_2 到 v_4 的路径，上面的顶点只有颜色 2 和 4. 但是我们假设了 $vv_1,\cdots,vv_5$ 按顺时针顺序排列，所以从 v_1 到 v_3 的路径连同边 vv_1 和 vv_3 将顶点 v_2 和 v_4 分开在内部和外部. 因此两条路径有公共顶点，但它们中一条只用到颜色 1 和 3，另一条只用到颜色 2 和 4，矛盾，如图11.34.

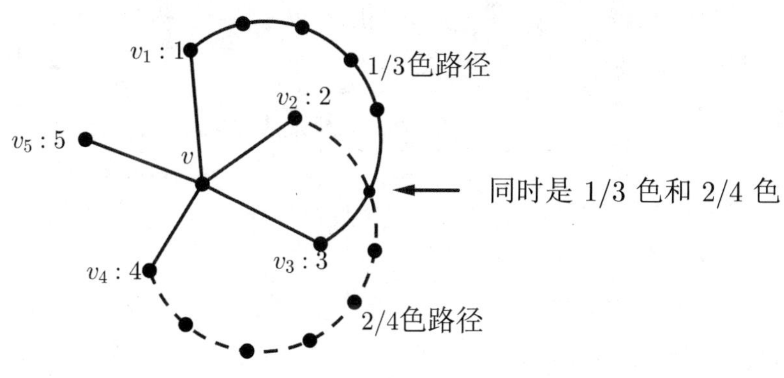

图 11.34　矛盾

因此,我们可以修改顶点颜色,使得 v 可以染色. □

二部图中的匹配

6.1. 证明:任何 k–正则二部图至少有 k 个完美匹配.

证明 我们先证明存在一个完美匹配.

取 $X \subseteq A$,在 X 和 $N(X)$ 之间有 $k|X|$ 条边. 另一方面,共有 $k|N(X)|$ 条边关联于 $N(X)$ 的顶点. 其中一些可能不关联 X,但无论如何,从 $N(X)$ 到 X 最多有 $k|N(X)|$ 条边. 将两个结果比较,我们得到

$$k|X| \leqslant k|N(X)|$$

因此

$$|X| \leqslant |N(X)|$$

根据霍尔定理,存在匹配.

删除这个匹配的边. 剩下的是 $(k-1)$–正则图. 用同样的论述,它还有另一个匹配. 继续删除得到的匹配,得到 $(k-2)$–正则图. 如此继续,最终得到 k 个匹配. □

注 实际上,我们得到了 k 个完美匹配,其中任何两个都没有共同边.

6.2. (挪威 1996) 甲和乙各有 n 张卡片,每张卡片的两面都是空白的. 他们都以任意顺序将 1 到 $2n$ 的所有整数写入自己所持卡片的共 $2n$ 个面. 证明:他们可以将 $2n$ 张卡片放在桌子上,每张卡片的一面朝上,使得所有朝上的数恰好是从 1 到 $2n$ 所有整数.

证明 构建一个二部图:一个集合由数字 $1, 2, \cdots, 2n$ 组成,另一个由 $2n$ 张卡片组成. 若数字在卡片的一侧,则该数字与卡片相连. 这是一个 2–正则图,所以它有一个完美的匹配,这就是我们想要的. □

注 有两个人在写数字,每个人都写在 n 卡上,这个条件并不重要. 一个人在 $2n$ 张卡的两面写字,每个数字 $1, 2, \cdots, 2n$ 出现两次,这就足够了.

6.3. 设 $n \in \{1, 2, \cdots, 8\}$. 考虑一个 8×8 棋盘,其中一些单位方格包含一个棋子. 已知在每一列和每一行上,都正好有 n 个棋子. 证明:可以选择 8 个棋子,它们中任何两个不在同一行或同一列上.

证明 构建一个二部图,其中 A 中的顶点对应于行,而 B 中的顶点对应于列. 如果在它们的交叉点有一个棋子,那么将 A 中对应顶点连接到 B 中对应顶点. 匹配对应于处于不同的行和列的 8 个棋子,所以只需要证明匹配存在. 但该图是 n–正则图,所以有一个匹配. □

6.4. 设 $S_1, S_2, \cdots, S_n \subset \{1, 2, \cdots, n\}$ 满足对于任何 $k(1 \leqslant k \leqslant n)$,它们中任何 k 个的并集至少有 k 个元素. 证明:存在 $\{1, 2, \cdots, n\}$ 的置换 σ 使得对于任何 i, $\sigma(i) \in S_i$.

证明 构建一个二部图,其中 A 中的顶点对应于某个 S_i, B 中的顶点分别对应于 $j \in \{1, 2, \cdots, n\}$. 若集合 S_i 包含元素 j,则将 A 中对应顶点连接到 B 中对应顶点. 问题的条件可以转化为:A 的任何子集 X,都满足 $|N(X)| \geqslant |X|$,这正是霍尔条件. 因此,根据霍尔定理 6.3,存在一个完美匹配,这正是我们想要的. □

6.5. 设 X 是一个有限集,并设

$$X = \bigsqcup_{i=1}^{n} X_i = \bigsqcup_{i=1}^{n} Y_i$$

是集合 X 的两个分拆,所有集合 X_i 和 Y_j 的大小相同. 证明:可以选取元素 $x_1, x_2, \cdots, x_n \in X$,它们在两个分拆中均属于不同的集合.

证明 构建二部图,A 中的顶点分别对应于每个 X_i, B 中的顶点分别对应于每个 Y_i. 若 $X_i \cap Y_j \neq \varnothing$,则将对应顶点连接. 只需证明存在完美匹配(然后为匹配中的每条边选取一个元素,属于边的两个端点对应集合的交集).

现在,设 k 是所有集合 X_i, Y_j 的大小. 对于一组 t 个 X_i,由于两两交集为空,它们的并集有 tk 元素. 每个 Y_j 也包含 k 个元素,因此和 tk 个元素交集非空的 Y_j 至少有 t 个. 霍尔条件成立,所以有一个完美的匹配. □

6.6. (IMOLL 1982) 设 $\mathcal{F}$ 为集合 $\{1, 2, \cdots, 2k+1\}$ 的所有 k 元子集构成的族. 证明:存在双射函数 $f: \mathcal{F} \to \mathcal{F}$,使得对于每一个集合 $A \in \mathcal{F}$, A 和 $f(A)$ 不相交.

证明 定义一个二部图,其中两个顶点集合都由 $\mathcal{F}$ 组成,当且仅当两个 k 元子集不相交时,将对应的顶点相连.

每个顶点都恰好与 $k+1$ 其他顶点相连,因此该图是 $k+1$–正则的. 这意味着霍尔条件适用,根据霍尔定理 6.3,有一个完美的匹配. 这个匹配定义了我们所求的 f. □

6.7. X 是有限集，σ_1,σ_2 是 X 上的两个置换，若存在 $x\in X$ 使得 $\sigma_1(x)=\sigma_2(x)$，则称 σ_1 和 σ_2 相交. 证明：如果 $\sigma_1,\sigma_2,\cdots,\sigma_n$ 是 $1,2,\cdots,2n$ 的排列，那么存在一个排列 σ 与 $\sigma_1,\sigma_2,\cdots,\sigma_n$ 均不相交.

证明 定义二部图，顶点集 A 和 B 都由 $1,2,\cdots,2n$ 组成，如果 $\sigma(i)=j$ 是可行的，就将 $i\in A$ 与 $j\in B$ 连接起来（即如果 $\sigma_k(i)\neq j$ 对所有 $k=1,2,\cdots,n$ 成立）. 我们需要证明存在完美匹配，这就定义了可行的 σ.

设 $X\subseteq A$. 因为对于任何 $i\in A$，$\sigma_k(i)$ 至多有 n 个值，因此 $|N(i)|\geqslant n$. 于是，若 $|X|\leqslant n$，则 $|N(X)|\geqslant n$. 若 $|X|>n$，则实际上 $|N(X)|=2n$：对于任何 j，至多有 n 个 i 值，使得 $\sigma(i)=j$ 是不可行的（每个 σ_k 否定一个 i），于是存在 $i'\in X$，$\sigma(i')=j$ 是可行的.

因此霍尔条件成立，根据霍尔定理 6.3，因此存在完美匹配，给出所需的排列. □

6.8. 一张 $n\times n$ 的表格被 0 和 1 填充，使得任意选择 n 个两两不同行也不同列的单元格，则其中至少一个单元格包含 1. 证明：存在 i 行和 j 列，它们的交集只填入了 1，并且 $i+j\geqslant n+1$.

证明 假设命题不成立，对于任何 $i>0$ 和任何 i 行，最多有 $n-i$ 列，它们与这 i 行的交集仅包含 1. 因此，至少有 i 列，使得这些列中的每一个与这 i 行的交集包含至少一个 0.

这给了我们线索构建以下二部图：令 A 对应行的集合，B 对应列的集合；若行和列的交集处是 0，则将行连接到列. 由上一段可知霍尔条件成立，所以根据霍尔定理 6.3，存在完美匹配. 这个完美匹配对应于包含 0 的 n 个单元格，它们在不同的行、不同的列上，与题目假设矛盾. □

注 这实际上是柯尼格定理：若将矩阵中的行或列统一称为线. 则一个矩阵中不同行不同列的 0 的最大个数，等于将所有 0 覆盖的线的最小条数. 本题条件是找不到 n 个不同行不同列的 0，因此柯尼格定理给出所有的 0 可被 $n-1$ 条线覆盖，剩下的子矩阵全是 1，其行数加列数为 $n+1$——译者注.

6.9. 设 n 是正整数，拉丁矩形是一个 $k\times n$ 的方格表，$k\leqslant n$，方格填入了数字 $1,2,\cdots,n$，并且任何一列或一行上没有数字重复出现. 证明：任何拉丁矩形都可以扩展为拉丁方（即 $n\times n$ 的拉丁矩形）.

证明 我们将证明对于任何 $k\times n$ 的拉丁矩形，$k<n$，可以添加一行，使其成为 $(k+1)\times n$ 的拉丁矩形. 这样，我们就可以继续添加行，直到变成 $n\times n$ 的拉丁方.

建立一个二部图，其中 A 代表 n 列，B 代表数字 $1, 2, \cdots, n$. 如果某个数字没有出现在某列上，那么将对应的顶点相连. 我们要证明存在完美匹配，这个匹配中的每列连接到的数字当作新的一行来扩展拉丁矩形.

每列上缺少 $n-k$ 个数字，每个数字恰属于 k 列，因此图是 $(n-k)$–正则图，存在完美匹配. □

6.10. 考虑一个 $n \times n$ 表，在每个方格中写入一个非负数. 已知每行和每列的和是相同的，记为 $S > 0$. 证明：可以选择 n 个两两不同行且不同列的正数.

证明 构建一个二部图，其中顶点集 A 对应行，B 对应列，若在方格 (i, j) 中有一个正数，则将第 i 行和第 j 列对应顶点连接. 现在只需证明存在完美匹配，这对应于 n 个不同行不同列的正数.

假设与某 k 行相邻的列共有 k' 个，这 k 行上的数的总和不超过这 k' 列上的数的总和（这 k 行上的正数都包含于这 k' 列，反之不一定成立），因此 $k \leqslant k'$. 根据霍尔定理 6.3，存在完美匹配. □

6.11. 考虑一个顶点集为 A, B 的二部图，证明：

(a) 如果存在正整数 k，使得对于每个集合 $X \subseteq A$，有 $|N(X)| \geqslant k|X|$，那么可以找到 $k|A|$ 条边，使得 A 中的每个顶点都与其中的 k 条边关联，并且 B 中的每个顶点至多与其中一条边关联.

(b) 如果存在非负整数 d，使得对于每个集合 $X \subseteq A$，有 $|N(X)| \geqslant |X| - d$，那么可以找到 $|A| - d$ 条不相邻的边.

证明 (a) 对于 A 中的每个顶点 v，我们添加 $k-1$ 个新顶点，$v_1, v_2, \cdots, v_{k-1}$ 都连接到 v 的所有邻点.

我们证明修改后的图，顶点集合记为 A' 和 B，有完美匹配. 对于 $X \subseteq A'$，需要验证 $|N(X)| \geqslant |X|$. 假设 X 对应 A 中的 t 个点（即原始图中，在顶点复制之前的邻点）. 于是 $N(X)$ 是这 t 个顶点的邻居，根据题设有

$$|N(X)| \geqslant kt$$

另一方面，t 个顶点中的每一个产生 A' 中共 k 个复制，因此

$$|X| \leqslant kt \leqslant |N(x)|$$

这意味着 A' 存在一个完美的匹配（霍尔定理 6.3）.

现在，在原始图中，A 中的每个顶点对应 A' 中 k 个顶点，因此关联匹配中的 k 条边. 这样就得到了边的集合，使得 A 中的每个顶点都与其中的 k 条边关联，而 B 中的每个点至多关联其中的一条边.

(b) 我们想稍微修改一下图表，使霍尔条件成立. 将 d 个顶点添加到 B 并将它们都连接到 A 中的每个顶点. 于是，任何顶点集的邻居数量都增加了 d. 在修改后的图中 $|N(X)| \geqslant |X| - d + d = |X|$，霍尔条件成立.

因此可以得到 $|A|$ 的匹配. 其中最多 d 条边使用了新添加的顶点，于是至少 $|A| - d$ 条边属于原始的图，是不相邻的边. □

6.12. 设 A 和 B 是两组各 n 个顶点的集合. 求以 A 和 B 为顶点集，恰有一个最大匹配的二部图的最大边数.

解法一 取 $A = \{v_1, \cdots, v_n\}$，$B = \{w_1, \cdots, w_n\}$，并定义 v_k 与 $w_1, \cdots, w_k$ 连接，如图11.35. 显然边的集合 $\{v_k w_k | 1 \leqslant k \leqslant n\}$ 是一个最大匹配.

此外，在任何匹配中，v_1 只能连接到 w_1（它唯一的邻居），接下来，v_2 必须连接到 w_2（未匹配顶点中它唯一的邻居）；依此类推，归纳得到对于任何 k，v_k 必须连接到 w_k. 所以只有一个匹配.

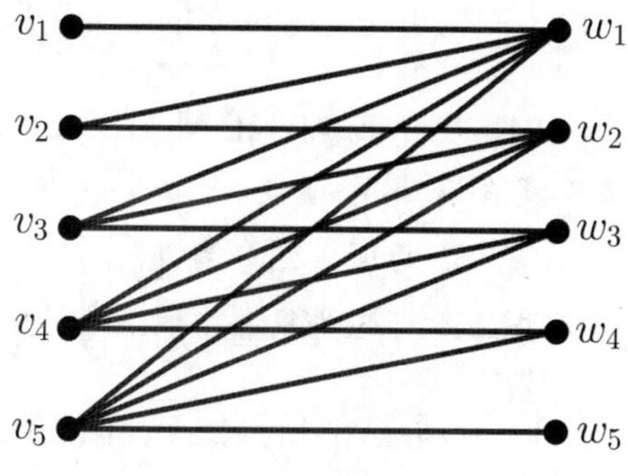

图 11.35 只有一个匹配的构造

这个构造有 $1 + 2 + \cdots + n = \frac{n(n+1)}{2}$ 条边.

现在，假设一个图有唯一匹配. 我们对 n 归纳证明，它最多有 $\frac{n(n+1)}{2}$ 条边.

看一下霍尔定理 6.3 的第一个证明. 假设没有集合 $X \subset A$ 满足 $|N(X)| = |X|$，可以选择度数至少为 2 的顶点，比如说 v_n，并且对于每条边 $v_n w_i$，存在匹配包含这条边，矛盾.

因此存在 $X \subset A$ 且 $|N(X)| = |X|$. 于是在 $X \to N(X)$ 和 $(A \backslash X) \to (B \backslash N(X))$ 都分别恰有一个匹配. 应用归纳假设，记 $k = |X|$，用 $e(U, V)$ 表示 U 和 V 之间的边数，可以对图中的边数估计如下

$$
\begin{aligned}
|E| &= e(X, N(X)) + e(A \backslash X, B \backslash N(X)) + e(A \backslash X, N(X)) \\
&\leqslant \frac{k(k+1)}{2} + \frac{(n-k)(n-k+1)}{2} + (n-k)k
\end{aligned}
$$

$$= \frac{n(n+1)}{2}$$ □

解法二 我们给出边数上限的另一个证明.

设 $v_1w_1, v_2w_2, \cdots, v_nw_n$ 为图的匹配,我们将给出一些关于度数的不等式.

对于固定的 k,考察 v_k 和 w_k 的度数. 可以发现,对于任何 $i \neq k$,v_kw_i 和 v_iw_k 不能都是边,否则我们可以用 v_kw_i 和 v_iw_k 替换匹配中的 v_kw_k 和 w_iw_i 并获得第二个匹配. 因此

$$d(v_k) + d(w_k) \leqslant n + 1$$

对 k 求和得到

$$2|E| = \sum_{k=1}^{n}(d(v_k) + d(w_k)) \leqslant n(n+1)$$

这就是我们想要的. □

注 解法一还说明了我们给出的构造是等号成立的唯一情况.

6.13. (图伊玛达奥林匹克 2018,C. Magyar,R. Martin) 设 G 是一个图,其顶点被划分为集合 V_1, V_2, V_3,每个集合有 n 个顶点. 已知任何顶点在其他每个集合中至少有 $\frac{3n}{4}$ 个邻居. 证明:可以将 G 的顶点划分为 $\{x_i, y_i, z_i\}$ 形式的 n 个集合,其中 $x_i \in V_1, y_i \in V_2, z_i \in V_3$,并且所有这些集合中的三个点都构成图中的三角形.

证明 思路是先匹配 V_1 和 V_2 的顶点,然后再把 V_3 中的顶点匹配到这些对. 我们先证明下面的引理:

引理 在顶点集为 A 和 B 的二部图中,$|A| = |B| = n$,若每个顶点的度数至少为 $\frac{n}{2}$,则存在完美匹配.

引理的证明 任取 $X \subseteq A$. 若 $1 \leqslant |X| \leqslant \frac{n}{2}$,则 $|N(X)| \geqslant \frac{n}{2} \geqslant |X|$,因为 X 中的任何顶点至少有 $\frac{n}{2}$ 个邻居. 若 $|X| > \frac{n}{2}$,则实际上 $N(X) = B$:B 中的任何顶点 y 满足 $|N(y)| \geqslant \frac{n}{2}$,因此 $N(y) \cap X \neq \varnothing$,于是 $y \in N(X)$. 因此霍尔条件适用,有一个完美的匹配.

回到题目的证明,引理显然适用于 V_1 和 V_2,所以我们得到了它们之间的匹配

$$x_1y_1, x_2y_2, \cdots, x_ny_n,\ x_i \in V_1, y_i \in V_2$$

我们现在要将这些对与 V_3 中的顶点进行匹配. 考虑一个二部图 G,一个顶点集对应于 n 对 x_iy_i,另一个顶点集为 V_3;当且仅当 x_i 和 y_i 都连接到原始图中的 $z \in V_3$ 时,我们将 x_iy_i 对连接到 z.

显然,由于 x_i 和 y_i 在 V_3 中分别至少有 $\frac{3n}{4}$ 个邻居,因此二者的公共邻居至少是 $\frac{n}{2}$ 个. 说明 x_iy_i 在 G 中至少有 $\frac{n}{2}$ 个邻居. 类似地,V_3 中的任何顶点 z 在 V_1 中至少有 $\frac{3n}{4}$ 个邻居,在 V_2 中也有 $\frac{3n}{4}$ 个邻居,至多有 $\frac{n}{2}$ 个 $\{x_i,y_i\}$ 中有不是 z 邻居的顶点,因此在 G 中,z 也至少有 $\frac{n}{2}$ 个 x_iy_i 邻居.

我们可以再次应用引理来获得匹配

$$(x_i,y_i,z_i),\ x_i\in V_1,y_i\in V_2,z_i\in V_3$$

□

注 此题可以很容易推广:假设 G 的顶点被划分为 k 个 n 元集 $V_1,\cdots,V_k$,如果每个顶点在任何其他 V_i 中至少有 $\frac{2k-3}{2k-2}n$ 个邻居,那么可以选择 n 个顶点不相交的 K_k,每个 K_k 都恰好包含来自每个 V_i 的一个顶点.

极图理论

7.1. 设 n,k 为正整数,其中 $1 \leqslant k \leqslant \frac{n-1}{2}$. 设 G 为 n 个顶点上至多有 $\frac{nk}{2}$ 条边的图. 证明:G 中两两不相邻的顶点的最大数目不小于 $\frac{n}{k+1}$.

证明 观察到 s 个两两不相邻的顶点实际上对应于 $\overline{G}$ 中的一个完全图. 所以我们只需证明 $\overline{G}$ 中存在一个完全图,至少有 $\frac{n}{k+1}$ 个顶点.

根据图兰定理的推论 7.4,只需证明 $\overline{G}$ 的边数严格大于 $\frac{\frac{n}{k+1}-2}{\frac{n}{k+1}-1}\frac{n^2}{2}$. 所以只需证明

$$\frac{n(n-1-k)}{2} \geqslant \frac{\frac{n}{k+1}-2}{\frac{n}{k+1}-1}\frac{n^2}{2}$$

这等价于 $(n-(k+1))^2 \geqslant (n-2(k+1))n$,可从均值不等式直接得到. □

7.2. 如果 n 个顶点的图不含三角形,但是向它添加任何边都会得到一个三角形,那么它的最小边数是多少?

解 这样的图必须是连通的,否则我们可以在两个连通分支之间添加一条边,而不会形成三角形. 因此至少有 $n-1$ 条边.

取一个顶点连接到其他所有顶点,得到具有 $n-1$ 条边的构造. □

7.3. 图 G 有 n 个顶点和 $m \geqslant \frac{n^2}{4}$ 条边. 证明:G 至少有 $\frac{4m^2-n^2m}{3n}$ 个三角形.

证明 记 T 为三角形的数量,E 是边的集合. 对任何边 uv,至少有 $d(u)+d(v)-n$ 个顶点同时与 u,v 相邻,得到三角形. 对所有边求和,并观察到每个三角形都被计算了 3 次,得到

$$\begin{aligned} 3T &\geqslant \sum_{uv\in E}(d(u)+d(v)-n) = \left(\sum_u d(u)^2\right) - nm \\ &\geqslant \frac{\left(\sum_u d(u)\right)^2}{n} - nm = \frac{4m^2-n^2m}{n} \end{aligned}$$

□

7.4. 设图 G 有 n 个顶点,证明:至少有 $\frac{n(n-1)(n-5)}{24}$ 个顶点的三元组,在 G 或 $\overline{G}$ 中形成三角形.

证明 在 G 或 $\overline{G}$ 中不形成三角形的顶点 $\{u,v,w\}$ 的三元组更容易计算.

事实上,任何这样的三元组都恰好有两个顶点,每一个都与另外两个顶点一起形成 G 中的一条边和 $\overline{G}$ 中的一条边(例如,如果 uv 是 G 中的一条边,而

uw 是 $\overline{G}$ 中的一条边，那么 u 是这样的一个顶点）. 现在，任何顶点 u 恰好是 $d(u)(n-1-d(u))$ 个三元组中的这样一个顶点.

因此,G 或 $\overline{G}$ 中不构成三角形的三元组的数量是

$$\frac{1}{2}\sum_{u} d(u)(n-1-d(u)) \leqslant \frac{1}{2}\sum_{u}\left(\frac{n-1}{2}\right)^2 = \frac{n}{2}\left(\frac{n-1}{2}\right)^2$$

因此 G 和 $\overline{G}$ 中的三角形数至少为

$$\binom{n}{3} - \frac{n}{2}\left(\frac{n-1}{2}\right)^2 = \frac{n(n-1)(n-5)}{24}$$ □

注 若 G 是 $\frac{n-1}{2}$–正则图,则不等式成立等号,因为我们使用的唯一不等式是

$$d(u)(n-1-d(u)) \leqslant \left(\frac{n-1}{2}\right)^2$$

注 把 G 中的边染红,$\overline{G}$ 中边染蓝,我们实际上在数异色角——译者注.

7.5. *图 G 有 n 个顶点和至少 $\frac{n^2}{4}+1$ 条边. 证明:存在两个三角形,有一条公共边.*

证明 我们对 n 归纳证明这一点. 当 $n=3,4$ 时,结论显然成立. 对于 $n=5$,该图至少有 8 条边. 然后它包含一个子图,它有四个顶点,至少 5 条边,归结为 $n=4$ 的情形.

现在假设结论对 n 个顶点的情形成立,我们将证明对 $n+3$ 个顶点的情形. 取一个图,有 $n+3$ 个顶点,至少 $\frac{(n+3)^2}{4}+1$ 条边. 图兰定理 7.3 说明必然有一个三角形. 如果此三角形不与任何其他三角形共享一条边,那么任何其他顶点至多有一条边到这个三角形的三个顶点. 这意味着在所选三角形和其余顶点之间最多有 n 条边,如图11.36.

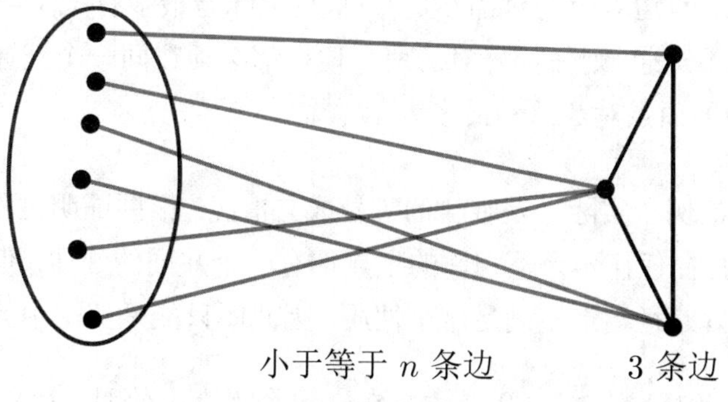

图 11.36 三角形及其邻边

所以剩下的 n 个顶点之间至少有

$$\frac{(n+3)^2}{4}+1-3-n \geqslant \frac{n^2}{4}+1$$

条边. 根据归纳假设,在这 n 个顶点中,有两个三角形共享一条公共边. □

7.6. 设图 $G(V,E)$ 的最大度数为 Δ. 已知存在度数为 Δ 的顶点 v,使得 v 不是任何 K_4 子图的顶点. 证明:$|E| \leqslant \frac{|V|^2}{3}$.

证明 设 $|V|=n$,我们区分两种情况.

如果 $\Delta \leqslant \frac{2}{3}n$,那么

$$|E| \leqslant \frac{1}{2}n \cdot \frac{2}{3}n = \frac{n^2}{3}$$

否则,假设 $|N(v)|=k>\frac{2}{3}n$. 我们知道 $N(v)$ 的顶点之间没有 K_3,否则这三个顶点,与 v 一起,将形成一个 K_4. 根据图兰定理 7.3,它们之间最多有 $\frac{k^2}{4}$ 条边.

现在,我们估计剩余边的数量. $V \backslash N(v)$ 中的每个顶点的度数最多为 k,所以所有这些顶点所关联的边最多有 $k|V \backslash N(v)|=k(n-k)$ 条.

这给了我们一共不超过

$$\frac{k^2}{4}+(n-k)k=nk-\frac{3}{4}k^2 \leqslant n \cdot \frac{2}{3}n-\frac{3}{4}\left(\frac{2}{3}n\right)^2=\frac{n^2}{3}$$

条边(利用 $nk-\frac{3}{4}k^2$ 在 $\left[\frac{2}{3}n,+\infty\right]$ 上递减的事实). □

7.7. 在 n 个顶点的图中,不相邻但有共同邻点的顶点对的最大数目是多少?

解 这样的顶点对数目最大值是 $\binom{n-1}{2}$. 取到这个值的例子是一个树,一个顶点和其他所有顶点相邻.

我们证明不可能更多. 记满足题目条件的点对为好对. 若图是连通的,则至少有 $n-1$ 条边. 与边对应的对都不是好对,这意味着最多有 $\binom{n}{2}-(n-1)=\binom{n-1}{2}$ 个好对. 若图不连通,则任何好对的两个顶点都必须在同一个连通分支中,而同一个连通分支中的顶点对数总和最多为 $\binom{n-1}{2}$. □

注 我们提供的例子实际上是唯一的等号成立情况. 根据证明过程,该图必须是具有以下条件的树:任何两个不相邻的顶点都有一个共同的邻居. 但是,若存在长度为 3 的路径,则路径端点不满足这个性质. 因此图只能是例子中的图.

7.8. (东南赛 2018) 设 $m \geqslant 2$ 并考虑在 $3m$ 个顶点上的图. 找到具有以下性质的最小的 n:若有 n 个顶点的度数分别为 $1,2,\cdots,n$,则该图包含一个三角形.

解 答案是 $n=2m+1$.

首先,假设有 $2m+1$ 个顶点,度数分别是 $1,2,\cdots,2m+1$,考察度数为 $2m+1$ 的顶点 v,它必然有一个邻居是度数为 $m+2,m+3,\cdots,2m$ 的顶点中的一个,记为 u,其度数为 $c\geqslant m+2$.

现在看到 u 和 v 有很多邻居. 事实上,u 除了 v 之外至少有 m 个邻居,而 v 除了 u 之外有 $2m$ 个邻居. 因为 $m+2m>3m-2$,这意味着他们有一个公共邻居(实际上至少有两个公共邻居),所以存在一个三角形.

现在,我们对 $2m$ 构造一个例子. 将顶点分成三组各 m 个顶点

$$A=\{v_1,\cdots,v_m\},B=\{u_1,\cdots,u_m\},C=\{w_1,\cdots,w_m\}$$

对所有 $j\leqslant i\leqslant m$,将 v_i 连接到 u_j. 此外,将 B 中的所有顶点与 C 中的所有顶点连接起来,如图11.37.

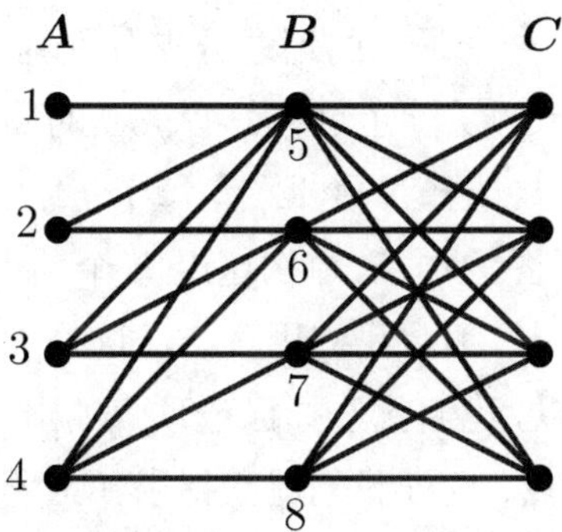

图 11.37 构造有相应度数的图

A 中的顶点的度数分别为 $1,2,\cdots,m(d(v_i)=i)$; B 中的顶点的度数分别为 $m+1,m+2,\cdots,2m(d(u_i)=2m+1-i)$. 这是一个三部图,任何三角形都需要有 A,B 和 C 的顶点各一个,而 A 和 C 之间没有边,所以没有三角形,构造满足要求. □

7.9. n 个顶点的图 G 满足:对于任意四个顶点,存在其中一个与另外三个顶点都相连. 求 G 可以具有的最小边数.

解法一 我们将证明它至少有 $\frac{n(n-1)}{2}-3$ 条边,也就是说,和完全图比较至多缺少 3 条边. 完全图去掉一个三角形可以当作构造.

我们将一对不相邻的顶点称为坏对.

第一个发现是,如果有两个坏对 (u,v) 和 (w,z),并且这四个顶点两两不同,那么这四个顶点不满足题目的条件,矛盾. 因此任何两个坏对都有公共顶点.

第二个发现是，如果有顶点 u 和 v,w,z，使得 $(u,v),(u,w),(u,z)$ 都是坏对，那么四点组 u,v,w,z 也不满足题目条件. 因此一个点至多属于两个坏对.

任选一个坏对 (u,v)（如果存在）. 其他坏对必然包含 u 或 v，而且每种不多于一个（加上 (u,v) 至多两个）. 因此最多有三个坏对. □

解法二 我们考察 $\overline{G}$，很明显 $\overline{G}$ 的任何连通分支最多有 3 个顶点——否则，取四个点，使得它们确定 $\overline{G}$ 的一个连通子图，就与题目条件矛盾.

此外，如果有两个连通分支各至少有 2 个顶点，那么从每个分支中取出两个相邻顶点，我们又得到了一个矛盾.

这意味着 $\overline{G}$ 中最多有 3 条边，所以 G 中的最小边数为 $\frac{n(n-1)}{2}-3$. □

7.10. 设 n 为正整数，k 是偶数，$3<k<n$. n 个顶点上的图满足：对任何 k 个顶点，存在其中一个与另外 $k-1$ 个顶点相连. 这样的图的边数的最小值是多少？

解 关键是看 $\overline{G}$. 设 $\overline{G}$ 的超过一个顶点的连通分支分别为 $C_1,C_2,\cdots,C_s$，其大小为 $n_1\geqslant n_2\geqslant\cdots\geqslant n_s>1$，于是 $\overline{G}$ 除了这些只有孤立的顶点.

如果可以从一些 C_i 中一共选择 k 个顶点，每个 C_i 中要么不选择任何顶点，要么选择至少两个形成连通子图的顶点，那么这组 k 个顶点不满足题目的条件.

如果 $n_1+n_2+\cdots+n_s\geqslant k$，那么我们用贪心法选择 k 个顶点. 开始从 C_1 中选择一个顶点. 然后，如果可以，我们就选择已选顶点的一个邻居；如果不能，我们就从下一个 C_i 中选择一个顶点. 这样我们就获得了如上所述的 k 个顶点，除非最后一步是从一个新分支中选择了一个顶点，比如说 C_i. 在这种特殊情况下，如果可以，我们删除从 C_1 中选择的最后一个顶点并从 C_i 中再选择一个. 唯一有问题的情况是 $n_1=2$，于是所有分支都恰好有 2 个顶点，但是因为 k 是偶数，所以此时最后一个分支选择了两个顶点，特殊情况不会发生. 无论如何，我们得到了产生矛盾的 k 个顶点.

因此我们必须有 $n_1+n_2+\cdots+n_s\leqslant k-1$，于是

$$|E(\overline{G})|\leqslant\binom{n_1}{2}+\binom{n_2}{2}+\cdots+\binom{n_s}{2}\leqslant\binom{k-1}{2}$$

所以

$$|E(G)|\geqslant\binom{n}{2}-\binom{k-1}{2}$$

K_n 删除一个 K_{k-1} 的边给出等号成立的构造. □

注 观察到对于奇数 k，我们可以取完全图并去掉 $\lfloor\frac{n}{2}\rfloor$ 条不相邻的边，得到满足题目要求的图. 对于较小的 k，这个界限比上面得到的更好.

7.11. (USAMO 1995) 图 G 有 n 个顶点,q 条边,G 不含三角形. 证明:存在一个顶点 x,使得既不是 x 也与 x 不相邻的顶点之间最多有 $q(1-\frac{4q}{n^2})$ 条边.

证明 假设结论不成立.

对任何顶点 x,设 $N(x)$ 是其邻居的集合,并且 $M(x)=V\backslash(N(x)\cup\{x\})$ 是不连接到 x 的顶点集. 因此 $M(x)$ 的顶点之间有超过 $q(1-\frac{4q}{n^2})$ 条边. 另外,由于没有三角形,$N(x)$ 中的顶点之间没有边. 因此 x 和 $N(x)$ 之间以及 $N(x)$ 和 $M(x)$ 之间的边数少于 $\frac{4q^2}{n^2}$. 用 $r(x)$ 表示这类边的数量,于是有

$$\sum_x r(x)<\frac{4q^2}{n}$$

另一方面,每条边 x_1x_2 在 $\sum\limits_x r(x)$ 中被计数 $d(x_1)+d(x_2)$ 次:在 $r(x_1),r(x_2)$ 中各计算一次;对 x_1 和 x_2 的每个其他邻居(注意它们是不同的)各计算一次. 因此有

$$\begin{aligned}\sum_x r(x)&=\sum_{xy\in E}(d(x)+d(y))=\sum_x d(x)^2\\&\geqslant\frac{1}{n}\left(\sum_x d(x)\right)^2=\frac{4q^2}{n}\end{aligned}$$

矛盾. 因此题目结论成立. □

7.12. 考虑平面中的 $3n$ 个点,其中任意两个点之间的距离最多为 1. 距离大于 $\frac{1}{\sqrt{2}}$ 的点对的最大可能数量是多少?

解 关键的发现是,在任何四个点中,至少有一对点之间的距离不超过 $\frac{1}{\sqrt{2}}$. 为了证明这一点,考虑两种情况:

情况一:四个点中的一个 D,在另外三个点 A,B,C 形成的三角形的内部. 假设所有的 AD,BD,CD 都大于 $\frac{1}{\sqrt{2}}$. 三个角 $\angle ADB,\angle BDC$ 和 $\angle CDA$ 之一大于 $90°$,比如说 $\angle ADB$. 于是有

$$AB^2>DA^2+DB^2>\frac{1}{2}+\frac{1}{2}=1$$

矛盾.

情况二:四个点构成一个凸四边形 $ABCD$. 四边形的一个内角不小于 $\frac{\pi}{2}$,比如说 $\angle ABC$. 类似可知,若 AB 和 BC 都大于 $\frac{1}{\sqrt{2}}$,则

$$AC^2\geqslant AB^2+BC^2>\frac{1}{2}+\frac{1}{2}=1$$

矛盾.

所以任何四个点之间的所有距离不能都大于 $\frac{1}{\sqrt{2}}$. 以这 $3n$ 个点为顶点,将距离大于 $\frac{1}{\sqrt{2}}$ 的两个点相连,得到的图不包含 K_4 子图. 应用图兰定理 7.3,这个图最多有 $3n^2$ 条边. 于是最多有 $3n^2$ 个点对,其距离大于 $\frac{1}{\sqrt{2}}$.

受图的启发,这个数可以如下构造得到:取边长为 0.9 的等边三角形 XYZ,并且在每个顶点 X,Y,Z 附近取一组 n 个点,如图11.38. 于是不同组的任何两个点距离大于 $\frac{1}{\sqrt{2}}$,总数达到 $3n^2$. □

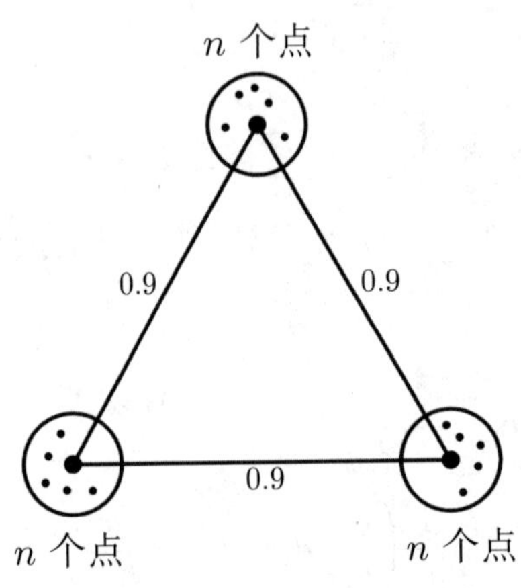

图 11.38 构造

7.13. 一个单位圆盘内有 n 个点. 距离严格大于 1 的点对的最大数量是多少?

解 构造图 G,顶点分别对应于圆盘内这 n 个点,当且仅当两个点距离超过 1 时,对应顶点相连.

我们证明 G 中不包含 K_6. 对于任何的 6 个点,若其中一个是圆盘的中心,则它与所有其他点的距离最多为 1, 因此不与其他顶点相连. 假设 6 个点都不在圆心,设 6 个点分别为 $A_1,A_2,\cdots,A_6$,$OA_i(1\leqslant i\leqslant 6)$ 按顺时针排列. 用 O 表示圆盘的中心,则某个角度 A_iOA_{i+1}($A_7=A_1$)不超过 $\frac{\pi}{6}$. 根据余弦定理得到

$$A_iA_{i+1}^2\leqslant OA_i^2+OA_{i+1}^2-OA_i\cdot OA_{i+1}\leqslant 1$$

因此 G 中不存在 K_6. 根据图兰定理的推论 7.4,最多存在 $t_5(n)\sim\frac{2n^2}{5}$ 条边.

可以构造 $t_5(n)$ 个点对距离大于 1: 在圆周上选取五个等距的点 $P_1,\cdots,P_5$,使它们之间的最小距离严格大于 1. 把 $T_5(n)$ 的五组点中的每组,分别放置在五个 P_i 的附近即可,如图11.39. □

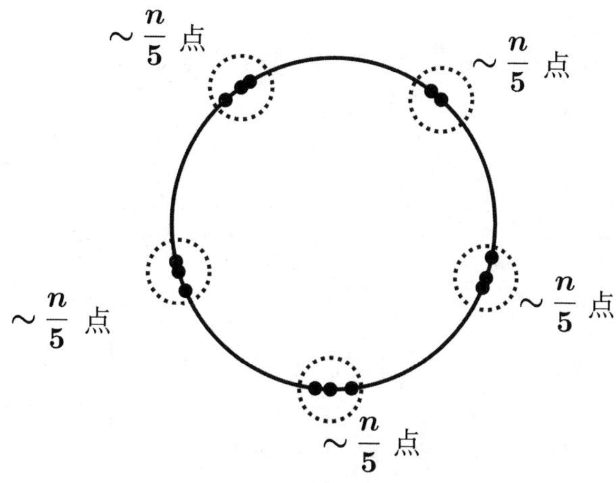

图 11.39　构造 $t_5(n)$ 个点距离大于 1

注　这种方法可以推广并解决类似的问题. 假设在某个表面上有 n 个点,我们想知道有多少距离可以大于某个给定的 l. 首先看看在那个表面上可以有多少个点,使得任何两点之间的距离大于 l——假设我们得到了 k 为最大值. 然后从图兰定理得到 n 个点之间这种距离的上界. 这个界限总是可以通过将点尽量平均放在所选择的 k 个两两距离大于 l 的点附近得到.

7.14. 证明:存在一个常数 $c>0$,使得对于任意正整数 n,平面内的任意 n 个点中,单位距离最多出现 $cn^{\frac{3}{2}}$ 次.

证明　构造图 G,顶点对应 n 个点,边对应单位距离的点对.

关键发现是没有 $K_{2,3}$ 子图(顶点数分别为 2 和 3 的完全二部图). 这是因为对于两个固定点 A 和 B,与 A 和 B 距离为 1 的点不能超过两个(在 AB 的中垂线上有两个这样的位置;也可以说到三个点距离均为 1 的点只能在外心).

联想到我们研究没有 C_4 的图的方法,应用类似的策略. 计算 $(u,\{v,w\})$ 组,使得 u 连接到 v 和 w. 对于固定的 $\{v,w\}$,最多有两个 u 与其形成这样的组,所以最多有 $2\binom{n}{2}$ 组. 另一方面,对于固定的 u,有 $\binom{d(u)}{2}$ 对 $\{v,w\}$ 与其形成这样的组. 于是我们得到

$$2\binom{n}{2} \geqslant \sum_u \binom{d(u)}{2} \geqslant n\binom{\frac{\sum_u d(u)}{n}}{2} = \left(\frac{2|E|}{n}-1\right)|E|$$

因此我们得到二次不等式

$$|E|^2 - \frac{n}{2}|E| - \frac{n^2(n-1)}{2} \leqslant 0$$

解得

$$|E| \leqslant \frac{\frac{n}{2} + \sqrt{\frac{n^2}{4} + 2n^2(n-1)}}{2} < cn^{\frac{3}{2}}$$

对 $c = \frac{1}{4} + \frac{\sqrt{2}}{2}$ 成立. □

7.15. 设 G 是 n 个顶点的无三角形图,每个顶点的度数严格大于 $\frac{2n}{5}$. 证明:G 是二部图.

证明 假设命题不成立,则 G 包含一个奇圈. 我们取一个最短的奇圈

$$v_1, v_2, \cdots, v_k, v_1$$

其中 $k \geqslant 5$ 为奇数.

首先观察到任何边 v_iv_j 不是圈的边.(否则这条边与圈被分成的两个路径之一形成更短的奇圈.)

第二个观察是对于任何其他顶点 v, v 和圈上的顶点之间最多有 2 条边. 实际上,假设有 3 条这样的边,比如 $vv_i, vv_j, vv_l (i < j < l)$,三个圈

$$v_i, v_{i+1}, \cdots, v_j, v, v_i;$$

$$v_j, v_{j+1}, \cdots, v_l, v, v_j;$$

$$v_l, v_{l+1}, \cdots, v_i, v, v_l$$

的长度和为 $k+6$,因此其中之一是奇数并且小于 k(每个圈长至少为 4).

因此,圈 $v_1, v_2, \cdots, v_k, v_1$ 的顶点和其余顶点之间最多有 $2(n-k)$ 条边. 计算圈上顶点的度数和为

$$\sum_i d(v_i) \leqslant 2k + 2(n-k) = 2n$$

于是其中某顶点的度数不超过 $\frac{2n}{k} \leqslant \frac{2n}{5}$,矛盾.

因此不存在奇圈,于是 G 是二部图. □

7.16. (P. Erdős, AMM E3255, 罗马尼亚 TST 2008) $n(n \geqslant 3)$ 个顶点的连通图中,每条边至少属于一个三角形,确定它的最小可能边数.

解 如图11.40,对于 $n = 2k+1$,取 k 个三角形,所有三角形共享一个公共顶点(也称为风车图). 这个图有 $3k$ 条边. 对于 $n = 2k$,取 $k-1$ 个三角形,共享一个公共顶点,另一个顶点连接到一个三角形的两个顶点. 这个图有 $3k-1$ 条边.

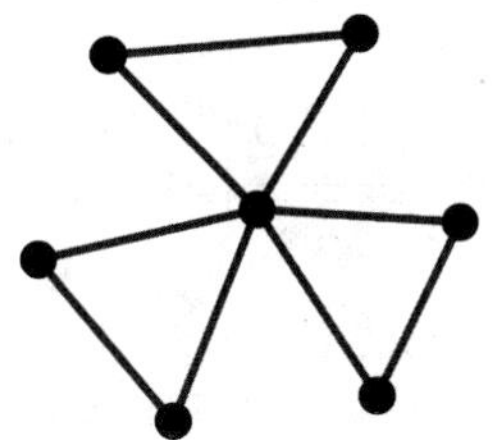
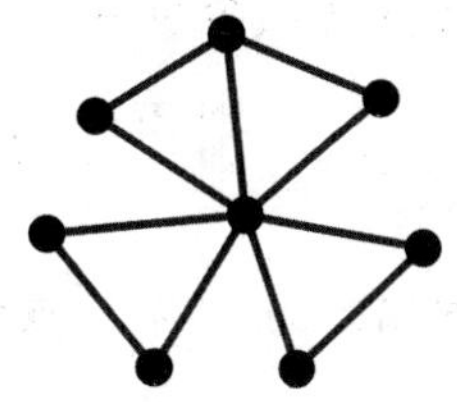

图 11.40 分别对于奇数 n 和偶数 n 的构造

在两种情况下,均可将边数写成 $e = \left\lfloor \frac{3n-2}{2} \right\rfloor$,其中 n 是顶点数. 我们将归纳证明这是最小的边数. 当 $n = 3$ 时命题显然成立.

现在设 $n > 3$,若所有顶点的度数至少为 3,则至少有 $\frac{3n}{2}$ 条边,命题成立.

否则,存在度数为 2 的顶点 v (它不能是度数 1,否则连出的唯一边不会在任何三角形中). 假设它连接到 u 和 w. 我们需要 uw 为边,否则 vu 和 vw 不会在任何三角形中.

如果还有三角形以 uw 为边,那么去掉顶点 v,剩下的图仍然服从任何边都属于某三角形的条件. 剩下的图有 $n-1$ 个顶点,所以至少有 $\left\lfloor \frac{3(n-1)-2}{2} \right\rfloor$ 条边,这意味着原图的边数至少是

$$\left\lfloor \frac{3(n-1)-2)}{2} \right\rfloor + 2 \geqslant \left\lfloor \frac{3n-2}{2} \right\rfloor$$

如果 uvw 是唯一包含 uw 的三角形,此时我们就不能简单地移除 v 并应用归纳法,因为剩下的图中边 uw 不属于任何三角形. 为了能够归纳,我们移除顶点 v 并将 u 和 w 收缩成一个顶点 $v \sim w$,如图11.41. 因为 uw 在收缩前(移除 v 后)不属于三角形,所以每个三角形在收缩后还是三角形. 因此收缩后的图的每条边还是属于收缩前同一个三角形.

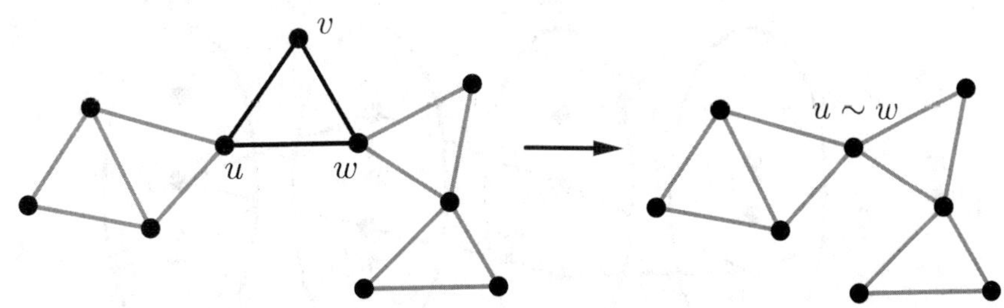

图 11.41 移除 v 并把顶点 u 和 w 合并成 $u \sim w$

收缩后的图有 $n-2$ 个顶点,所以至少有 $\left\lfloor \frac{3(n-2)-2}{2} \right\rfloor$ 条边(归纳假设),这意

味着收缩前的图的边数至少为

$$\left\lfloor \frac{3(n-2)-2}{2} \right\rfloor + 3 = \left\lfloor \frac{3n-2}{2} \right\rfloor \qquad \square$$

7.17. 确定没有偶圈的 n 个顶点的图的最大可能边数.

解法一 对于奇数 $n=2k+1$, 我们有风车图(k 个三角形都共享一个公共顶点), 它有 $3k$ 条边. 当 $n=2k$ 时, 我们有 $k-1$ 个三角形的风车图加上一条边连接到中心, 它有 $3k-2$ 条边, 如图11.42.

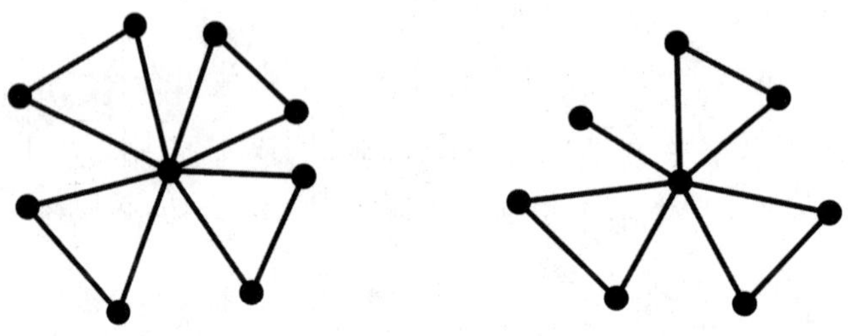

图 11.42 分别对于奇数 n 和偶数 n 的构造

两个值都可以写成 $\left\lfloor \frac{3(n-1)}{2} \right\rfloor$, 我们将证明这就是最大值. 可以假设图是连通的(否则只需证明连通分支的结果并相加). 任取顶点 v 并设 $V_i = \{u | d(v,u) = i\}$.

如果某个 V_i 中的顶点 u 在 V_{i-1} 中有两个邻居 u' 和 u'', 那么考察沿着从 u' 和 u'' 到 v 的路径, 并在第一个共同的顶点 w 处连接, 就得到了从 w 到 u 的两条顶点不相交的路径(如图11.43), 长度相同. 因此得到一个偶圈, 矛盾. 因此在不同的 V_i 之间共有 $n-1$ 条边, $V_i(i \geqslant 1)$ 中的每个顶点对应一条边, 此边将它连接到 V_{i-1}.

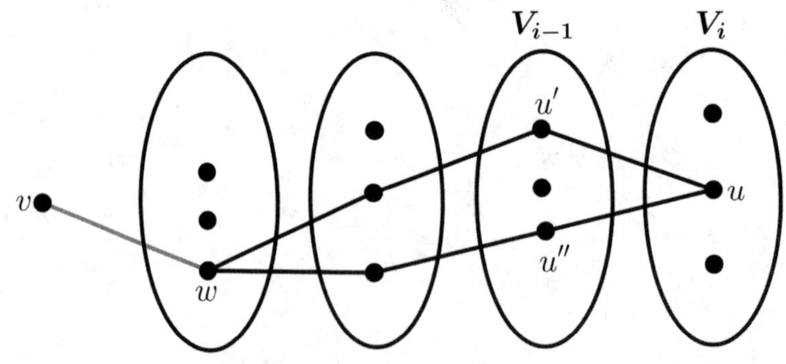

图 11.43 u 在 V_{i-1} 中有两个邻居

如果某个 V_i 中的顶点 u 在 V_i 内有两个邻居 u' 和 u''，那么用同样的技巧，找到相同长度、顶点不同的路径连接某 w 到 u' 和 u''，加上 u，得到一个偶圈，矛盾. 因此，在任何 V_i 中最多有 $\frac{|V_i|}{2}$ 条边.

综上所述，总边数不超过

$$n-1+\sum_i \frac{|V_i|}{2} \leqslant n-1+\frac{n-1}{2}=\frac{3(n-1)}{2}$$

□

解法二 我们也可以用归纳法证明这一点. 当 $n=1,2$ 时命题显然成立.

若图不包含圈，则最多有 $n-1$ 条边.

若图包含圈 C，长度为奇数 $t \geqslant 3$. 我们先证明 C 上的任意两个顶点之间没有 C 之外的边组成的路径. 否则，设这样的路径 D 连接 C 上的顶点 u 和 v，D 的长度为 k. 可以将 D 与 C 被 u 和 v 分割成的两条路径之一连接，获得两个圈. 这两个圈的长度之和为 $t+2k$，因此其中一个圈的长度为偶数，矛盾.

因此去除 C 的边，图至少有 t 个连通分支. 设这些连通分支的顶点集分别为 $V_1, V_2, \cdots, V_t$.

应用归纳假设，V_i 所在的连通分支至多有 $\left\lfloor\frac{3(|V_i|-1)}{2}\right\rfloor$ 条边. 这意味着初始图最多有

$$t+\sum_i\left\lfloor\frac{3(|V_i|-1)}{2}\right\rfloor \leqslant\left\lfloor\frac{3n-3t+2t}{2}\right\rfloor \leqslant\left\lfloor\frac{3(n-1)}{2}\right\rfloor$$

条边，这就是我们想要证明的. □

注 1 解法二也说明了，在任何等号成立的例子中，所有的圈都是三角形，如图11.44.

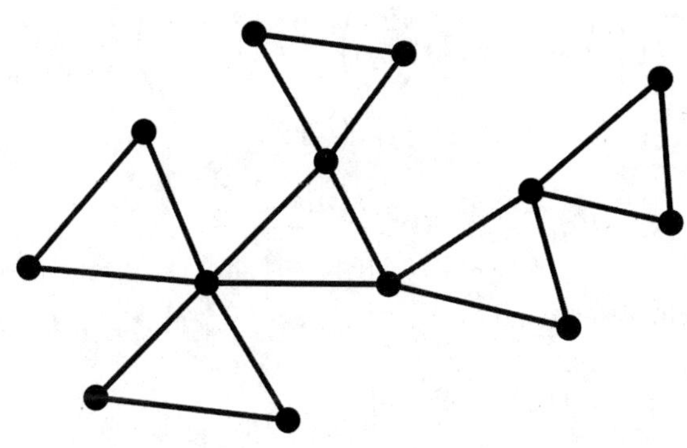

图 11.44 一个典型的例子

注 2 解法二的主要思想是证明了，不存在两个圈有公共边，否则会得到三个圈，合起来使用了偶数条边，其中一个是偶圈. 当圈都不存在公共边时，圈数不会超过边数 e 的 $\frac{1}{3}$，利用生成树，至少有 $e-n+1$ 个圈，于是得到证明——译者注.

7.18. 设 $G(V,E)$ 是 $2n$ 个顶点的图. 对于 G 的任何 n 个两两不同的顶点，最多存在一个顶点与它们都相连. 证明

$$|E| \leqslant n^{-\frac{1}{n}}n^2 + \frac{n(n-1)}{2}$$

证明 英文版原解答有误，我们证明一个结果，当 n 较大时可以得到原题的结论.

考察一个顶点和一个 2 点组构成的对 $(u,\{v_1,v_2\})$，满足顶点 u 连接到 v_1 和 v_2. 根据题目条件，对于每个 2 点组 $\{v_1,v_2\}$，至多有 $n-1$ 个 u 与其形成这样的对(否则有至少 n 个点同时与 v_1,v_2 相连，矛盾). 所以一共至多有 $(n-1)\binom{2n}{2}$ 个这样的对. 但是从 u 的角度来看，有 $\binom{d(u)}{2}$ 个 2 点组与其形成这样的对. 因此

$$\sum_u \binom{d(u)}{2} \leqslant (n-1)\binom{2n}{2}$$

由于 $\sum d(u) = 2|E|$，因此 $d(u)$ 关于顶点 u 的均值为 $\frac{2|E|}{2n} = \frac{|E|}{n}$，记 $\lambda = \frac{|E|}{n}$. 利用组合数 $\binom{x}{2}$ 的凸性，可以得到不等式

$$(n-1)\binom{2n}{2} \geqslant \sum_u \binom{d(u)}{2} \geqslant 2n\binom{\lambda}{2}$$

比较最高次项，猜测 $\lambda \leqslant \sqrt{2}n$. 实际上

$$(n-1)\binom{2n}{2} \leqslant 2n\binom{\sqrt{2}n}{2} \iff 2n^2-3n+1 \leqslant 2n^2-\sqrt{2}n$$

显然成立. 因此

$$2n\binom{\lambda}{2} \leqslant (n-1)\binom{2n}{2} \leqslant 2n\binom{\sqrt{2}n}{2}$$

给出 $\lambda < \sqrt{2}n$，或者 $|E| \leqslant \sqrt{2}n^2$. 现在考察不等式

$$\sqrt{2}n^2 \leqslant n^{-\frac{1}{n}}n^2 + \frac{n(n-1)}{2}$$

两边除以 n^2，将右端看成关于 n 的函数

$$f(n) = n^{-\frac{1}{n}} + \frac{1}{2} - \frac{1}{2n}$$

将函数 $f(n)$ 看成实变量的函数，对 n 求导得到

$$f'(n) = n^{-1-\frac{1}{n}} \cdot (-\frac{1}{n}) + n^{-\frac{1}{n}}\ln n \cdot \frac{1}{n^2} + \frac{1}{2n^2}$$

容易看出当 $n \geqslant \mathrm{e}$ 时,$f'(n) > 0$. 由于当 $n \to \infty$ 时,$n^{-\frac{1}{n}} \to 1$,因此 $f(n) \to 1.5 > \sqrt{2}$. 计算发现当 $n \geqslant 50$ 时,已有 $f(n) > \sqrt{2}$,于是此时题目结论成立. □

7.19. (Kővári, Sós, Turán, 1954) 设 n 和 k 为正整数,$k < n$. 设二部图 $G(V, E)$ 的顶点集合为 A 和 B,$|A| = |B| = n$,G 不包含 $K_{k,k}$ 子图. 证明

$$|E| \leqslant (k-1)^{\frac{1}{k}}(n-k+1)n^{1-\frac{1}{k}} + (k-1)n$$

证明 考虑顶点 $a \in A$ 和 B 中 k 点组 $\{b_i\}$ 形成的对:$(a, \{b_1, b_2, \cdots, b_k\})$,满足 a 连接到所有 b_i. 设 S 为这种对的数量.

若没有 $K_{k,k}$ 子图,则对于固定的 $b_1, b_2, \cdots, b_k$,最多有 $k-1$ 个 a 与其形成这样的对. 因此 $S \leqslant \binom{n}{k}(k-1)$.

另一方面,若 A 中顶点的度数分别为 $d_1, d_2, \cdots, d_n$,则此类对的数量为

$$S = \sum_{i=1}^{n} \binom{d_i}{k}$$

如果 $|E| \leqslant nk$,我们就完成了(需要证明题目中不等式的右端不小于 nk,这等价于 $(k-1)^{\frac{1}{k}}(n-k+1)n^{-\frac{1}{k}} \geqslant 1$,或者说 $(n-k+1)^k \geqslant \frac{n}{k-1}$. 关于 n 求导发现只需证明 n 最小的情形,即 $n = k+1$. 代入发现要证 $2^k \geqslant \frac{k+1}{k-1}$. 当 $k \geqslant 2$ 时归纳可证其成立. 当 $k = 1$ 时,原题是平凡的——译者注). 否则,可以得到不等式

$$S = \sum_{i=1}^{n} \binom{d_i}{k} \geqslant n\binom{\frac{d_1+d_2+\cdots+d_n}{n}}{k} = n\binom{\frac{|E|}{n}}{k}$$

将 S 的两个式子放在一起,得到

$$\frac{k-1}{n} \geqslant \frac{\frac{|E|}{n}\left(\frac{|E|}{n}-1\right)\cdots\left(\frac{|E|}{n}-k+1\right)}{n(n-1)\cdots(n-k+1)}$$

现在开始就是纯代数计算. 注意到显然有 $\frac{|E|}{n} \leqslant n$,因此对 $i \leqslant k-1$,有

$$\frac{\frac{|E|}{n}-i}{n-i} \geqslant \frac{\frac{|E|}{n}-k+1}{n-k+1}$$

代入到前面的不等式得到

$$\frac{\frac{|E|}{n}\left(\frac{|E|}{n}-1\right)\cdots\left(\frac{|E|}{n}-k+1\right)}{n(n-1)\cdots(n-k+1)} \geqslant \left(\frac{\frac{|E|}{n}-k+1}{n-k+1}\right)^k$$

这意味着

$$\frac{\frac{|E|}{n}-k+1}{n-k+1} \leqslant \sqrt[k]{\frac{k-1}{n}}$$

进而得到

$$|E| \leqslant (k-1)^{\frac{1}{k}}(n-k+1)n^{1-\frac{1}{k}} + (k-1)n$$

□

注 1 对于固定的 k 和很大的 n,这个界近似是 $(k-1)^{\frac{1}{k}}n^{2-\frac{1}{k}}$.

注 2 类似的方法可以应用于顶点集大小为 m 和 n 的二部图,不包含 $K_{k,l}$ 子图.正如人们会想到的那样,计算往往是很烦琐的.

7.20. (Kővári, Sós, Turán, 1954) 设图 $G(V,E)$ 有 n 个顶点,不包含 $K_{k,k}$ 子图,证明

$$|E| \leqslant \frac{(k-1)^{\frac{1}{k}}(n-k+1)n^{1-\frac{1}{k}}+(k-1)n}{2}$$

证法一 我们应用与前一个问题相同的策略. 取所有的对 $(u,\{v_1,v_2,\cdots,v_k\})$,其中 u 连接到所有 v_i,并用 S 表示这些对的数量.

一方面,对于固定的 $v_1,v_2,\cdots,v_k$,最多有 $k-1$ 个 u 与其构成这样的对. 因此 $S \leqslant \binom{n}{k}(k-1)$.

另一方面,对于固定的 u,有 $\binom{d(u)}{k}$ 组 $v_1,\cdots,v_k$ 会与其构成这样的对,所以

$$S=\sum_{u\in V}\binom{d(u)}{k} \geqslant n\binom{\frac{\sum\limits_u d(u)}{n}}{k}=n\binom{\frac{2|E|}{n}}{k}$$

于是得到

$$\frac{k-1}{n} \geqslant \frac{\frac{2|E|}{n}\left(\frac{2|E|}{n}-1\right)\cdots\left(\frac{2|E|}{n}-k+1\right)}{n(n-1)\cdots(n-k+1)} \geqslant \left(\frac{\frac{2|E|}{n}-k+1}{n-k+1}\right)^k$$

因此

$$\frac{\frac{2|E|}{n}-k+1}{n-k+1} \leqslant \sqrt[k]{\frac{k-1}{n}}$$

说明

$$|E| \leqslant \frac{(k-1)^{\frac{1}{k}}(n-k+1)n^{1-\frac{1}{k}}+(k-1)n}{2}$$ □

证法二 我们也可以用前面的问题来证明这个问题. 构建两个顶点集大小为 n 的二部图 G': G 的每个顶点 v_i 对应 G' 的两个顶点,$a_i \in A$ 和 $b_i \in B$. a_i,b_j 在 G' 中相连当且仅当 v_i,v_j 在 G 中相连,于是 G 的每条边对应 G' 的两条边,因此

$$|E(G')|=2|E(G)|$$

因为 G 没有 $K_{k,k}$ 子图,G' 也不可能有. 应用前面的问题,得到

$$|E(G') \leqslant (k-1)^{\frac{1}{k}}(n-k+1)n^{1-\frac{1}{k}}+(k-1)n$$

说明

$$|E(G)| \leqslant \frac{(k-1)^{\frac{1}{k}}(n-k+1)n^{1-\frac{1}{k}}+(k-1)n}{2}$$ □

7.21. (改编自图伊玛达奥林匹克 2016，D. Conlon) 设图 G 有 m 条边，$r>0$. 证明：G 的 $K_{r,r}$ 子图的个数不超过 $\frac{m^r}{r!}$.

证明 我们将考察 r 条边的集合，它们中的任何两条没有公共端点. 这是因为 $K_{r,r}$ 包含很多这样的集合.

我们将用两种方式计算对 (S,H) 的数量，其中 S 是一组 r 条边，任何两个没有公共点，H 是包含 S 中所有边的 $K_{r,r}$ 子图，用 P 表示这种对的数量.

一方面，至多有 $\binom{m}{r}\leqslant\frac{m^r}{r!}$ 个集合 S. 为了计算一个 S 可以属于多少个 H，首先发现 H 的顶点必须是 S 的边的 $2n$ 个端点. 然后，H 作为二部图，有两个顶点集 V_1 和 V_2，S 中每条边在 V_1 有一个端点，在 V_2 中有一个端点. 因此，为了确定可能的 V_1,V_2，只需要选择将 r 条边的两个端点分别放入 V_1,V_2 中的哪一个，这有 2^r 个选项. 由于选择 (V_1,V_2) 和 (V_2,V_1) 给出相同的图，我们实际上有 2^{r-1} 个 H 与一个 S 对应. 因此

$$P\leqslant\frac{m^r}{r!}2^{r-1}$$

另一方面，对于每个 H，正好有 $r!$ 个集合 S(我们只需将 r 个顶点与另一组 r 个配对). 因此，若用 k 表示 $K_{r,r}$ 子图的数量，则有

$$P=kr!$$

将两者放在一起，得到

$$k\leqslant\frac{m^r}{r!}\frac{2^{r-1}}{r!}\leqslant\frac{m^r}{r!}$$

□

7.22. (中国女子奥林匹克，2013) 考虑顶点集为 A,B 的二部图，其中 $|A|=m$，$|B|=n$，图中没有长度为 4 的圈(即 C_4 不是子图). 证明：它最多有 $n+\binom{m}{2}$ 条边.

证法一 设 $u_1,\cdots,u_n$ 为 B 中的顶点，并用 $d_1,\cdots,d_n$ 表示它们的度数. 图的边数为 $\sum\limits_i d_i$.

现在，我们来看看三元组 $(\{v,v'\},u_i)$，其中 $v,v'\in A$，$vu_i,v'u_i$ 是边. 对于任何 i，都有 $\binom{d_i}{2}$ 个这样的三元组. 但是对于任何 $\{v,v'\}$ 最多只有一个. 因此

$$\sum_i\binom{d_i}{2}\leqslant\binom{m}{2}$$

但我们也知道

$$\binom{d_i}{2}=\frac{d_i(d_i-1)}{2}\geqslant d_i-1$$

将两者放在一起，得到

$$\sum_i d_i-n\leqslant\binom{m}{2}\implies|E|\leqslant n+\binom{m}{2}$$

□

证法二 设 $A=\{v_1,v_2,\cdots,v_m\}$ 并设 S_i 为 v_i 的邻居集合. 由于没有 C_4,任何两个 S_i 和 S_j 至多有一个共同元素.

我们知道边的数量是 $\sum\limits_i |S_i|$. 但是根据容斥原理,我们有

$$\sum_i |S_i| \leqslant \left|\bigcup_i S_i\right| + \sum_{i<j} |S_i \cap S_j| \leqslant |B| + \binom{m}{2} \times 1 = n + \binom{m}{2}$$ □

注 同理,我们也得到至多有 $m+\binom{n}{2}$ 条边.

7.23. 设图 $G(V,E)$ 有 n 个顶点,围长至少为 5(没有长度为 3 或 4 的圈). 证明

$$|E| \leqslant \frac{n\sqrt{n-1}}{2}$$

证明 设边数为 $|E|=m$. 对于顶点 v,考察 v 的邻点集 $N(v)$. 两个邻点之间不能有任何边(因为这得到三角形),也不能有除 v 之外的任何其他公共邻居(因为这会给出一个长度为 4 的圈). 这意味着 v 的每个邻居 u 都有 $d(u)-1$ 其他邻居,并且对于不同的 u,所有这些顶点都是不同的. 因此,$N(v)\cup\{v\}$ 之外至少有 $\sum\limits_{u\in N(v)}(d(u)-1)$ 个不同的顶点. 于是得到

$$1+d(v)+\sum_{u\in N(v)}(d(u)-1) = 1+\sum_{u\in N(v)} d(u) \leqslant n$$

对 v 求和,得到

$$n+\sum_v \sum_{u\in N(v)} d(u) \leqslant n^2$$

在双重求和中,每个 $d(u)$ 都精确地计算了 $d(u)$ 次,因此上式可以重写为

$$n+\sum_u d(u)^2 \leqslant n^2 \implies \sum_u d(u)^2 \leqslant n(n-1)$$

应用均值不等式到 $\sum\limits_u d(u)^2$ 得到

$$n(n-1) \geqslant \sum_u d(u)^2 \geqslant \frac{1}{n}\left(\sum_u d(u)\right)^2 = \frac{4m^2}{n}$$

因此

$$m \leqslant \frac{n\sqrt{n-1}}{2}$$

□

注 已知图的围长,求边数的最大值的一般问题非常困难而且尚未解决. 即使对于围长为 5 的情况,也不知道最大值是多少.

拉姆塞理论

8.1. 求 $R(n,2)$.

解 涂了 2 号颜色的 K_2 就是这种颜色的一条边,因此 $R(n,2)=n$. □

8.2. 证明:$R(3,4)=9$.

证明 从命题 8.2,得到

$$R(3,4)\leqslant R(2,4)+R(3,3)=4+6=10$$

但是,我们可以使用以下引理来获得严格的不等式:

引理 若 $R(a-1,b)$ 和 $R(a,b-1)$ 都是偶数,则有

$$R(a,b)<R(a-1,b)+R(a,b-1)$$

引理的证明 我们尝试将拉姆塞定理 8.1 的证明应用于 $R(a-1,b)+R(a,b-1)-1$. 如果有一个顶点 v 关联 $R(a-1,b)$ 条颜色为 1 的边或 $R(a,b-1)$ 条颜色为 2 的边,那么我们就完成了.(若前者发生,则其中存在颜色 2 的 K_b 或颜色 1 的 K_{a-1},与 v 一起构成颜色 1 的 K_a;后者类似.)

如果这种情况不发生,那么每个顶点正好有 $R(a-1,b)-1$ 条颜色为 1 的边和 $R(a,b-1)-1$ 条颜色为 2 的边. 但此时每个点的颜色 1 度数为奇数,顶点数 $R(a-1,b)+R(a,b-1)-1$ 也是奇数,与握手引理 1.8 矛盾.

现在回到原题证明,应用引理直接得到 $R(3,4)\leqslant 9$. 如图11.45,可以构造 K_8 的染色,不包含颜色为 1 的 K_3 和颜色为 2 的 K_4. 所以 $R(3,4)=9$. □

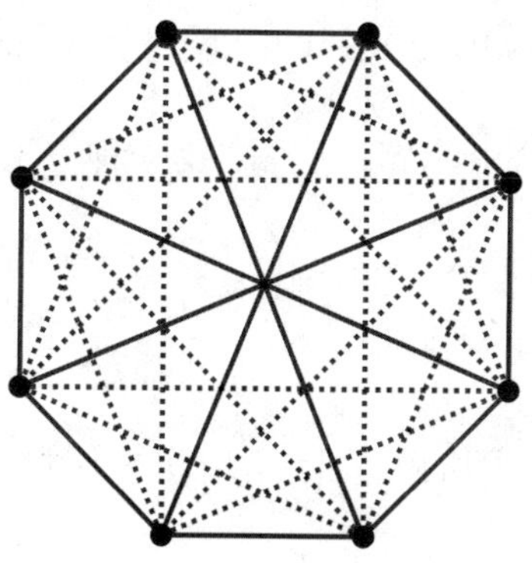

图 11.45 K_8 的染色

8.3. 证明：$R(a_1, a_2, \cdots, a_r)$ 存在.

证法一 我们像拉姆塞定理的证明一样对 $a_1 + a_2 + \cdots + a_r$ 归纳. 如果对于某些 $i, a_i \leqslant 1$，那么显然有 $R(a_1, a_2, \cdots, a_r) = 1$.

现在设 $a_1 + a_2 + \cdots + a_r = n$. 取 N 个顶点的一个图并选择一个顶点 v.

如果 v 有超过 $R(a_1, \cdots, a_{i-1}, a_i - 1, a_{i+1}, \cdots, a_r)$ 条颜色为 i 的边，那么根据归纳假设，这些边的另一个端点生成的图要么给出一个颜色为 j 的 K_{a_j}，其中 $j \neq i$；要么给出一个颜色为 i 的 $K_{a_i - 1}$，这与 v 一起形成一个 K_{a_i}.

因此，如果

$$N \geqslant \left(\sum_i R(a_1, \cdots, a_{i-1}, a_i - 1, a_{i+1}, \cdots, a_r)\right) - r + 2$$

那么必然有一种颜色 i 使得 v 至少有

$$R(a_1, \cdots, a_{i-1}, a_i - 1, a_{i+1}, \cdots, a_r)$$

条该颜色的边，这意味着我们可以获得所需的单色完全子图. □

证法二 第二个证明使用了“颜色混合”的技巧. 首先假设颜色 $r-1$ 和 r 是相同的，对于足够大的 n，要么存在另一种颜色的所需单色完全图，要么存在非常大的仅含颜色 $r-1$ 或 r 的完全图. 然后我们可以使用基本的拉姆塞定理 8.1，来处理颜色 $r-1$ 和 r.

我们对 r 归纳证明结果. 对于 $r = 2$，这是基本的拉姆塞定理.

现在，对于 $r \geqslant 3$，考虑 $R(a_1, a_2, \cdots, a_{r-2}, R(a_{r-1}, a_r))$（根据归纳假设存在）个点的完全图的边的 r 染色，把颜色 $r-1$ 和 r 当作是相同的颜色.

根据拉姆塞数定义，或者存在颜色为 $i(i \leqslant r-2)$ 的 K_{a_i}；或者存在只含颜色 $r-1$ 和颜色 r 的 $K_{R(a_{r-1}, a_r)}$. 如果是前者，我们就完成了；若是后者，则根据拉姆塞定理，$K_{R(a_{r-1}, a_r)}$ 中包含颜色为 $r-1$ 的 $K_{a_{r-1}}$ 或颜色为 r 的 K_{a_r}. □

注 第二种方法更漂亮，但给出的界限更弱. 第一种方法给出

$$R(a_1, a_2, \cdots, a_r) \leqslant \binom{a_1 + a_2 + \cdots + a_r}{a_1, a_2, \cdots, a_r}$$

例如

$$R(k, k, k) \leqslant \binom{3k}{k, k, k} \leqslant (3k)^{3k}$$

而第二种方法给出

$$R(k, k, k) \leqslant \binom{k + \binom{k+k}{k}}{k}$$

这是非常大的,因为

$$\binom{k+\binom{k+k}{k}}{k} \geqslant \binom{2^k}{k} \geqslant \frac{2^{k^2}}{k^k}$$

8.4. 证明:$R(3,3,3) \leqslant 17$.

证明 考虑 K_{17} 的三染色. 选择一个顶点 v,根据抽屉原则,v 关联的边中,有一种颜色,比如颜色 1,出现至少 6 次. 如果这些边的另一个端点之间有颜色为 1 的边,我们就有颜色为 1 的 K_3(连同 v). 否则,由于 $R(3,3)=6$,这些顶点的边之间有一个单色的 K_3,颜色为 2 或 3. □

注 $R(3,3,3)$ 其实等于 17,但是构造不容易展示.

8.5. 完全图 K_{2^n+1} 的边染成 n 种颜色,证明:存在单色奇圈.

证明 我们将归纳证明这一点. 当 $n=1$ 时命题显然成立. 现在假设结果对 $n \geqslant 1$ 成立,我们将证明对 $n+1$ 的结果.

假设 $K_{2^{n+1}+1}$ 的边可以用 $n+1$ 种颜色着色,没有单色奇圈. 考虑由其中一种颜色(称为 c)的边确定的图. 由于没有奇圈,这个图是二部图,有顶点集合 A 和 B. A 和 B 之一至少有 2^n+1 个顶点,假设是 A.

现在,A 的顶点之间的边都没有用颜色 c 着色,所以它们用 n 种颜色着色. 因此可以对 A 中顶点的 n 着色用归纳假设,存在一个单色奇圈,矛盾. □

8.6. (改编自 USATST 2002) 设 $n \geqslant 3$,考虑用两种颜色对完全图 K_n 着色. 已知任何三角形都有偶数条颜色为 1 的边. 证明:存在一个颜色为 2 的 K_k,其中 $k \geqslant \lceil \frac{n}{2} \rceil$.

证明 选择一条颜色为 1 的边 uv(若没有这样的边,则结论显然成立).

任何其他顶点 w 到 u 和 v 都恰有一条颜色为 1 的边. 所以根据抽屉原则,u 和 v 之一,比如说 u,其余顶点中至少 $\lceil \frac{n-2}{2} \rceil$ 个与 u 连出颜色为 2 的边. 但是两个这样的顶点,比如说 w 和 w',它们之间的边也必须是颜色 2,否则三角形 uww' 将有 1 条颜色为 1 的边. 所以这些顶点,连同 u 形成一个颜色为 2 的完全子图,至少有 $\lceil \frac{n}{2} \rceil$ 个顶点. □

8.7. (中国数学奥林匹克 2009,JBMO 2012) 完全图 K_n 的边用 n 种颜色着色. 对于哪些 n 存在满足下述条件的着色:对于 n 种颜色中的任何三种,存在一个三角形,三条边恰好是这三种颜色?

解 很明显,每条边都属于 $n-2$ 个三角形,因此最多属于 $n-2$ 个三边颜色互不相同的三角形.

因此，若某种颜色 i 有 c_i 条边，则这些边最多属于 $c_i(n-2)$ 个三边颜色不同的三角形. 但是颜色 i 出现于 $\binom{n-1}{2}$ 个不同颜色构成的三色组，这意味着：$c_i(n-2) \geqslant \binom{n-1}{2}$. 因此 $c_i \geqslant \left\lceil \frac{n-1}{2} \right\rceil$.

若 n 是偶数,则 $c_i \geqslant \frac{n}{2}$. 此时边的总数至少是 $n \cdot \frac{n}{2} > \binom{n}{2}$,矛盾.

若 n 是奇数,则这样的着色是可能的:设顶点是 $0, 1, 2, \cdots, n-1$,将边 ij 着色为 $i+j \pmod n$,如图11.46.

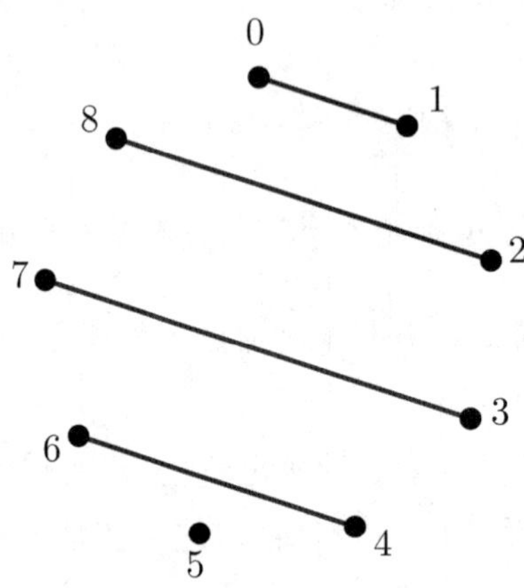

图 11.46 颜色为 1 的边

我们证明这个着色符合要求:对于不同的 i, j, k,显然 $\triangle ijk$ 的边有不同的颜色. 此外,假设 $\triangle ijk$ 和 $\triangle i'j'k'$ 的三边颜色对应相同,则

$$i + j \equiv i' + j' \pmod n$$

$$j + k \equiv j' + k' \pmod n$$

$$k + i \equiv k' + i' \pmod n$$

于是得到 $2i \equiv 2i' \pmod n$. 因为 n 是奇数,所以 $i \equiv i' \pmod n$. 由对称性,得到 $j \equiv j', k \equiv k' \pmod n$,说明 $\triangle ijk$ 和 $\triangle i'j'k'$ 是同一个三角形.

因此每个三角形的三边是三种不同的颜色，而且任何两个三角形对应两个不同的三色组. 共有 $\binom{n}{3}$ 个三角形和 $\binom{n}{3}$ 个三色组,所以它们之间是一一对应,题目结论成立. □

8.8. 证明:K_6 的任何 2 着色存在长度为 4 的单色圈.

证明 假设不存在单色的 4–圈. 根据拉姆塞定理,有一个单色三角形,比如颜色为 1 的 u_1, u_2, u_3, u_1. 设 v_1, v_2, v_3 剩余顶点.

v_1u_1, v_1u_2, v_1u_3 不能有两条颜色为 1 的边，否则在顶点 u_1, u_2, u_3, v_1 上有一个长度为 4 的单色圈）. 对 v_2 和 v_3 也是如此.

如果 v_1u_1, v_1u_2, v_1u_3 中的三个都是颜色为 2，由于 v_2u_1, v_2u_2, v_2u_3 中有两个也是颜色为 2，那么我们就得到一个长度为 4，颜色为 2 的圈.

因此对每个 $i \in \{1,2,3\}$，恰有两个 v_iu_1, v_iu_2, v_iu_3 是颜色为 2. 并且不同的两个 i，对应的两个 u_j 是不同的对. 我们不妨设 v_iu_j 是颜色为 2 当且仅当 $i \neq j$.

现在查看圈 v_i, u_i, u_j, v_j, v_i 的颜色，得到 v_iv_j 总是颜色为 2. 于是 v_1, v_2, u_1, v_3, v_1 构成颜色为 2 的圈，矛盾. □

8.9. 证明：K_n 的任何 2 染色中存在单色生成树.

证法一 我们将归纳证明这一点. 当 $n = 1, 2$ 时，命题显然成立.

假设命题对 $n-1$ 成立. 在 K_n 中，选取一个顶点 v. 如果 v 中的所有边都是一种颜色，比如说 1，那么它们形成一个颜色为 1 的生成树.

否则，存在颜色 1 的边 vu 和颜色 2 的边 vw. 对去除 v 后得到的图应用归纳假设，得到 $n-1$ 个顶点上的单色树. 若是颜色 1，则添加边 uv，否则添加边 wv，得到 n 个顶点的单色生成树. □

证法二 只需证明由其中一种颜色确定的生成子图是连通的，于是该子图有生成树.

假设由颜色 1 确定的子图不连通，则顶点可以被划分为 V_1 和 V_2，使得 V_1 和 V_2 之间没有颜色为 1 的边. 所以这些边都是颜色为 2，显然这些边确定一个连通的子图. □

注 1 我们不能保证有多于一个生成树. 设 K_{n-1} 的颜色为 1，其他边的颜色为 2，则只有一个生成树，由颜色 2 的边确定.

注 2 若有三种颜色，则结论不成立. 实际上，取颜色为 1 的 K_{n-1}，对第 n 个顶点，用颜色 2 和 3 为其边着色（不全为一种颜色）.

注 3 证法二显然就是命题：G 和 $\overline{G}$ 之一是连通的.

8.10. 设 $s, t > 2$ 是整数，T 是 t 个顶点的树. 求最小的正整数 n，使得完全图 K_n 的每个蓝黄色着色必然存在蓝色 K_s 或黄色 T.

解 我们将证明 $n = (s-1)(t-1)+1$.

首先，对于 $n = (s-1)(t-1)$，考虑 $s-1$ 个黄色 K_{t-1} 形成的图使得任何两个 K_{t-1} 之间的边是蓝色的. 图中没有蓝色的 K_s，因为任何 s 个顶点必然有两个

来自同一个黄色 K_{t-1}；此外，图的每个黄色连通分支只有 $t-1$ 个顶点，因此不会有黄色的 T.

其次，我们对 $s+t$ 归纳来证明 $K_{(s-1)(t-1)+1}$ 的每个着色都会产生黄色的 T 或蓝色的 K_s. 命题对于 $s+t=1,2$ 是显然的. 假设结论对 $1,2,\cdots,k-1$ 成立，我们证明 $s+t=k$ 的结论.

假设没有蓝色的 K_s. 令 T' 是 T 去除一个叶子后得到的树，有 $t-1$ 个顶点. 根据归纳假设，图中有一个黄色的 T'. 设 v 是从 T 移除的叶子的相邻顶点，如果 v 有任何黄色边连到不在 T' 中的顶点，那么我们就可以找到一个黄色的 T. 否则，v 至少连出

$$(s-1)(t-1)-(t-2)=(s-2)(t-1)+1$$

条的蓝边，如图11.47.

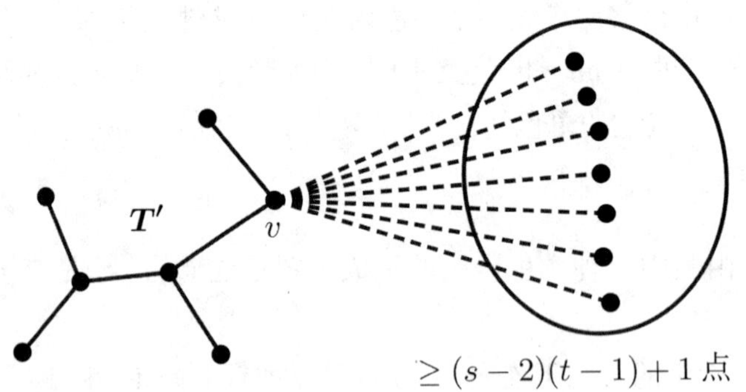

图 11.47 T' 和 v 连出的 $(s-2)(t-1)+1$ 条蓝边

考虑由这些边的末端诱导的子图. 根据归纳假设，可以找到一个黄色的 T 或一个蓝色的 K_{s-1}. 若是后者，则连同 v，有一个蓝色的 K_s，矛盾. 因此我们有一个黄色的 T. □

注 我们可以观察到一些有趣的事情：$(s-1)(t-1)$ 的构造是一个没有蓝色 K_s 的着色，不仅不包含 T，而且实际上不包含任何 t 个顶点的树. 再增加一个顶点，我们就可以保证，假设没有蓝色 K_s，图中有 t 个顶点的任何树作为黄色子图.

8.11. 设 $k\geqslant 1$ 和 $r\geqslant 2$ 为整数. 证明：存在正整数 N，使得当 $n\geqslant N$ 时，任意用 r 种颜色将 $K_{n,n}$ 的边染色，都存在单色的 $K_{k,k}$ 子图.

证法一 取 $A=\{v_1,v_2,\cdots,v_n\}$ 为第一组顶点，B 为第二组顶点.

我们将依次应用鸽巢原理：首先，在 B 中至少有 $\frac{n}{r}$ 个顶点，它们到 v_1 的边具有相同的颜色. 其中，至少有 $\frac{n}{r^2}$ 个，它们到 v_2 的边也具有相同的颜色. 其中，至少有 $\frac{n}{r^3}$ 个，它们到 v_3 的边还具有相同的颜色，如此继续.

最终，我们将在 B 中找到至少 $\frac{n}{r^{kr}}$ 个顶点的集合 B'，使得对于任何 $v_i, 1 \leqslant i \leqslant kr$，$B'$ 到 v_i 的边具有相同的颜色（不同的 v_i 这个颜色可以不同）.

现在，我们可以找到 $\{v_i, 1 \leqslant i \leqslant kr\}$ 中的 k 个，它们到 B' 的边的颜色是相同的. 所以如果 $|B'| \geqslant k$，就得到了 $K_{k,k}$.

这意味着 $N = r^{kr}k$ 足以使结论成立. □

注 1 最小的这种 N 是二部图的一种拉姆塞数.

注 2 实际上，我们只使用了 A 中的 kr 个顶点，所以 $|A| = n$ 的条件对证明不重要.

证法二 我们再给出一个类似于拉姆塞定理的证明.

我们对 $k_1 + l_1 + k_2 + l_2 + \cdots + k_r + l_r$ 归纳来证明：对于足够大的 n，任何 $K_{n,n}$ 包含某个颜色为 i 的 K_{k_i,l_i}. 用 $Q(k_1, l_1, k_2, l_2, \cdots, k_r, l_r)$ 表示满足这个性质的最小的 n. 若对某个 i，$k_i = 0$ 或 $l_i = 0$，则命题显然成立（只要 $n \geqslant \sum\limits_i (k_i + l_i)$ 就足够了）.

现在，假设对于所有 i，$k_i, l_i \neq 0$. 在 A 中选取一个顶点 v. 如果对于某种颜色 i，它至少有 $Q(k_1, l_1, \cdots, k_i - 1, l_i, \cdots, k_r, l_r)$ 条颜色为 i 的边，那么选择这些边的另一个端点当作集合 B'，从 A 中取同样多的顶点（不包括 v）当作集合 A'. 对 A' 和 B' 形成的二部图应用归纳假设，要么得到某个颜色为 $j \neq i$ 的 K_{k_j,l_j}，要么得到颜色为 i 的 K_{k_i-1,l_i}，后者与 v 一起形成颜色为 i 的 K_{k_i,l_i}.

因此对于

$$n \geqslant \sum_i Q(k_1, l_1, \cdots, k_i - 1, l_i, \cdots, k_r, l_r)$$

可以得到想要的单色子图. □

8.12. 固定正整数 k，对于整数 n，将 $\{1, 2, \cdots, n\}$ 的所有子集用 k 种颜色着色. 证明：存在 n_0，使得对于 $n \geqslant n_0$，总有两个不相交的子集 X, Y，满足 X, Y 和 $X \cup Y$ 是相同的颜色.

证明 这看起来像一个拉姆塞问题，但并不明显该如何应用拉姆塞定理.

我们实际上将证明一些更强的结论：对于足够大的 n，存在 $a < b < c$，使得

$$\{a, a+1, \cdots, b-1\},\ \{b, b+1, \cdots, c-1\},\ \{a, a+1, \cdots, c-1\}$$

都是一样的颜色.

考虑 n 个顶点(用 $\{1,2,\cdots,n\}$ 表示)的完全图,并给边 $ab(a<b)$ 着色,用集合 $\{a,a+1,\cdots,b-1\}$ 的颜色.

当 $n \geqslant R(\underbrace{3,3,\cdots,3}_{k个3})$ 时,根据广义拉姆塞定理 8.6,存在单色三角形,设其顶点为 $a<b<c$. 根据着色方法的定义,前面描述的三个集合具有相同的颜色. □

8.13. (IMOSL 1990) 将 K_{10} 的边用两种颜色染色,证明:其中一种颜色存在两个无公共顶点的奇圈.

证明 我们将使用 $R(3,3)=6$ 和以下引理:

引理 将 K_5 的边二染色,存在单色的 K_3 或 C_5(有五个顶点的圈).

引理的证明 假设没有单色 K_3.

若某点连出某种颜色的三条边,比如 vv_1,vv_2,vv_3,则 v_1v_2,v_2v_3,v_1v_3 中每条边都必须是颜色 2,否则它与 v 形成颜色 1 的 K_3. 但是 v_1,v_2,v_3 就形成颜色 2 的 K_3,矛盾.

因此每个顶点有两条颜色为 1 的边和两条颜色为 2 的边,这样我们得到两条单色的 C_5.

回到题目证明,因为 $R(3,3)=6\leqslant 10$,存在一个单色 K_3. 剩下的 7 个顶点,还可以得到另一个单色 K_3. 如果两者颜色相同,我们就完成了.

否则,在两个不同颜色的三角形之间有 9 条边,所以其中有 5 条是相同颜色. 可以得到两个不同颜色的单色三角形,它们只有一个公共顶点. 将引理应用于剩余的 5 个点,可以得到一个单色奇圈. 它与其中一个三角形放在一起,就得到了两个相同颜色的顶点不相交的奇圈. □

8.14. (圣彼得堡数学奥林匹克 2008) 设整数 $n\geqslant 2$,图 G 的最小度数 $\delta(G)\geqslant 4n$. 将 G 的边用两种颜色染色,证明:存在一个长度至少为 $n+1$ 的单色圈.

证明 G 至少有 $2n|V|$ 条边. 根据抽屉原则,存在一种颜色,该颜色的边至少为 $n|V|$. 考虑由这种颜色的边确定的子图 H.

由于 H 的平均度数是 $2n$,我们知道 H 有一个子图 H' 其最小度数是 n(只需删除度数小于 n 的顶点,平均度数不会减少,直到不再有这样的顶点,习题 1.16). 因此 H' 包含一个长度至少为 $n+1$ 的圈(选择最长路径 $v_1,v_2,\cdots,v_r$;那么 v_1 没有边到路径外的顶点,但它至少有 n 个邻居,所以它必须连接到某个 $v_i,i\geqslant n+1$,从 v_1 到 v_i 的路径可以封闭为圈,习题 1.18). □

8.15. 给定正整数 n,求 m 的最小值,满足:任何 n 个顶点,m 条边的图的边用两种颜色染色,总存在单色三角形.

解 我们将证明更一般的命题:

$m=t(n,R(k,l)-1)+1$ 是满足下面条件的最小值:n 个顶点,m 条边的图任意红蓝二染色,总存在红色的 K_k 或蓝色的 K_l.

(其中 $t(n,r)$ 是 n 个顶点无 K_{r+1} 子图可以拥有的最大边数——参见极图理论章节,特别是图兰定理 7.3.)

首先,若 n 个顶点的图有这样多的边,则根据图兰定理 7.3,必然有一个 $K_{R(k,l)}$ 子图. 现在,应用拉姆塞定理 8.1,这个子图中有一个红色的 K_k 或一个蓝色的 K_l.

其次,构造 $t(n,R(k,l)-1)$ 条边的反例,取 G 为图 $T(n,R(k,l)-1)$,设 n 个顶点划分为元素个数至多相差 1 的集合 $A_1,\cdots,A_{R(k,l)-1}$,边仅在不同集合的顶点之间连接.

现在,取完全图 $K_{R(k,l)-1}$ 的一个着色 H,不包含红色 K_k 也不包含蓝色 K_l. 指定每个 A_i 到 H 的一个顶点 v_i,并将 A_i 和 A_j 之间的边都染成 v_iv_j 相同的颜色. 显然,这种着色不包含红色 K_k 或蓝色 K_l(每个完全图只能在一个 A_i 中包含一个点,于是这样的子图实际上是 H 的子图).

所以本题的答案是 $t(n,R(3,3)-1)+1=t(n,5)+1$. □

8.16. (亚太数学奥林匹克 2003) 给定两个正整数 m 和 n,找到具有以下性质的最小正整数 k:完全图 K_k 的边的任意二染色,总有 m 条不相邻的红边或 n 条不相邻的蓝边.

解 我们将证明最小的 k 是 $2\max(m,n)+\min(m,n)-1$.

首先构造 $2\max(m,n)+\min(m,n)-2$ 个顶点的完全图的染色例子,假设 $m\geqslant n$,取 $2m-1$ 个顶点的完全图,将其所有边着色为红色,将所有其他边着色为蓝色,如图11.48. 显然,任何红色边都属于红色 K_{2m-1},所以不能有 m 条不相邻的红色边. 并且,任何蓝色边至少有一个顶点不在红色 K_{2m-1} 中,但是外面只有 $n-1$ 个这样的顶点,所以不能有 n 条不相邻的蓝色边.

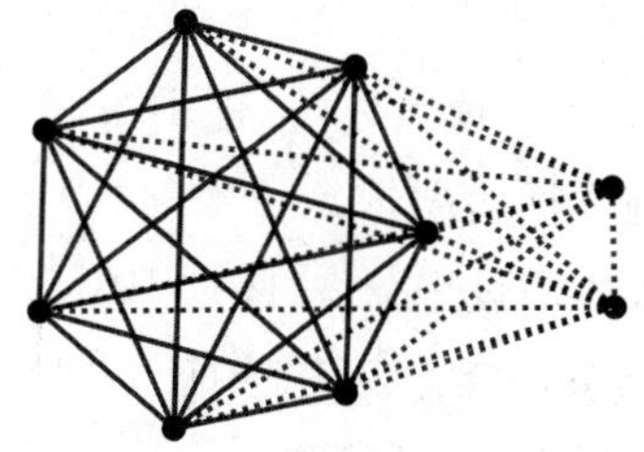

图 11.48 $m=4,n=3$ 的例子

我们现在对 $\min(m,n)$ 归纳证明 $2\max(m,n)+\min(m,n)-1$ 满足题目条件. 为简单起见，假设 $m \geqslant n$，于是要证 $2m+n-1$ 是有效的. 当 $n=1$ 时，显然在 $2m$ 个顶点中，要么有一条蓝色边，要么所有边都是红色，在后一种情况下，我们可以选择 m 条两两不相邻的红边.

现在，假设 $n>1$. 若图是单色的，则显然可以找到相应的同色边组. 否则，存在有公共顶点的一条红边和一条蓝边. 去掉这两条边的共三个顶点，剩下 $2(m-1)+(n-1)-1$ 个顶点. 根据归纳假设，其中有 $m-1$ 条非相邻红边或 $n-1$ 条非相邻蓝边. 无论怎样，连同去掉的两条边之一，在大图中得到 m 条非相邻红边或 n 条非相邻蓝边，这正是我们所求的. □

8.17. (莫斯科数学圈)K_n 的边用两种颜色着色，使得任意两个顶点之间存在一条颜色为 1 的路径和一条颜色为 2 的路径. 证明：存在四个顶点，它们诱导的子图具有同样的性质.

证明 在任意两个顶点之间存在一条颜色为 1 的路径和一条颜色为 2 的路径的条件可以这样描述：由颜色为 1 的边形成的图（以下称为 G_1）和由颜色为 2 的边形成的图（以下称为 G_2）都是连通的.

只需证明：若 $n \geqslant 5$，则可以移除一个顶点，使得这个性质仍然成立. 然后，只要一个一个地删除顶点，直到剩下 4 个顶点为止，就得到题目的结论.

若去除任何顶点都不会断开 G_1 或 G_2，则任选一个顶点去除.

否则，假设移除 v 会断开 G_1. 这意味着剩余的顶点可以被划分为 V_1 和 V_2，使得 V_1 和 V_2 之间的所有边都是颜色为 2，如图11.49.

因此，只需证明我们可以在不断开 G_1 的情况下移除一个顶点（必然不是 v）；保持 V_1 和 V_2 各至少剩一个顶点（G_2 除了 v，包含二部图，于是连通）；并且至少留下一条颜色为 2 的边以 v 作为端点（于是 G_2 中 v 和其他点连通）.

利用第 1 章中学到的事实，在 G_1 中至少有两个顶点的移除还保持图连通（命题 1.17）.

因为 $n \geqslant 5$，所以 $|V_1|+|V_2| \geqslant 4$，分几种情况：

- 若 $|V_1|,|V_2| \geqslant 2$，则去掉这两个顶点之一，留下 v 的颜色为 2 的一个相邻点，此时不会断开 G_1，满足前面所有要求.
- 若 $|V_1|$ 和 $|V_2|$ 之一等于 1，假设 $|V_1|=1$，则 $|V_2| \geqslant 3$. 我们可以假设 V_2 在 G_1 中连通，否则可以重新分组 V_1,V_2 化成前一种情况. 如果 v 至少有 2 条颜色为 2 的边，那么可以删除 V_2 中不断开 G_1 的任何顶点. 如果 v 只有一条颜色为 2 的边，比如 vu，$u \in V_2$（若 $u \in V_1$ 则 V_1 只连出颜色 2 的边，矛

盾)，那么 v 将至少有 2 条颜色 1 的边连接到 V_2. 我们可以删除 V_2 中的一个顶点，不同于 u，而且不断开 G_1 在 V_2 上的诱导子图. 然后 V_1 通过 v 和这个诱导子图在 G_1 中连通；V_2 通过 V_1 在 G_2 中连通，v 通过 u 与 V_2 连通. □

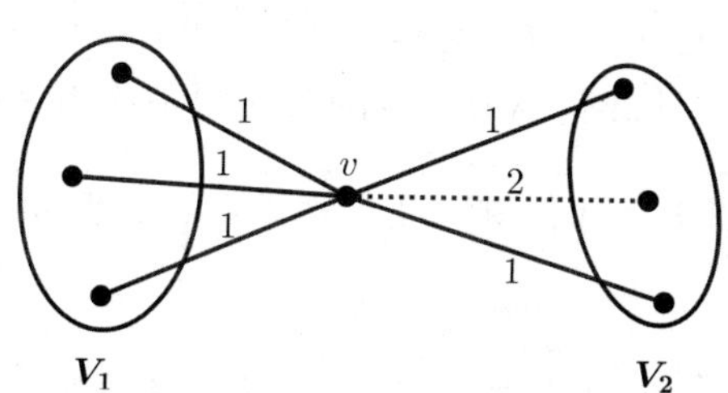

图 11.49　移除 v 断开 G_1

8.18. (USATST 2013) 设 $k>1$ 为正整数，用 k 种颜色将 K_{2k+1} 的边染色，使得没有同色三角形. 设 A 是三边为三种不同颜色的三角形的个数，求 A 的最大可能值.

解　图中的任何三角形要么有三条不同颜色的边，要么有两条颜色相同（有公共顶点）和一条另一种颜色的边. 若用 S 表示具有一种颜色一条边和另一种颜色的两条边的三角形的数量，则 $A+S=\binom{2k+1}{3}$.

所以最小化 S 就足够了. 观察 S 等于同色角（两条有公共顶点的同色边）的个数. 然而对于每个顶点，至少有 k 对相同颜色的边与其关联.（实际上，若存在颜色 i 的 a_i 条边，则该颜色的同色角有 $\binom{a_i}{2}\geqslant a_i-1$ 个. 求和得到该顶点的同色角个数至少是

$$\sum\binom{a_i}{2}\geqslant\sum(a_i-1)=2k-k=k$$

当且仅当 $a_i=1$ 或 2 时才成立等号.）所以 S 的总数至少为 $k(2k+1)$，且等号成立当且仅当每个顶点有两条每种颜色的边. 因此

$$A\leqslant\binom{2k+1}{3}-k(2k+1)=\frac{2k(k-2)(2k+1)}{3}$$

要构造等号成立的模型，我们需要染色没有单色三角形并且每个顶点每种颜色有两条边. 这样做的一种方法是利用 K_{2k+1} 的边可以划分为 k 个哈密顿圈（第 2 章中的问题）这一事实. 然后可以把每个哈密顿圈中的边用一种颜色着色. □

有向图

9.1. 在一组 $2n$ 个孩子中,他们每个人都给另外 n 个人一个糖果. 证明:有两个孩子互相给了糖果.

证明 相应的有向图有 $2n \cdot n = 2n^2$ 条边. 另一方面,有 $\binom{2n}{2} = n(2n-1)$ 对孩子. 根据抽屉原则,有两条边对应同一对顶点,因此这两个孩子互相给了糖果. □

9.2. 在有向图中,每对顶点之间恰有一条有向路径. 证明:每条边恰好属于一个有向圈.

证明 考察一条有向边 $u \to v$,存在一条从 v 到 u 的路径,与 $u \to v$ 一起形成一个圈. 如果有两个圈包含 $u \to v$,那么去掉其中的边 $u \to v$,得到两条从 v 到 u 的有向路径,矛盾. 因此 $u \to v$ 恰好属于一个有向圈. □

9.3. 证明:任意无圈有向子图包含一个出度为零的顶点和一个入度为零的顶点.

证明 要证明第一部分,假设命题不成立. 从顶点 v_0 开始用贪心法延长构建有向路径. 由于顶点数量有限,它必然在某个点停止,得到路径

$$v_0 \to v_1 \to \cdots \to v_k$$

但是 v_k 没有指向路径外任何顶点的边(会延长路径),并且它不能有指向路径中任何顶点的边(会形成有向圈),所以 $d^+(v_k) = 0$.

对第二部分,做类似的事情,从 v_0 沿着边的相反方向构建路径

$$v_0 \leftarrow v_1 \leftarrow \cdots \leftarrow v_k$$

那么 v_k 就会满足 $d^-(v_k) = 0$. * □

9.4. 证明:如果一个竞赛图有一个圈,它就有一个长度为 3 的圈.

证明 取最短的圈, $v_1, v_2, \cdots, v_r, v_1$. 假设 $r > 3$, 考察 v_1 和 v_3 之间的边. 若 $v_1 \to v_3$, 则 $v_1, v_3, v_4, \cdots, v_r, v_1$ 就是一个更短的圈, 矛盾. 若 $v_3 \to v_1$, 则 v_1, v_2, v_3, v_1 就是一个更短的圈,又是一个矛盾. 因此 $r = 3$. □

9.5. 设竞赛图的顶点为 $v_1, v_2, \cdots, v_n$. 证明

$$\sum_{i=1}^{n} d^+(v_i)^2 = \sum_{i=1}^{n} d^-(v_i)^2$$

*也可以利用无圈图的边数不超过 $n-1$,因此 $d^+(v)$ 和 $d^-(v)$ 的期望均小于 1. ——译者注

证明 注意到

$$d^+(v_i) = n - 1 - d^-(v_i)$$

于是有

$$\begin{aligned}\sum_i d^+(v_i)^2 &= \sum_{i=1}^{n}(n-1-d^-(v_i))^2 \\ &= n(n-1)^2 - 2(n-1)\sum_{i=1}^{n} d^-(v_i) + \sum_{i=1}^{n} d^-(v_i)^2\end{aligned}$$

因为每条边恰对一个顶点贡献一个入度，所以还有

$$\sum_{i=1}^{n} d^-(v_i) = \binom{n}{2}$$

于是

$$n(n-1)^2 - 2(n-1)\sum_{i=1}^{n} d^-(v_i) = 0$$

因此得到

$$\sum_{i=1}^{n} d^+(v_i)^2 = \sum_{i=1}^{n} d^-(v_i)^2$$

□

9.6. 设 G 是一个(无向)连通图，每个顶点的度数为偶数．证明：可以对 G 的边进行定向，使得 $d^+(v) = d^-(v)$ 对于所有 v 成立．

证明 根据欧拉定理，G 有欧拉回路．沿着回路将每条边定向为前进的方向．每个顶点在回路中的每一次出现，都有一条关联边进入，一条关联边离开．由此可知，所有边如此定向后，对于每个点 v，都满足 $d^+(v) = d^-(v)$． □

9.7. 设 G 是(非定向)树．证明：可以对 G 的边进行定向，使得 $d^+(v) \leqslant 1$ 对于任何顶点 v 成立．

证法一 我们对顶点数 n 归纳来证明．对于 $n = 1$，结论是平凡的．

现在，在 n 个顶点上取一个树，以及一个叶子 v．设 u 是连接到 v 的顶点．从树中移除 v 并应用归纳假设，获得具有所需属性的剩余边的方向．现在将 vu 定向为 $v \to u$，即可完成归纳． □

证法二 设 v 为树中的一个顶点．设 V_i 为到 v 的距离为 i 的顶点的集合．现在，对于 V_i 中的每个顶点 u，从 u 到 v 有一条唯一的路径，这意味着 u 最多连接到 V_{i-1} 中的一个顶点(也可能连接到 V_{i+1} 中的一些顶点)．

因此，我们可以将 V_i 和 V_{i-1} 之间的边朝向 V_{i-1}，这样的定向满足 $d^+(v) = 0$ 和 $d^+(u) = 1$ 对于任何 $u \neq v$ 成立，如图11.50． □

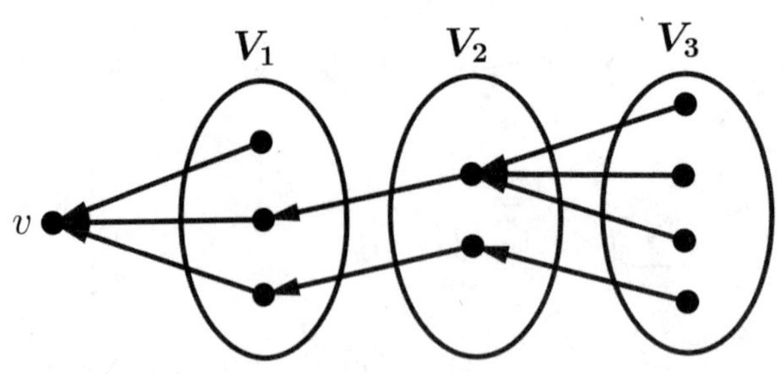

图 11.50 将边定向

注 在证法二中,本质上取了一个 v,然后将所有边"朝向 v".

我们可以证明这些是所有可能的定向. 事实上,假设 n 个顶点的树有一个符合要求的定向,那么只存在一个顶点,比如 v,满足 $d^+(v)=0$. 用 V_i 表示到 v 的距离为 i 的顶点的集合,我们得到 V_1 和 v 之间的所有边都指向 v. 但是 V_1 中的所有顶点都已经有一条向外的边,因此 V_2 和 V_1 之间的所有边都指向 V_1,依此类推.

9.8. (伊朗) 设有向二部图 G 的顶点集为 A 和 B. 每一步操作,可以选择一个顶点 v 并反转 v 的所有关联边的方向. 证明:存在一个操作序列,得到的图满足:对于 A 中的每个顶点 v,$\deg^+(v)\geqslant\deg^-(v)$;对于 B 中的每个顶点 u,$\deg^+(u)\leqslant\deg^- u$.

证明 在每一步,我们都做最自然的事情: 如果 A 中存在一个顶点 v, $\deg^+(v)<\deg^-(v)$, 我们就反转它的边; 否则, 如果 B 中有一个顶点 u, 例如 $\deg^+(u)>\deg^-(u)$,我们就反转它的边.

关键的发现是在每一步, 从 A 指向 B 的边数(严格地)增加. 因此这个过程不能一直持续下去(事实上,它在最多 $|E|$ 步骤后停止).

当过程停止时,得到的图具有所需的属性. □

9.9. 证明: 在竞赛图中存在顶点 v, 使得从 v 到任何其他顶点存在长度不超过 2 的路径.

证明 很自然地将 v 取为最大出度的顶点. 考虑 $N^+(v)$,为满足 $v\to u$ 的顶点 u 的集合.

对于任何 $u\notin N^+(v)\cup\{v\}$, 我们有 $u\to v$. 如果对所有 $w\in N^+(v)$ 都有 $u\to w$, 就有 $d^+(u)\geqslant d^+(v)+1$, 矛盾. 因此对每个 $u\notin N^+(v)\cup\{v\}$, 存在 $w\in N^+(v)$ 使得 $w\to u$,得到长度为 2 的有向路径 $v\to w\to u$. □

9.10. 设 G 为有向图. 证明:存在 G 的顶点子集 A,满足:A 中的任何两个顶点不相邻;任何不在 A 中的顶点都可以从 A 中的某个顶点通过长度为 1 或 2 的有向路径到达.

证明 我们对 G 的顶点数归纳来证明这一点.

取这样一个图 G,并选取一个顶点 v. 取 $N^+(v)$ 是满足 $v \to u$ 的顶点 u 构成的集合. 对有向图 $G\backslash(\{v\} \cup N^+(v))$ 应用归纳假设,得到一组顶点集 A.

若存在 $a \in A$,使得有边 $a \to v$,则 A 也是 G 的符合题目要求的顶点集. 否则,$A \cup \{v\}$ 是 G 的符合要求的集合. □

注 这个问题可以推出前一个. 这是因为在竞赛图中,任何两个顶点都是相邻的,因此 A 必然仅包含一个顶点.

9.11. 证明:任何无圈图都是同样顶点集上的某个传递竞赛图的子图.

证明 我们对顶点数 n 归纳来证明这一点. 当 $n = 1$ 时命题显然成立. 现在,假设结论对 $n - 1$ 成立,我们将证明结论对 n 也成立.

首先,观察到在无圈图中有一个顶点 v 使得 $v \not\to u$ 对于任何其他顶点 u 成立.(从顶点 v_1 开始构造路径,直到无法继续,利用无圈的条件,终点就是这样的一个点.)

对去除顶点 v 的图应用归纳假设,将顶点编号为 $v_1, v_2, \cdots, v_{n-1}$,使得所有边的形式都为 $v_i \to v_j (i < j)$. 定义 $v_n = v$,则将初始图实现为传递竞赛图的子图(对应排序 $v_1, v_2, \cdots, v_n$). □

9.12. 设 G 为有向图,证明:G 有两个无圈的生成子图 G_1 和 G_2,它们包含了 G 的所有边.

证明 任取顶点的顺序 $v_1, v_2, \cdots, v_n$. 令 G_1 包含满足 $i < j$ 的所有有向边 $v_i \to v_j$,G_2 包含满足 $i > j$ 的所有有向边 $v_i \to v_j$,这两个图显然是无圈的. □

9.13. (罗马尼亚 TST 1974,Marian Rădulescu) 考虑顶点集为 A 和 B 的有向二部图,满足 A 中的每个顶点和 B 中的每个顶点之间恰好有一条边. 已知所有顶点的入度和出度都至少为 1,证明:存在长度为 4 的有向圈.

证明 考虑有最大出度的 A 中的顶点,记为 a_1,和它出发的边 $a_1 \to b_1, a_1 \to b_2, \cdots, a_1 \to b_k$.

根据题目条件,存在一个顶点 $b_{k+1} \in B$,使得 $b_{k+1} \to a_1$,同时也存在 $a_2 \in A$,满足 $a_2 \to b_{k+1}$.

现在考察顶点 a_2. 因为 a_1 的出度最大, $a_2 \to b_{k+1}$ 而 $a_1 \not\to b_{k+1}$, 所以存在 $b_i \in B$, 满足 $a_1 \to b_i, a_2 \not\to b_i$. 由此可知

$$a_1 \to b_i \to a_2 \to b_{k+1} \to a_1$$

是长度为 4 的圈, 如图11.51. □

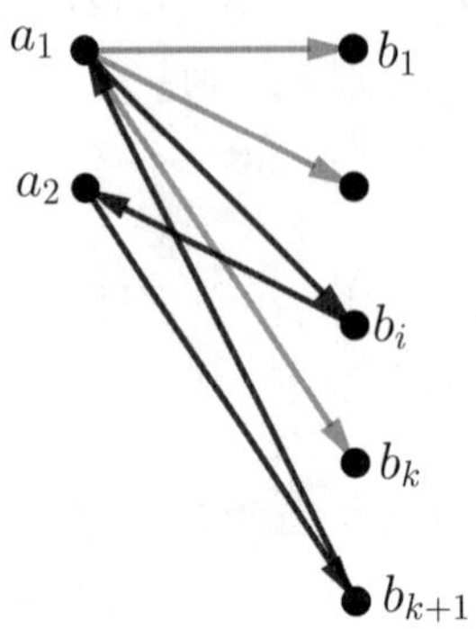

图 11.51　长度为 4 的圈

9.14. (改编自全俄数学奥林匹克 2004) 设 G 是 $6n+1$ 个顶点的竞赛图, 每个点的出度和入度均为 $3n$. 证明: 任何不少于 $4n+1$ 个顶点的诱导子图是强连通的.

证明 取这样一个子图 H, 并假设它不是强连通的. 这意味着在 H 中存在一个顶点 v, 从它开始不能到达 H 的所有其他顶点. 设 A 是可以从 v(在 H 内)到达的顶点的集合, 而 B 是不能从 v 到达的顶点集合. 因此, A 和 B 之间的所有边都是从 B 到 A 并且 $|A|+|B|=4n+1$, 参考命题 9.4.

假设 $|A|>|B|$, 考虑在 B 上的诱导子图中顶点的出度, 总和为 $\frac{|B|(|B|-1)}{2}$, 所以有 B 中一点, 在 B 内的出度至少是 $\frac{|B|-1}{2}$. 这个点还有到 A 中所有顶点的边, 因此它在 G 中的出度至少是

$$|A|+\frac{|B|-1}{2}=\frac{|A|}{2}+\frac{|A|+|B|-1}{2}>n+2n=3n$$

矛盾.

假设 $|A|<|B|$, 用类似的策略. 考察 A 中顶点的入度, 至少有一点在 G 中入度不小于

$$|B|+\frac{|A|-1}{2}=\frac{|B|}{2}+\frac{|A|+|B|-1}{2}>n+2n=3n$$

也矛盾.

因此 H 是强连通的. □

9.15. 设 $k \leqslant \log_2 n$，证明：任何 n 个顶点上的竞赛图都有一个传递子竞赛图，至少有 k 个顶点.

证明 我们对 k 归纳来证明这一点.

设 G 是 n 个顶点的图. 任选一个顶点 v，因为 $n \geqslant 2^k$，所以 $N^+(v)$ 和 $N^-(n)$ 之一至少有 2^{k-1} 个元素，不妨设为 $N^+(v)$.

根据归纳假设，$N^+(v)$ 中存在 $k-1$ 个顶点的传递子竞赛图. 将 v 添加到这个传递竞赛图中，就得到 k 个顶点上的传递子竞赛图. □

注 使用概率方法，我们可以找到比较接近 $\log_2 n$ 的 k，使得存在 n 个顶点的竞赛图，不包含 k 个顶点的传递子竞赛图(参见概率方法的附录).

9.16. 设 G 是有偶数条边的连通(无向)图. 证明：可以将所有边定向，使得每个顶点的出度为偶数.

证明 先以随机方式为边定向，然后使用第 1 章提到的"换边法"来设计一个修改方向的操作，最终将每个顶点的出度变为偶数.

因为所有边数为偶数，所以顶点出度之和也为偶数. 若有一个顶点 v 的出度是奇数，则必然有另一个顶点 u 出度为奇数.

由于 G 是连通的，存在一条(无向)路径 $v, v_1, \cdots, v_k, u$，改变这条路径中所有边的方向，如图11.52.

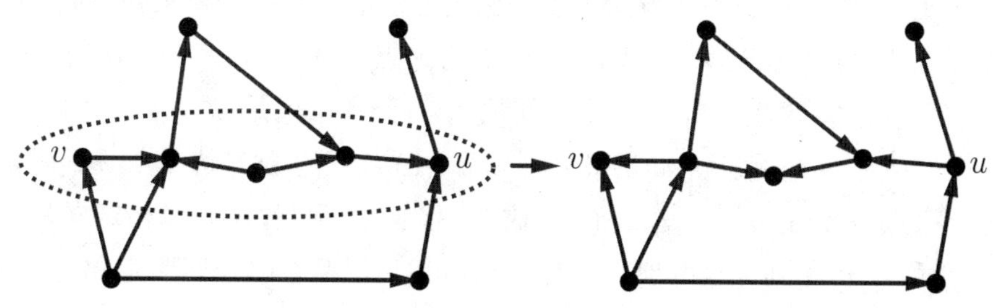

图 11.52 改变路径 v 到 u 上的所有边的方向

若 $w \neq v, u$，则 w 在路径中有偶数条关联的边，上述更改使 $d^+(w)$ 增加或减少偶数，保持其奇偶性不变. 而 $d^+(v)$ 和 $d^+(u)$ 则增加或减少 1，奇偶性改变，因此它们都变成了偶数.

因此，每次操作后，满足 $d^+(w)$ 为偶数的顶点数 w 增加 2，最终所有 $d^+(w)$ 将是偶数. □

9.17. 设 G 为无向图. 证明:可以对 G 的边进行定向,使得对于任何顶点 v,$d^+(v)$ 和 $d^-(v)$ 最多相差 1.

证法一 若 G 包含一个圈,则按圈的方向将上面的边定向. 这使得每个顶点处的出度和入度增加相同数量,然后我们可以忽略这个圈. 以这种方式去除所有的圈后,剩下的每个连通分支是一个树,即得到了森林. 由此可见,只需对树证明命题即可.

在树中选择一个顶点 v. 设 V_i 为到 v 距离为 i 的顶点的集合. 我们的策略是首先定向 v 和 V_1 之间的边,然后定向 V_1 和 V_2 之间的边,依此类推.

将 v 的边定向,使得出度和入度最多相差 1. 对于 V_1 中的每个顶点,它都有一条已定向的边(即和 v 所连的边). V_1 的顶点之间没有边(因为是树),所以可以定向 V_1 到 V_2 的边,使得 V_1 中每个顶点的出度和入度最多相差 1. 接下来 V_2 中的每个顶点都有一条已定向的边(来自 V_1),所以我们可以定向其余的(到 V_3 的)边,使得出度和入度最多相差 1. 依此类推,直到我们定向了所有的边. □

证法二 只需对连通图证明结论. 有偶数个奇数顶点,添加一个新顶点 u 并将其连接到所有奇数度的顶点. 新图中所有顶点度数为偶数,所以它有一个欧拉回路. 沿回路将所有边定向,新图中的每个顶点 v 满足 $d^+(v) = d^-(v)$. 当去除 u 及其邻边时,对原图的每个顶点 v,$d^+(v)$ 和 $d^-(v)$ 中最多有一个会发生变化,并且只改变 1,因此得到的定向符合题目要求. □

注 实际上,第二个证明中的方法可以得到连通图的所有符合要求的定向. 假设有一个符合要求的定向,则对于 $d(v)$ 为偶数的顶点 v, $d^+(v) = d^-(v)$; 对于奇数的 $d(v)$,有 $d^+(v)$ 和 $d^-(v)$ 相差 1. 增加新顶点 u,到每个满足 $d^+(v) = d^-(v) + 1$ 的顶点 v 有边 $u \to v$; 到每个满足 $d^-(v) = d^+(v) + 1$ 的 v 有边 $v \to u$. 得到一个图,对所有点 v 满足 $d^+(v) = d^-(v)$. 这个图有欧拉回路,所以初始定向是对原始图添加新顶点 u 和到奇数度顶点 v 的边 uv,然后沿某个欧拉回路定向得到的*.

9.18. 设 G 是 2–正则有向图(即每个顶点都有 $d^+(v) = d^-(v) = 2$). 证明:G 的 1–正则生成子图的个数是 2 的正整数次幂.

证明 以下列方式构建一个新的(无向)二部图 H: A 和 B 都是 G 的顶点集的复制,对于顶点 $v \in G$,用 v_A 和 v_B 表示它的两个复制. 添加边 $v_A w_B$ 当且仅当 $v \to w$ 是 G 的一条边,如图11.53. 注意 G 中的每条边对应 H 中的一条边.

*此处对比第二个证明,完全用相同的方式进行了描述. ——译者注

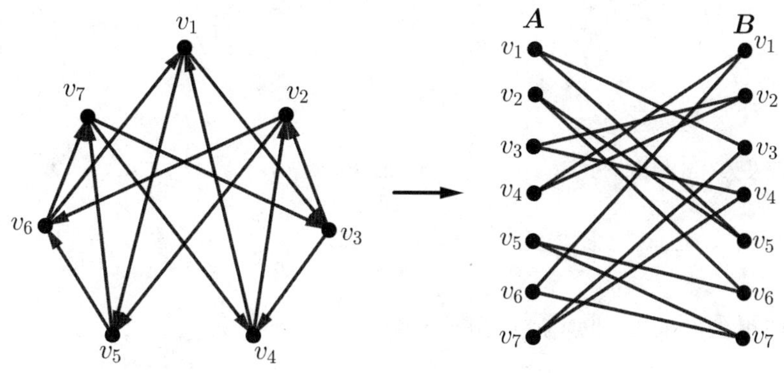

图 11.53　构造二部图

现在,容易看出 G 的有向 1–正则子图和 H 的(无向)1–正则子图(完美匹配)之间存在一一对应关系. G 的子图中的任意顶点 v,有一条从 v 离开的边,对应于 v_A 在匹配中关联的唯一的边,有一条边进入 v,对应于 v_B 在匹配中关联的唯一的边.

因此,我们只需计算 H 的完美匹配数目. 但 H 是 2–正则二部图,因此它的每个连通分支是长度为偶数的圈. 在一个圈中,有两种方法可以选择完美匹配的边,必然是交替选择边.

因此,G 有 2^k 个所求的子图,其中 k 是 H 的连通分支个数. □

9.19. (罗马尼亚 TST 2005, Dan Schwarz) *凸多面体的所有边的定向满足每个顶点的出度和入度都至少为 1. 证明:存在多面体的一个面,所有边构成一个有向圈.*

证明　使用贪心法,可以找到一个圈: 从一个顶点开始一条有向路径; 因为每个顶点出度至少为 1,所以可以一直继续这条路径,直到第一次到达一个之前访问过的顶点——这给出一个圈.

每个圈在多面体表面围出两个部分,考虑这样的圈,其围出的两个部分之一所含多面体的面最少

$$v_1 \to v_2 \to \cdots \to v_k$$

我们将证明它的一侧只围出一个面,于是它是由一个面的边界组成.

在圈围出的两个部分中, 取一条边连接到某个 v_i (如果不只包含一个面就可以这样取).

假设边是 $v_i \to u_1$ (稍后会考虑 $u_1 \to v_i$ 的情况). 构造一个有向路径 $v_i \to u_1 \to u_2 \to \cdots$,该路径在与自身相交或与圈 $v_1 \to v_2 \to \cdots \to v_k$ 相交时停止(可以这样做是因为每个顶点处都至少有一条边进入,一条边离开). 若是前者,则有某

个 $u_a = u_b, a < b$，于是

$$u_a \to u_{a+1} \to \cdots \to u_b = u_a$$

是一个围住更少面的圈，矛盾. 若是后者，则 $u_a = v_j, j \neq i$. 于是

$$v_i \to u_1 \to u_2 \to \cdots \to u_a = v_j \to v_{j+1} \to \cdots \to v_i$$

是一个围住更少面的圈，也矛盾(如图11.54).

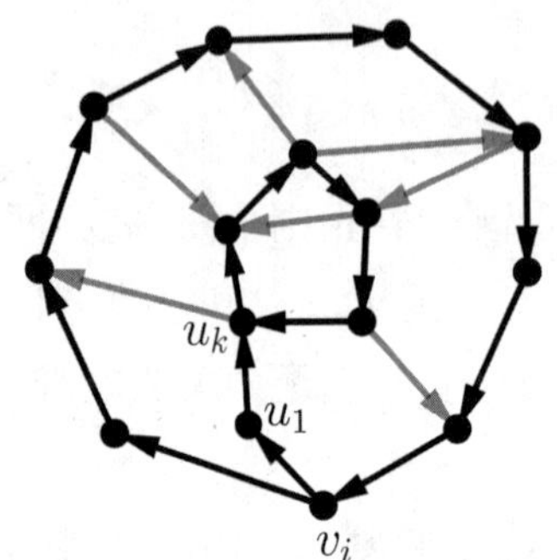

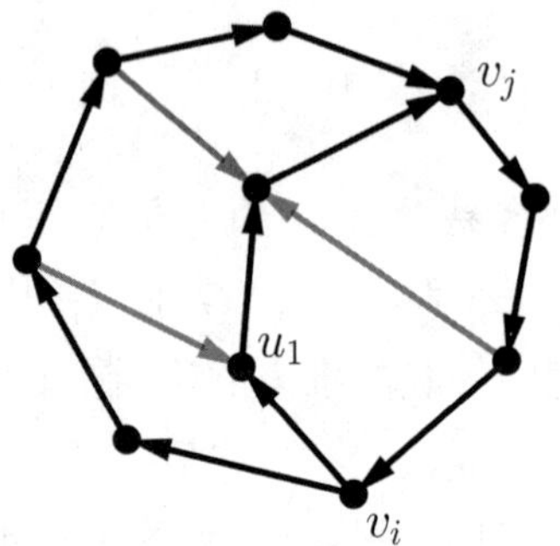

图 11.54 找到包含更少面的圈

对于 $v_i \leftarrow u_1$ 的情况，用同样的方法，只需反向构造路径即可

$$v_i \leftarrow u_1 \leftarrow u_2 \leftarrow \cdots$$

因此，初始的圈是某个面的边界. □

注 1 使用上面的想法，我们实际上可以证明至少有两个面的边界形成有向圈. 从一个圈开始，我们可以查看它围成的两个区域中的任何一个：如果至少有两个面，就可以得到一个包含更少面的新圈. 继续这样作，我们得到一个由某个面边界组成的圈. 对原始圈的两侧都这样做，得到两个不同的面，它们的边界形成圈.

注 2 同样的论述表明，若平面图的任何顶点 v 都满足 $d^+(v) > 0$ 且 $d^-(v) > 0$，则至少有两个面，其边界在图中形成有向圈

9.20. 设 n 为正整数，考虑 $2n+1$ 个顶点的竞赛图. 若三个顶点 u, v, w 确定了一个长度为 3 的有向圈(按某种顺序)，则称它们形成了一个循环三元组.

(a) 确定可能的循环三元组的最小数量.

(b) 确定可能的循环三元组的最大数量.

解 (a) 传递竞赛图有 0 个循环三元组：对于顶点 $v_1, v_2, \cdots, v_{2n+1}$，规定 $v_i \to v_j$ 当且仅当 $i < j$.

(b) 设 S 为循环三元组的数目，T 为非循环三元组的数目，于是 $S + T = \binom{2n+1}{3}$. 为了最大化循环三元组的数量，只需最小化非循环三元组的数量即可.

任意 3 个顶点 u, v, w，要么形成一个循环三元组，要么其中一个击败另外两个（例如 $u \to v, u \to w$）.

现在，对于每个顶点 v，有 $\binom{d^+(v)}{2}$ 个非循环三元组，其中 v 击败了其他两个. 因此，非循环三元组的总数是

$$
\begin{aligned}
T &= \sum_v \binom{d^+(v)}{2} \\
&= \frac{\sum\limits_v d^+(v)^2 - \sum\limits_v d^+(v)}{2} \\
&\geqslant \frac{\frac{\left(\sum\limits_v d^+(v)\right)^2}{2n+1} - \sum\limits_v d^+(v)}{2} \\
&= \frac{(n-1)n(2n+1)}{2}
\end{aligned}
$$

其中用到 $\sum\limits_v d^+(v)$ 等于边数 $\binom{2n+1}{2}$.

因此，我们可以得到循环三元组的数量上界为

$$
S \leqslant \binom{2n+1}{3} - \frac{(n-1)n(2n+1)}{2} = \frac{n(n+1)(2n+1)}{6}
$$

如果对所有的 v，有 $d^+(v) = n$，那么非循环三元组的数量可以取到下界. 例如，规定 $v_i \to v_j$ 当且仅当模 $2n+1$，$j - i \in \{1, 2, \cdots, n\}$. □

9.21. 阶为 n 的德布鲁因序列是长度为 2^n 的二进制序列 $x_1, x_2, \cdots, x_{2^n}$，使得任意长度为 n 的二进制序列 $y_1, y_2, \cdots, y_n$ 作为子序列 $x_r, x_{r+1}, \cdots, x_{r+n-1}$ 出现恰好一次，其中下标取模 2^n.（例如序列 00010111 是一个 3 阶的德布鲁因序列，因为每个长度为 3 的序列，例如 011，作为一个子序列出现一次）. 证明：存在任意正整数阶的德布鲁因序列.

证明 构建一个图 G，其顶点对应所有长度为 $n-1$ 的二进制序列（注意不是 n）. 对其中两个序列

$$
y = (y_1, y_2, \cdots, y_{n-1}), z = (z_1, z_2, \cdots, z_{n-1})
$$

存在从 y 到 z 的边当且仅当

$$y_2 = z_1, y_3 = z_2, \cdots, y_{n-1} = z_{n-2}$$

本质上,若 z 可以紧跟在 y 之后成为更大序列中的子序列,则连接它们,如图11.55. 图中的边可以对应于一个长度为 n 的序列:$y_1, y_2, \cdots, y_{n-1}, z_{n-1}$. 反之,长度为 n 的二进制序列也唯一对应于 G 中的边——序列 $y_1, y_2, \cdots, y_n$ 对应于边

$$(y_1, y_2, \cdots, y_{n-1}) \to (y_2, y_3, \cdots, y_n)$$

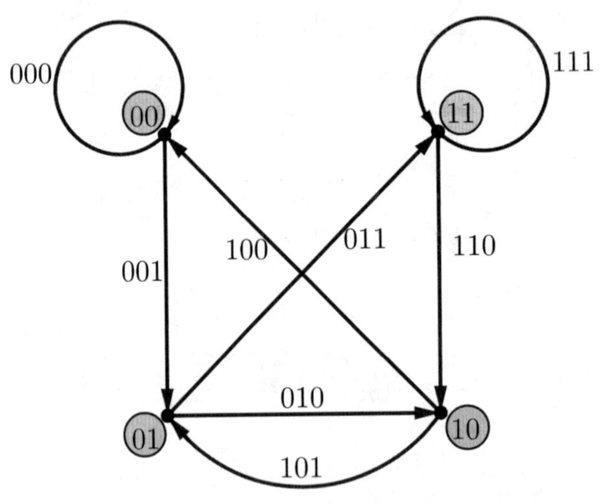

图 11.55　$n = 3$ 的图

G 中任何长度为 m 的回路都对应于 m 个数字的二进制循环序列,其中长度为 $n-1$ 的子序列对应回路的顶点,而长度为 n 的子序列对应回路的边.(例如对于 $n=3$,回路 $00 \to 01 \to 11 \to 10 \to 00$ 对应的是循环序列 0011. 这个序列有 4 个长度为 2 的子序列对应了顶点,4 个长度为 3 的子序列 001, 011, 110, 100 对应了回路的边. 注意若 $m < k$,则读取长度为 k 的子序列可能涉及重复读取序列中的项.)

因此,如果要找到一个二进制序列,使得所有长度为 n 的二进制序列都作为它的子序列出现一次,只需证明在图 G 中存在(有向)欧拉回路. 这很容易:该有向图是 2–正则的,并且显然强连通,因此存在欧拉回路,就给出了我们想要的德布鲁因序列. □

注　正如在本章的理论部分所提到的那样,将长度为 n 的序列作为顶点看起来更自然,但是我们就需要证明存在一个哈密顿圈,这常常要困难得多.

9.22. (罗马尼亚 TST 2012) 证明:有限平面简单图的边可以定向,使得每个顶点的出度最多为 3.

证明 先选择任意定向. 假设存在顶点 v,其出度至少为 4,我们将证明存在从 v 到出度最大为 2 的顶点 u 的有向路径. 然后反转路径上所有边的方向,除了路径的端点外,所有顶点的出度都将保持不变. 而端点 v 的出度将减少 1,而 u 的出度增加 1,最多为 3. 重复此过程,就可以将所有出度调整为不超过 3.

为了证明这样的路径的存在,设 V 是从 v 可以通过有向路径到达的顶点的集合(包括 v),W 是其余顶点的集合. 于是,不存在从 V 中的顶点到 W 中的顶点的有向边,所以 V 中的点在 V 的诱导子图中的出度与在大图中的出度相同.

假设这个子图中的所有出度都至少为 3. 这意味着至少有 $3|V|$ 条边. 但是子图也是平面图,所以与平面图的必要条件 $|E| \leqslant 3|V| - 6$ 矛盾(从欧拉公式 5.2 和引理 5.3 得到). 因此,存在顶点 $u \in V$,其出度最多为 2. 而根据 V 的定义,存在 v 到 u 的路径. □

9.23. (罗马尼亚 TST 2003) 考虑 $2n$ 个标记顶点上的有向图,其中所有顶点的入度为 1,出度为 1,而且存在 n 个顶点之间没有边. 证明:这样的图的数量是一个平方数.

证明 所有出度和入度均为 1 的图的每个连通分支为有向圈(一个点到自己的一条边也被视为圈). 从 k 个顶点的圈中,我们最多可以选择 $\left\lfloor \frac{k}{2} \right\rfloor$ 个顶点互不相邻. 这意味着我们总计最多可以选择 $\sum\limits_k \left\lfloor \frac{k}{2} \right\rfloor \leqslant \frac{1}{2} \sum\limits_k k = n$ 个互不相邻的顶点,其中求和对所有圈进行. 题目条件给出,存在 n 个两两不相邻的顶点,因此不等式的等号成立,说明所有的圈的长度为偶数.

用 S_n 表示 $2n$ 个顶点的这种图的数量,我们将尝试用 S_{n-1} 表示 S_n.

固定一个顶点,记为 v. 因为所有的圈的长度都是偶数,所以 v 不能连接到自己. 可以用 $(2n-1)^2$ 的方式选择 v 的两个邻居(它们可以是同一个顶点). 我们证明,随意选择好两个邻居,恰好有 S_{n-1} 个所求的图.

用 v^+ 和 v^- 分别表示 v 的邻居(于是 $v \to v^+, v^- \to v$).

对于 $v \to v^+$ 和 $v^- \to v$ 是边的每个图,执行以下操作:删除顶点 v 和 v^+ 并将 v^- 连接到顶点 u,其中 u 满足 $v^+ \to u$ 是边,如图11.56. 若 v^- 和 v^+ 是同一个顶点,则去掉 v 和 $v^+ = v^-$.

当我们从一个偶圈中移除两个顶点时,剩下一共 $2n-2$ 个顶点(v 和 v^+ 之外的点),形成一些偶圈. 因此这对应 $n-1$ 的情况下的要计算的一个图.

反之,从 $2n-2$ 个点的偶圈图,我们可以执行逆操作以获得 $2n$ 个点的偶圈图. 固定 $2n$ 个点中的 v(只有一种方法); 选择其余 $2n-1$ 个顶点之一为 v^+($2n-1$ 种方法); 将剩余 $2n-2$ 个点按递增顺序匹配 $1,2,\cdots,2n-2$ 并复制给定的 $2n-2$ 个点的偶圈图; 选择 $2n-2$ 个顶点之一或者 $v+$ 作为插入点 u; 若 $u=v^+$, 则补充定义边 $v\to v^+$, $v^+\to v$; 若 $u\neq v^+$, 则记 $v^-\to u$, 删除此边, 增加边 $v^-\to v$, $v\to v^+$, $v^+\to u$.

于是我们得到一个双射,给出

$$S_n=(2n-1)^2S_{n-1}$$

归纳可得

$$S_n=[1\times3\times5\times\cdots\times(2n-1)]^2$$

显然是一个完全平方数. □

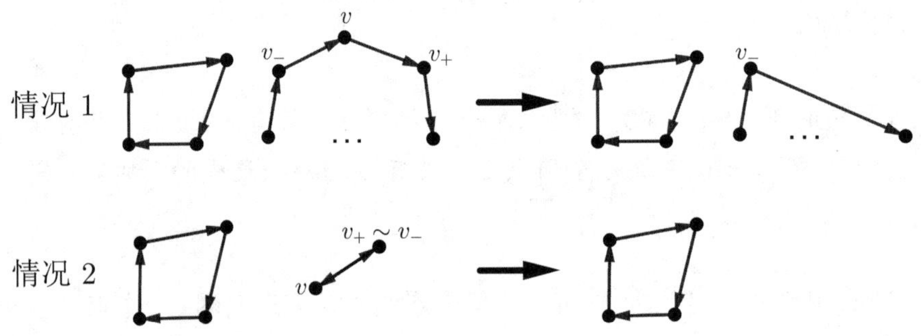

图 11.56 去掉 v 和 v^+

9.24. (IMOLL 1992) 一个有向图有如下性质: 如果 x,u 和 v 是三个不同的顶点, 使得 $x\to u$ 和 $x\to v$, 那么存在一个顶点 $w\neq x$ 使得 $u\to w$, $v\to w$. 假设 $x\to y\to\cdots\to z$ 是一条长度为 n, 无法向右延伸的轨迹(z 的出度为 0). 证明: 从 x 开始的任何轨迹都在 n 步之后到达 z.

证明 我们将对 n 归纳来证明. 将不能向右延伸的轨迹称为终止轨迹.

当 $n=1$ 时, $x\to z$. 若存在 $u\neq z$, 满足 $x\to u$, 则根据题目条件, 存在 w, 使得 $u\to w$ 和 $z\to w$. 这和 z 是终止点矛盾. 因此命题对 $n=1$ 成立.

当 $n\geqslant 2$ 时, 设

$$x\to y_1\to y_2\to\cdots\to y_{n-1}\to z$$

为长度为 n 的终止轨迹. 从轨迹中移除 x, 得到从 y_1 开始到 z 结束, 长度为 $n-1$ 的终止轨迹. 应用归纳假设得到, 从 y_1 开始的任何轨迹经过 $n-1$ 步后到达 z. 因此, 任何从边 $x\to y_1$ 开始的轨迹在 n 步后到达 z.

假设我们以不同的边 $x \to u_1$ 开始一条轨迹. 根据题目假设,存在一个顶点 w 和边 $y_1 \to w, u_1 \to w$. 上面证明了 y_1 开始的任何轨迹在 $n-1$ 步到达 z,特别地,$y_1 \to w$ 开始的轨迹,经过 $n-1$ 步到达 z. 用边 $u \to w$ 替换这样一条路径中的边 $y_1 \to w$,给出从 u_1 到 z 的长度为 $n-1$ 的终止轨迹. 再次应用归纳假设得到:从 u_1 开始的任何轨迹经过 $n-1$ 步到达 z. 因此,从 $x \to u_1$ 开始的轨迹经过 n 步到达 z,如图11.57.

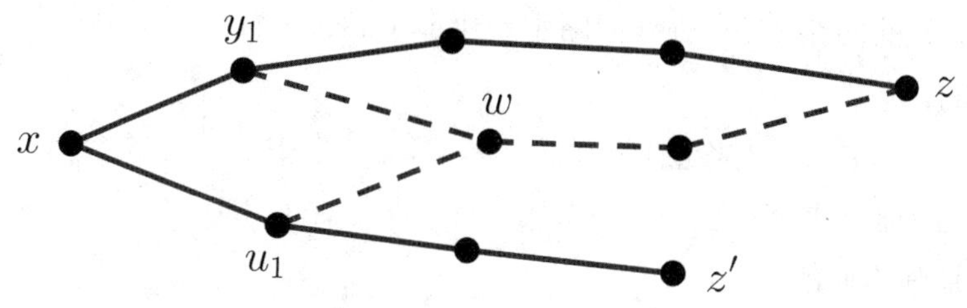

图 11.57　一些轨迹

由 $x \to u_1$ 的任意性,从 x 开始的所有轨迹经过 n 步到达 z. □

9.25. (L. Redei, 1934) 设 G 是竞赛图,证明:G 包含奇数个(有向)哈密顿路径.

证明 需要证明的关键命题是,如果我们改变一条边的方向,那么哈密顿路径的数量会保持其奇偶性. 证明这一点后,选择顶点的任意顺序 $v_1, v_2, \cdots, v_n$,然后改变方向可得到传递的竞赛图(即 $v_i \to v_j$ 当且仅当 $i < j$),此时只有一条哈密顿路 $v_1 \to v_2 \to \cdots \to v_n$,所以结论对原来的竞赛图也成立.

为了证明这一点,我们需要一个引理:

引理 设 G 是一个有向图,$\overline{G}$ 是 G 的补图,包含 G 中没有的所有边. 用 $h(G)$ 表示图 G 中哈密顿路径的数量,则 $h(G) \equiv h(\overline{G}) \pmod 2$.

这就是第 2 章的习题 2.12,证明略.

设 G 是一个竞赛图,选择一条边 $u \to v$,并令 G' 是通过移除 $u \to v$ 并加上 $v \to u$ 获得的竞赛图. 我们要证明 $h(G) \equiv h(G') \pmod 2$. 为此,定义两个额外的图:$G_1$ 是通过将 $v \to u$ 添加到 G(并保留边 $u \to v$)得到的图;G_2 是从 G 中去除 $u \to v$ 得到的图.

我们首先观察到:$h(G) + h(G') = h(G_1) + h(G_2)$. 这是因为,任何包含 $u \to v$ 的哈密顿路径都被计入 G 和 G_1;包含 $v \to u$ 的哈密顿路径计入了 G' 和 G_1;两个都不包含的哈密顿路径计入了 G, G', G_1, G_2 的每一个.

现在，从引理知道 $h(G_1) \equiv h(\overline{G_1}) \pmod 2$. 然而 $\overline{G_1}$ 正好是 G_2 的所有边的反向，因此 $h(\overline{G_1}) \equiv h(G_2) \pmod 2$. 继而 $h(G_1) \equiv h(G_2) \pmod 2$，说明 $h(G) \equiv h(G') \pmod 2$. 题目就完成了. □

9.26. 在一个强连通的有向图 G 中，每个顶点的出度至少为 2，入度至少为 2. 证明：可以去除某个圈上的所有边，使得图保持强连通.

证明 取最长的回路 C，并去除回路中一个圈 C_1 的所有边，我们证明得到的图 G' 是强连通的.

设 $C' = C \backslash C_1$ 为去除圈以后的回路，V' 为 C' 中的顶点集合，V'' 为 C 中但不在 C' 中的顶点集合. 若 $C_1 = C$，则取 V' 仅包含 C 的一个顶点. 回路 C' 作为子图显然是强连通的.

只需证明，对于 V'' 中的任意顶点 v，G' 中存在 v 到 V' 的路径和 V' 到 v 的路径，如图11.58.（然后，如果我们想在 G' 中从顶点 u 到另一个顶点 u'，就取从 u 到 $V' \cup V''$ 中的最短路径到顶点 w，以及从 $V' \cup V''$ 中到 u' 的最短路径，来自 w'. 二条路径显然都不包含 C 中的边，因此属于 G'，然后通过这个要证的命题说明 G' 中存在从 w 到 w' 的路径.）

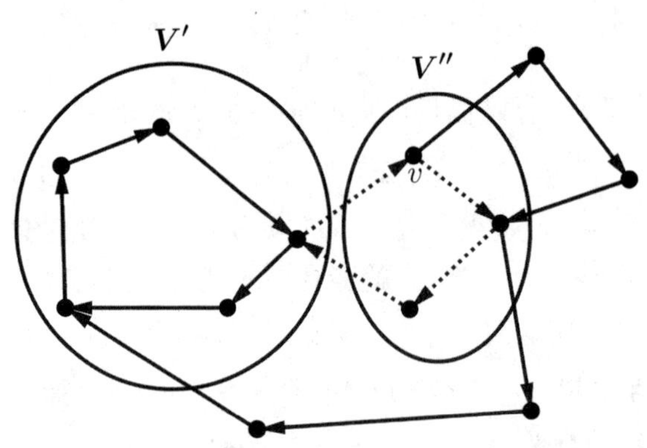

图 11.58 只需证从 V'' 中任何顶点到 V' 中任何顶点有有向路径，反之依然

先证明第一部分，即存在一条从 v 到 V' 的路径. 由于 $v \in V''$，所以被去掉了一个入边和一个出边，还剩有至少一个入边和一个出边，设 $v \to w_1$ 为出边. 根据 G 的强连通性，存在 w_1 到 $V' \cup V''$ 中某点的最短路径（若 $w_1 \in V' \cup V''$ 则路径长为 0），这条路径上除了最后一点都不在回路 C 中，设路径到达了 v_2. 如果 v_2 在 V' 中，我们就完成了. 否则 $v_2 \in V''$，存在 G' 中的边 $v_2 \to w_2$，然后取 w_2 到 $V' \cup V''$ 的最短路径，到达顶点 v_3. 再次，如果 v_3 在 V'，我们也完成了. 否则，我

们继续这样走下去,得到序列

$$v \to w_1 \to \cdots \to v_2 \to w_2 \to \cdots \to v_3 \to \cdots$$

只使用不在 V' 中的顶点,并且 V'' 中的点不出现在每个 w_i 到 v_{i+1} 的路径中间. 于是 V'' 中的某个顶点将重复出现,比如 $v_i = v_j$. 我们就获得了一条封闭轨迹

$$v_i \to w_i \to \cdots \to v_{i+1} \to \cdots \to v_j = v_i$$

若轨迹上有重复的边,则可以删除一些并得到更短的封闭轨迹,这样就得到一个从 v_i 到它自身的回路 D. 回路 D 根据假设,没有经过 V' 中的点;在经过 V'' 中的点时,选择了未去掉的边 $v_t w_t$,因此 D 没有用到 C 中的任何边. 由于 $v_i \in V''$,我们可以在 G 中把这个回路加到 C 上,得到一个更长的回路,矛盾. 因此之前我们实际上得到了一条从 v 到 V' 的路径.

类似地,沿着边反向走,可以得到一条从 V' 到 v 的路径. □

9.27. 一个竞赛图 G 的每条边都是红色或蓝色的. 证明:图 G 中存在一个顶点 v,使得对于每个其他顶点 w,存在一条从 v 到 w 的有向单色路径.(所有路径不必是相同的颜色.)

证明 称题目所求的顶点 v 为强大的. 我们对顶点数 n 归纳证明存在强大的顶点. 当 $n = 1, 2, 3$ 时命题显然成立. 假设结论对 $n-1$ 的情况成立,我们将证明对 n 的情况.

记 $v_1, v_2, \cdots, v_n$ 为竞赛图的顶点. 根据归纳假设,对于每个 i,图 $G\backslash v_i$ 都有一个强大的顶点. 如果其中有两点相同,那么就完成了. 所以只需考虑这些强大顶点两两不同,并且 $G\backslash v_i$ 的强大顶点不能单色到达 v_i 的情况. 因为有 n 个强大顶点,所以每个 v_i 都曾是强大顶点. 具体说,对每个 v_i,都有一条从它到所有其他顶点的单色有向路径,除了一个顶点,我们将其表示为 $f(v_i)$,f 是一个一一映射.

现在,取 f 的迭代序列 $v_1, f(v_1), f(f(v_1)), \cdots$. 在某个时刻,序列有一个顶点重复出现. 假设第一次发生重复时,被重复的顶点不是 v_1,会有两个不同的顶点 v_i, v_j,使得 $f(v_i) = f(v_j)$,这和 f 是单射矛盾. 因此序列会回到 v_1.

若循环序列少于 n 个元素,则它们的诱导子图顶点个数少于 n,根据归纳假设有一个强大的顶点 v,则 v 可以单色到达 $f(v)$(也在循环序列中),v 是整个图的强大顶点,矛盾.

重新将顶点排序,不妨设 $x_{i+1} = f(x_i)$($x_{n+1} = x_1$). 因为 x_i 不能单色到达 x_{i+1},必然有 $x_{i+1} \to x_i$.

若所有边 $x_{i+1} \to x_i$ 有相同的颜色，则任何两个顶点之间存在单色有向路径，矛盾. 因此，存在两个连续的边，比如 $x_{i+1} \to x_i$ 和 $x_i \to x_{i-1}$ 的颜色不同，比如第一个红色和第二个蓝色. 考察从 x_{i-1} 到 x_{i+1} 的单色路径（因为 x_{i-1} 不能单色到达仅一个点 x_i）. 若这个路径是红色，则有一条从 x_{i-1} 到 x_i 的红色路径；若是蓝色，则有一条从 x_i 到 x_{i+1} 的蓝色路径，如图11.59. 两个情况下，我们都得到矛盾，因此完成了证明. □

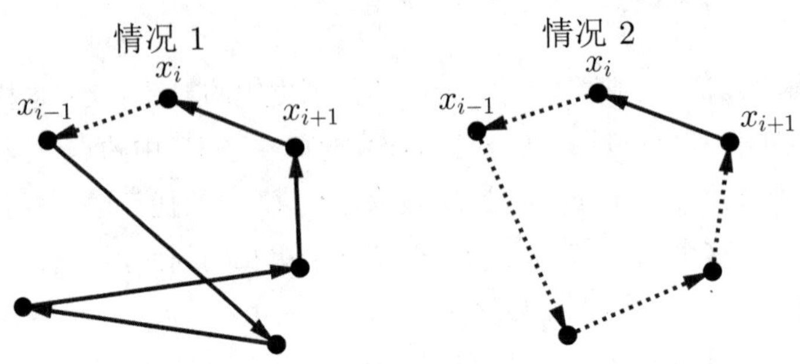

图 11.59　找到 x_i 到 x_{i+1} 的单色路径，矛盾

无限图

10.1. 构造一个具有无限色数的局部有限可数图.

解 只需取 G 是所有 K_n 的并集,其中 n 是所有正整数,如图11.60. □

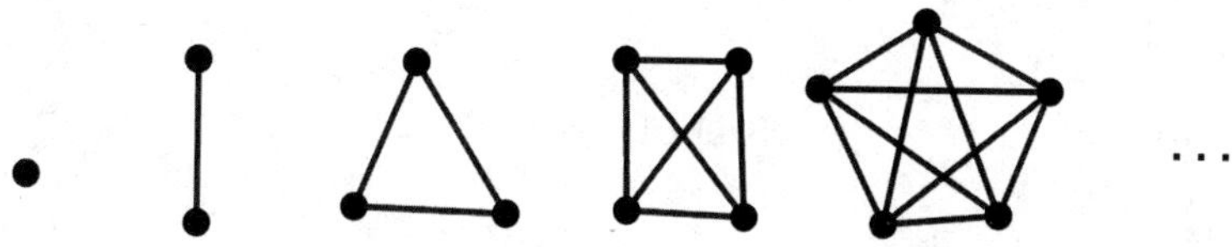

图 11.60 无限色数的局部有限图

注 如果希望图是连通的,那么将 K_1 的一个顶点与 K_2 的一个顶点相连,K_2 的一个顶点与 K_3 的一个顶点相连,依此类推.

10.2. 设 G 为无限有向图,使得每个顶点 v 满足 $d^+(v) \geqslant 1$. 证明:要么存在有向圈,要么存在有向射线.

证明 假设没有圈. 我们使用贪心法构建射线:从顶点 v_0 开始,至少有一条边离开它(因为 $d^+(v_0) \geqslant 1$). 假设已经构建了有向路径

$$v_0 \to v_1 \to \cdots \to v_k$$

观察到 v_k 到 $v_i (i < k)$ 没有边,否则会得到一个有向圈 $v_i \to v_{i+1} \to \cdots \to v_k \to v_i$. 但是 $d^+(v_k) \geqslant 1$,所以 v_k 必须有一条出边. 这意味着我们可以将有向路径继续扩展到某个 v_{k+1}. 这样就得到了一条射线 $v_0 \to v_1 \to v_2 \to \cdots$. □

10.3. 如果一个无限图连通并且局部有限,其所有顶点的度数是偶数,那么它是否必须包含双向无限的欧拉步道?(即顶点序列 $\cdots, v_{-2}, v{-1}, v_0, v_1, v_2, \cdots$,使得 v_iv_{i+1} 是一条边,并且图中的每条边恰好出现一次.)

解 否. 取反例 G 为有共同起点的四个不同路径组成的图(如图11.61)

$$v, u_1, u_2, \cdots$$

$$v, v_1, v_2, \cdots$$

$$v, w_1, w_2, \cdots$$

$$v, z_1, z_2, \cdots$$

□

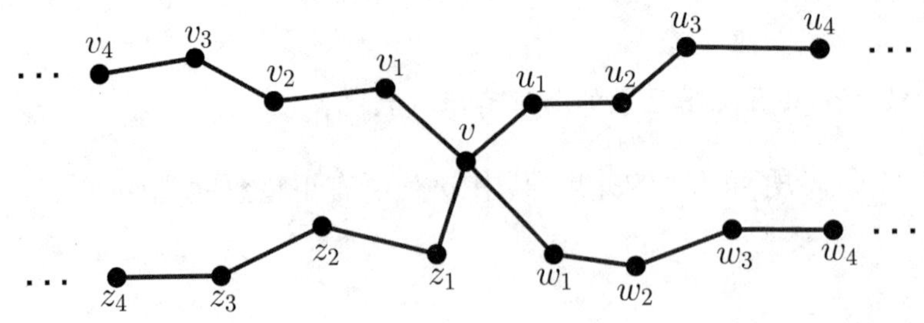

图 11.61　反例

10.4. 证明:在顶点 $v_1, v_2, \cdots$ 上存在一个可数图,其中 $d(v_i) = i$.

证明　我们归纳构造这个图. 首先连接 v_1v_2,于是 $d(v_1)$ 达到要求,剩余的顶点的度数为 0 或 1. 假设已经得到一个图,使得前 $I-1$ 个顶点的度数达到要求,其余顶点度数为 0 或 1. 将 v_I 连接到所需个数的度数为 0 的顶点,则 $d(v_I) = I$,我们面对的就是前 I 个顶点达到要求的情况.

最终,任何两个顶点的连接方式确定,我们得到了所需的可数图. * □

10.5. 证明:每一个实数序列 $(a_n)_{n=1}^{\infty}$ 都有一个无限的单调子序列(子序列的项不要求在 (a_n) 中连续出现).

证法一　考虑顶点 $1, 2, 3, \cdots$ 上的完全可数图. 对于 $i < j$,若 $a_i \leqslant a_j$ 则将 ij 染成红色,否染成蓝色. 根据无限图的拉姆塞定理 10.8,存在无限单色子图. 这给出了单调的子序列. □

证法二　也可以直接证明这一点,假设没有无限递增序列. 对于任何 a_n,都有一个从 a_n 开始的最长递增子序列. 这意味着这样一个序列的最后一项,记为 $a_{f(n)}$,严格大于所有之后的项.

现在看看序列 $a_{f(1)}, a_{f(2)}, \cdots$. 因为 m 只能对 $n \leqslant m$,可能成为 $f(n)$,因此这个序列有无穷多项. 按照它们在序列 (a_n) 中出现的顺序,可以看成 (a_n) 的子序列,是无限递减的子序列. □

10.6. 一个字母表包含有限数量的字母. 若一个单词 w 中的连续字母序列恰好是另一个单词 w',则称 w 包含 w'. 有一组(可能有无限个)长度有限的禁用词. 若一

*可数无限集 X 的子集 A 的定义,只需对任何的有限元素 $x \in X$,用有限步可以判定 $x \in A$ 还是 $x \notin A$,即可认为 A 是恰当定义的. 归纳定义一个可数图时,需要保证每对顶点是否相邻可以用有限步判定. ——译者注

个词不包含禁用词,则称为好词. 已知对任何正整数 n,存在长度为 n 的好词. 证明:存在无限长度的好词.

证法一 有无穷多个好词. 其中,有无数个有相同的第一个字母——比如 a_1. 在第一个字母为 a_1 的那些好词中,有无数个有相同的第二个字母——比如 a_2,依此类推. 得到序列 $a_1a_2\cdots$ 是无限长度的好词. □

证法二 我们也可以通过无限柯尼格引理证明.

创建一个图,顶点代表所有的好词,如果一个词是通过在另一个词的末尾添加一个字母得到的,就接两个词(即好词 $a_1a_2\cdots a_k$ 连接到好词 $a_1a_2\cdots a_{k+1}$). 存在从空词到所有其他词的路径,因此该图是连通的. 此外,它显然是局部有限的.

现在可以应用无限柯尼格引理来得到一条射线. 事实上,柯尼格引理的证明保证了存在来自空词的射线,看起来像(从空词开始的射线必然是一直添加字母得到新的好词,否则射线上有相邻三个顶点 v_i, v_{i+1}, v_{i+2},使得 v_{i+1} 是 v_i 添加字母得到,v_{i+2} 是 v_{i+1} 减少字母得到,于是 $v_i = v_{i+2}$,和射线定义中要求顶点不重复矛盾——译者注)

$$\varnothing, a_1, a_1a_2, a_1a_2a_3, \cdots$$

因此,$a_1a_2a_3\cdots$ 是一个无限好词. □

10.7. (改编自 EGMO 2012) 考虑一个可数有向图,其中所有出度最多为 1,所有入度都是有限的. 设 v 是一个顶点,使得对于任何正整数 k,都存在一条长度为 k 的路径

$$v_1 \to v_2 \to \cdots \to v_k \to v$$

证明:存在满足相同条件的 u,且 $u \to v$ 是边. 如果将入度有限的条件去掉,那么结论是否依旧成立?

证法一 (a) 显然,若条件对某个 u 不成立,则存在一个非负整数 $K(u)$,到达 u 的路径长度都不超过 $K(u)$. 设 $N^-(v) = \{u_1, u_2, \cdots, u_r\}$. 若所有的 u_i 都存在相应的 $K(u_i)$,则以 v 结尾的路径长度不超过 $1 + \max_i K(u_i)$,矛盾.

这意味着 u_i 中的一个满足,对于任何 k,存在一条长度为 k 的路径以 u_i 结尾.

(b) 我们可以取有同一个终点的无限多条路径的并集形成的图,路径的长度分别为 $1, 2, 3, \cdots$

$$v \leftarrow v_{1,1}; v \leftarrow v_{2,1} \leftarrow v_{2,2}; v \leftarrow v_{3,1} \leftarrow v_{3,2} \leftarrow v_{3,3}; \cdots$$

因此,条件对 v 成立,但对它的所有邻居都不成立. □

证法二 对于 (a) 部分，我们还可以使用柯尼格引理的证明技巧来得到更强的结论：存在一条无限路径，从 v 开始，沿与边方向相反的方向前进，即一条路

$$v \leftarrow v_1 \leftarrow v_2 \cdots$$

如果我们证明了这一点，就立即推导出 v_1 具有题目所求的性质.

观察到有无穷多条路径以 v 结尾（对每个长度 k，有一条路径）. 于是其中有无限多条路径的倒数第二个顶点相同，记为 v_1. 进一步，其中有无限多条路径的倒数第三个顶点相同，记为 v_2. 依此类推，就得到了我们想要的路径. □

10.8. 是否存在一个可数树 T 使得 T 包含树子图 $T_1, T_2, \cdots$，任意两个无公共顶点，并且每个 T_i 同构于 T?

解 存在.

我们会构造一个树 T，其中有两个顶点不相交的树子图 T_1 和 T_2，均与 T 同构，这样就满足题目要求. 事实上，可以迭代这个过程，在 T_2 中找到两个树子图 T_2' 和 T_3，它们均与 T_2 同构，所以也与 T 同构. 然后在 T_3 中进一步得到图 T_3' 和 T_4，依此类推. 最终我们得到了树的序列 $T_1, T_2', T_3', \cdots$ 满足题目条件.

要得到这样一个树 T，取一个顶点 v，并为其取两个邻居，然后为每个邻居取另外两个邻居（都是新的顶点），依此类推. 在 T 中把 v 去掉，得到的两个分支都同构于 T，如图11.62. * □

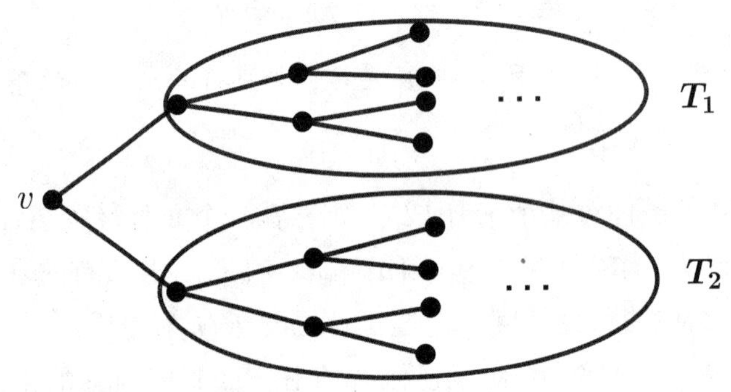

图 11.62 二叉树 T

*解答中定义的 T 的顶点可以看成是所有有限长的 0,1 序列，每个序列 x 和序列 $x1, x0$ 相连. v 对应空序列，T_1 和 T_2 分别对应 0 开始的序列的诱导子图和 1 开始的序列的诱导子图. T_1 和 T_2 到 T 的映射是“去掉首位数”. ——译者注

10.9. 证明：存在一个可数树 T（不一定局部有限）使得任何其他可数树同构于 T 的子图.

证明 这很容易——只需从一个顶点开始，每个分支有无限个. 记住，树不一定是局部有限的.

选择 v，取无限多个连接到 v 的顶点，然后无限多个连接到每个 v 的邻居，依此类推.

现在，对于一个树 T'，将顶点 v' 映射到 v，将 v' 的邻居映射到 v 的一些邻居，将 v' 的邻居的邻居映射到邻居的像的邻居等.

（请注意，我们构建的图是可数的. 实际上，可以归纳证明距离 v 为 i 的顶点的集合 V_i 是可数的. 假设 V_i 是可数的，V_{i+1} 与 $V_i \times \mathbb{N}$ 有双射，所以也是可数的. 于是所有顶点的集合 $V = \{v\} \cup V_1 \cup V_2 \cup \cdots$ 是可数集.） □

注 下面是一个似乎容易很想到的证明：取所有可能的树，$T_1, T_2, \cdots$. 然后把它们放在一个图中，所有的树都有一个公共顶点 v. 得到的图是一个树，很明显它将所有的可数树作为子图.

这个证明是错误的，原因是所有可能的树的集合是不可数的，因此无法列出为 $T_1, T_2, \cdots$.

10.10. 是否存在局部有限的可数树 T 使得任何局部有限的可数树与 T 的子图同构？

解 我们证明不存在这样的树.

假设有这样的树 T. 选择 T 的一个顶点 v 并用 V_i 表示与 v 距离为 i 的顶点的集合. 因为 T 是局部有限的，所以 V_i 是有限的.

想想如何构建一个不与 T 的子树同构的树 T'. 从 T' 中的顶点 u 开始，如果 T' 与 T 同构，那么 u 将在某个 V_i 中，u 的邻居在 $V_{i\pm1}$ 中，u 的邻居的邻居在 V_{i-2}, V_i, V_{i+2} 中等. 因此，我们将采取的措施是将 u 的邻居个数设置得非常高，将邻居的邻居的个数设置得更高，依此类推.

用 d_i 表示 $V_0 \cup V_1 \cup \cdots \cup V_i$ 中顶点的最大度数.

我们要构造 T'，使得对于任何 i，存在到 u 距离为 i 的顶点 u_i，满足 $d(u_i) > d_{2i}$. 假设 T' 是这样的树，我们证明 T' 不是 T 的子树：否则，设 u 在某个 V_i 中，则 u_i 将在 $V_0 \cup V_1 \cup \cdots \cup V_{2i}$ 中，比较 u_i 的度数和 d_{2i} 给出矛盾.

构建这样的 T' 很容易：选择一条路径 $u, u_1, u_2, \cdots$ 并为每个 u_i 添加 d_{2i} 个额外的邻居即可. □

10.11. 证明：每一个连通的可数图都包含一个生成树.

证法一 设 $v_1, v_2, \cdots$ 为图的顶点. 我们将归纳构造嵌套的树序列 $T_1 \subset T_2 \subset \cdots$，使得每个顶点最终都会成为序列中的树的顶点. 最终的生成树定义为

$$T = T_1 \cup T_2 \cup \cdots$$

取 $T_1 = v_1$.

在步骤 i，若 v_i 已经在 T_{i-1} 中，则取 $T_i = T_{i-1}$. 否则，由于图是连通的，所以存在一条最短路径从 T_{i-1} 到 v_i：$u_0, u_1, \cdots, u_r = v_i$，其中 $u_0 \in T_{i-1}$，而 $u_1, u_2, \cdots, u_r \notin T_{i-1}$. 令 T_i 由 T_{i-1} 以及路径 $u_0, u_1, \cdots, u_r$ 组成. 因为 T_{i-1} 是一个树,T_i 也是.

因为对每个 $i, v_i \in T_i$,所以 $T = T_1 \cup T_2 \cup \cdots$ 包含所有顶点. 对任何的 $i < j$，在 T_j 中有一条从 v_i 到 v_j 的路径，所以在 T 中有相同的路径，说明 T 是连通的. 最后，若 T 包含回路 $v_{i_1}, v_{i_2}, \cdots, v_{i_k}, v_{i_1}$，则这个回路也包含在 T_N 中，其中 $N = \max\{i_1, i_2, \cdots, i_k\}$,矛盾.

这样我们就得到了一个生成树. □

证法二 设 $v_1, v_2, \cdots$ 是顶点的排序,使得 $v_1, v_2, \cdots, v_r$ 上的诱导子图对于任何 r 都是连通的.(很容易证明这个排序的存在性. 设 $u_1, u_2, \cdots$ 是顶点的随机排序. 选择 $v_1 = u_1$,然后,假设已经选择了 $v_1, v_2, \cdots, v_r$,取 v_{r+1} 为第一个没有被选中并且至少连接到 $v_1, v_2, \cdots, v_r$ 之一的 u_i. 需要用归纳法证明每个顶点最终被选中.)

现在,构建 $T_1 \subseteq T_2 \subseteq \cdots$,使得 T_r 是 $v_1, v_2, \cdots, v_r$ 上的一个树:已经构建了 T_r,只需添加一条连接 v_{r+1} 到 $v_1, v_2 \cdots, v_r$ 之一的边,就得到 T_{r+1}.

最后,取

$$T = T_1 \cup T_2 \cup \cdots$$

为所有这些树的并集即可. □

10.12. 求局部有限可数图 G,顶点为 $v_1, v_2, \cdots$,具有如下性质:G 的边存在两个定向,用 d_1^+ 和 d_2^+ 分别表示两个定向的出度,则对所有 i,都有 $d_1^+(v_i) > d_2^+(v_i)$.

解 我们取二叉树:一个顶点 v 连接到成两个邻居,每个邻居又分别连接到另外两个邻居,依此类推. 两个定向如下:第一个定向中每条边指向远离 v 的方向;第二个定向与第一个定向相反,如图11.63.

显然,在第一个定向中,所有点的出度为 2,入度为 1 或 0;在第二个定向中,每个顶点的出度为 0 或 1. □

注 这个问题告诉我们,在无限有向图中很难处理度数,它们的行为不规律.

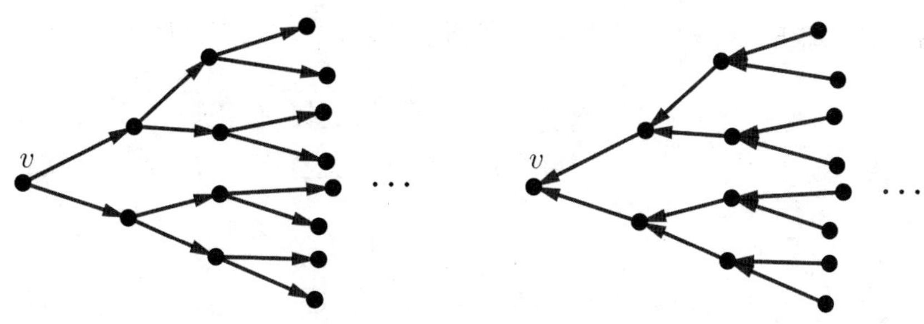

图 11.63　有两个定向的树

10.13. 设 T 是一个无限树. 证明: 当且仅当 T 包含一条射线时, 可以对 T 的边进行定向, 使得 $d^+(v)=1$ 对所有顶点 v 成立.

证明　假设存在一条射线, 记为 $v_1, v_2, v_3, \cdots$, 取边的定向 $v_i \to v_{i+1}$.

现在, 射线上的所有顶点都已经满足 $d^+(v_i)=1$, 所以我们必须将所有其他边"朝向射线"来定向. 形式上, 对于任何其他顶点 u, 存在一条从 u 到射线的唯一最短路径

$$u = u_1, u_2, \cdots, u_k = v_i$$

我们将边定向为 $u \to u_2$, 如图11.64.

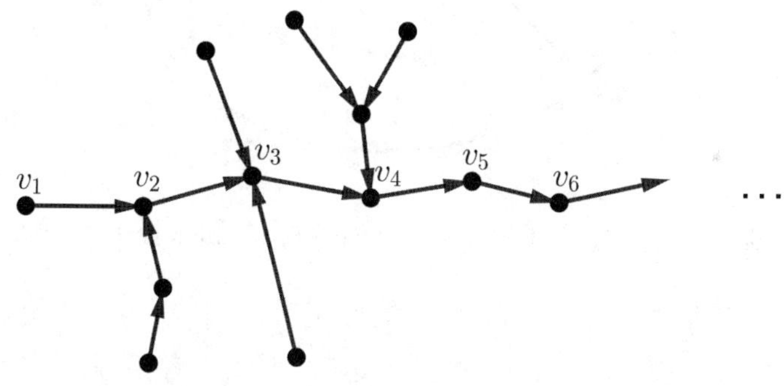

图 11.64　将树定向

简单的检验表明这个定向是有效的, 首先, 任何边 uu' 不能同时是从 u 到射线和从 u' 到射线的路径中的第一条边, 否则我们得到圈; 其次, 因为删除任何边都会使树不连通, 因此这条边必然是 u, u' 之一到射线的路径的第一条边.

相反, 假设存在这样一个定向, 随机选取一个顶点 v. 沿着边的方向走, 可以得到一条从 v 开始的射线 (我们不会终止, 因为任何顶点都有出度 1; 也不会走到已走过的点, 因为没有圈)

$$\to v_1 \to v_2 \cdots$$

□

注 树包含射线的条件比它是局部有限的条件弱.

10.14. 设 G 是一个连通的可数图, T 是一个生成树, 使得恰有 k 条边在 G 中但不在 T 中($k \in \mathbb{N}$ 或 $k = \infty$). 证明:对于任何其他生成树 T', 也恰有 k 条边在 G 中, 不在 T' 中.

证明 关键是看 G 的有限子图, 我们将使用第 1 章的结果, 在 n 个顶点上的有限树有 $n-1$ 条边.

假设 k 有限, 考虑在 G 中但不在 T 中的 k 条边, 并考虑 T 的有限连通子图 S, 包含了 k 条边的所有顶点. S 是一个树, 因此有 $|V(S)|-1$ 条边. 这意味着 G 在 $V(S)$ 上有 $|V(S)|+k-1$ 条边. 由于 T' 是一个树, T' 在 $V(S)$ 上至多有 $|V(S)|-1$ 条边, 所以 G 中至少有 k 条边, 不在 T' 中, 如图11.65.

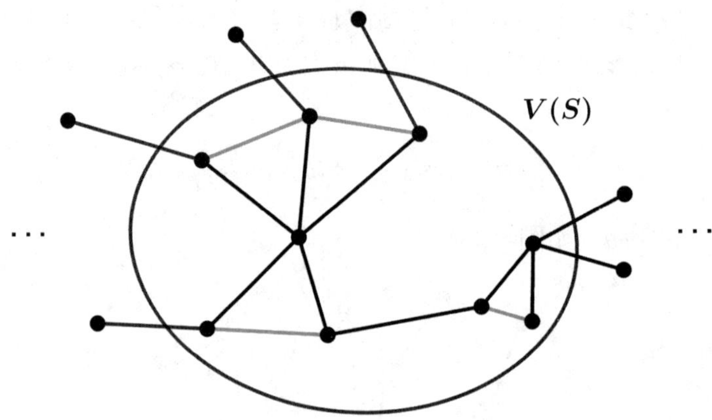

图 11.65 T' 在 $V(S)$ 中有至多 $|V(S)|-1$ 条边, 去掉了 G 中至少 k 条边

但是现在我们可以将 T' 和 T 的地位交换, 重新看上面的论述, 得到 G 在 T 中少掉的边数至少是 G 在 T' 中少掉的边数, 因此二者相等.

若 $k=\infty$, 则使用相同的论述, 在 G 中选取不在 T 中的 i 条边, 于是 T' 中至少缺少 i 条边, 这对所有 i 成立, 因此 T' 中缺少无穷多条边. □

注 这个属性以某种方式表明所有生成树都有“相同数量的边”. 这个概念不能扩展定义到一般的可数图中, 但读者可以从本题捕捉到一些直觉.

10.15. 构造一个自补的可数图(即图与其补图同构).

证明 设 $\cdots, v_{-2}, v_{-1}, v_0, v_1, v_2, \cdots$ 为顶点 (为了简单起见, 把顶点对应于整数, 而不是正整数).

我们的目标是使映射 $v_i \mapsto v_{i+1}$ 给出 G 与 $\overline{G}$ 的同构. 为了实现这一点,我们需要 v_iv_j 是一条边当且仅当 $v_{i+1}v_{j+1}$ 不是边.

定义 $v_iv_j(i<j)$ 为边,当且仅当 j 是偶数,则上述要求可以满足. □

10.16. 证明:存在不同构的可数图 G_1 和 G_2,使得 G_1 同构于 G_2 的一个诱导子图,G_2 也同构于 G_1 的一个诱导子图.

证明 如图11.66,定义 G_1 如下:取一个顶点 v_0,只连接一个顶点 v_1,连接另外 3 个顶点,每个顶点连接另外 2 个顶点,每个顶点连接另外 3 个顶点,每个顶点连接另外 2 个,依此类推. 定义 G_2 如下:取一个顶点 u_0,只连接一个顶点 u_1,连接另外 2 个顶点,每个连接另外 3 个顶点,每个连接另外 2 个顶点,每个连接另外 3 个,依此类推.

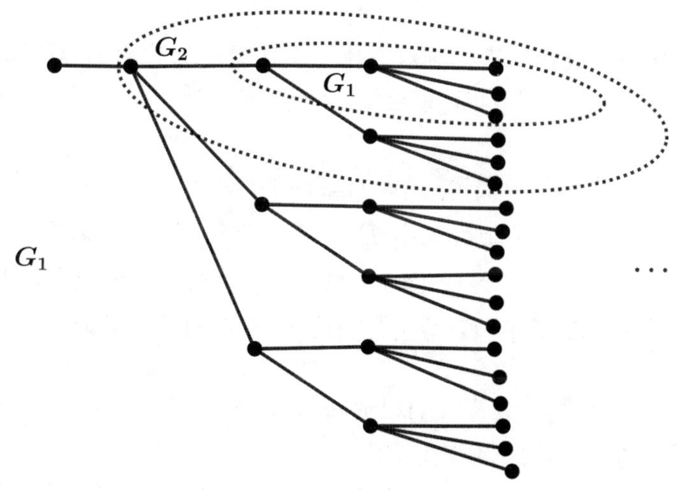

图 11.66 均同构于另一个的子图

现在,将 u_0 映射到 v_1,u_1 映射到 v_1 的一个邻居 v_2,u_1 的 2 个邻居映射到 v_2 的两个邻居,等等,给出 G_2 到 G_1 的一个诱导子图的同构.

类似地,将 v_0 映射到 u_1,v_1 映射到 u_1 的一个邻居 u_2,v_1 的 3 个邻居映射到 u_2 的三个邻居,等等,则给出 G_1 到 G_2 的一个诱导子图的同构.

最后,G_1 和 G_2 不是同构的,因为它们中的每一个都包含唯一一个叶子(v_0 和 u_0),而这两个叶子分别连接到 4 度和 3 度的顶点. □

10.17. (de Bruijn,Erdős,1951) 可数图 G 的每个有限子图 H 满足 $\chi(H)\leqslant k$,证明:$\chi(G)\leqslant k$.

证明 将图的顶点排序为 $v_1,v_2,\cdots$. 设 G_i 为 $v_1,v_2,\cdots,v_i$ 上的诱导子图. 由于每个 G_i 最多有 k 的色数,所以可以把 G_i 用颜色 $1,2,\cdots,k$ 染色. 现在,我们想

以某种方式在整个 G 中“合并”所有这些染色方法.

为此,执行以下操作:观察所有这些染色中,有无穷多个在 G_1 上的染色方式相同. 其中,有无穷多个在 G_2 上染色方式相同. 进一步,其中有无穷多个在 G_3 上的染色相同,依此类推.

在步骤 i,固定 G_i 的着色,然后在着色与 G_i 这个固定着色相同的无穷多个染色方法中,有无穷多个在 G_{i+1} 上有相同的着色.

最终,我们获得了整个图的用 k 种颜色的着色. □

注 显然,若可数图 G 的子图 H 满足 $\chi(H)=k$,则 $\chi(G)\geqslant k$. 所以对于可数图 G,有

$$\chi(G)=\sup_{H\subset G}\chi(H)$$

10.18. 设 G 为连通可数图. 将移除后会使图不连通的边称为割边. 证明:可以将 G 的边定向,得到强连通的图,当且仅当 G 不包含割边.

思路 我们从有向图的章节中知道,这是有限图的一个性质. 证明是这样的:取可以定向为强连通图的最大子图 H;如果 H 不是整个图,就取一条路径从 H 到 H,只使用 H 之外的边,并把这条路径定向,加到 H 上. 我们想把这个证明扩展到无限图. 这里的难点在于,无限图 G 不包含割边时,可能有些有限子图包含割边.

证明 假设 G 包含一个割边. 若将割边定向为 $u\to v$,则没有从 v 到 u 的有向路径. 因此不可能将 G 定向得到强连通的图.

相反,假设图不包含割边. 我们首先找到顶点的有限集 $V_1\subseteq V_2\subseteq\cdots$,使得每个 V_i 诱导的子图没有割边,并且并集 $V_1\cup V_2\cup\cdots$ 是 G 的所有顶点. 然后我们对每个 V_i 中的边定向,使得子图是强连通的. 最后我们使用无限图的典型论证:在这些定向图的列表中,有无限多个在 V_1 上具有相同的定向;其中,无限多个在 V_2 上具有相同的定向;等等. 由此产生的定向给出 G 的定向,使其成为强连通的图.

为了构建这些集合,首先将 G 的顶点列为 $v_1,v_2,\cdots$,使得对于任何 r,都存在一条从 v_r 到 $v_1,\cdots,v_{r-1}$ 之一的边.(要建立这样的列表,先取一个随机列表 $u_1,u_2,\cdots$;然后选择 $v_1=u_1$;在已经选择了 $v_1,v_2,\cdots,v_{r-1}$ 之后,选择 v_r 作为第一个 u_i,不在 $v_1,v_2,\cdots,v_{r-1}$ 中,但与其中之一相连.)

然后,我们构建顶点集,使得在它们上诱导的子图没有割边. 取 $V_1=\{v_1\}$. 假设已经构建了顶点集 V_{r-1},至少包含顶点 $v_1,v_2,\cdots,v_{r-1}$(可以有更多). 以如下方式构建 V_r:若 $v_r\in V_{r-1}$,则取 $V_r=V_{r-1}$;否则,存在 $i<r$,以及边 v_rv_i(这里用到上一段所选取的列表的性质). 由于这条边不是割边,所以存在一条从 v_r 到

V_{r-1} 中的顶点的路径,不用这条边. 取一条最短的这样的路径 $v_r, w_1, w_2, \cdots, w_s$, 则 $w_s \in V_{r-1}$. 现在取 $V_r = V_{r-1} \cup \{v_r, w_1, w_2, \cdots, w_s\}$,如图11.67.

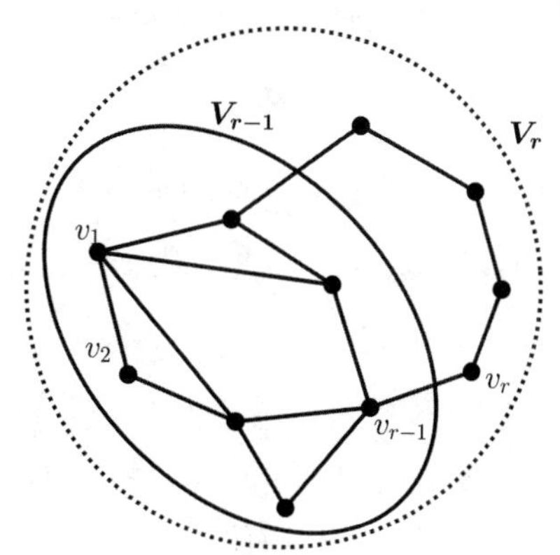

图 11.67 从 V_{r-1} 构建 V_r

集合 V_r 的诱导子图在 V_{r-1} 的基础上增加一条 V_{r-1} 到 V_{r-1} 的路径. 这条路径和 V_{r-1} 中的路径一起形成一个圈,包含所有增加的顶点. 因此 V_r 没有割边,符合我们的要求. □

10.19. (Rado) 证明:*存在可数图 G 使得任何可数图同构于 G 的一个诱导子图.*

思路 我们想象有一个图 H, 希望在 G 的诱导子图中找到它. 设 H 的顶点是 $v_1, v_2, \cdots$. 假设我们映射 v_1 到 G 的一个顶点 u_1,然后我们想要映射 v_2. 但是 v_2 与 v_1 可能相邻也可能不相邻,所以需要有两个顶点 $u_{2,1}$ 和 $u_{2,2}$ 作为 v_2 的可能目标,第一个与 u_1 相邻,而第二个与 u_1 不相邻. 接下来要找 v_3 的目标,它和 v_1, v_2 的连接方式有四种情况,因此我们在 G 中创建四个顶点,$u_{3,1}, u_{3,2}, u_{3,3}$ 和 $u_{3,4}$. 如此继续.

证明 我们逐步构建图 G:在步骤 n,选择一些顶点 $u_{n,1}, u_{n,2}, \cdots, u_{n,k_n}$.

在步骤 1,取一个顶点 $u_{1,1}$. 在步骤 n,假设已经得到顶点集

$$V_n = \{u_{1,1}, u_{2,1}, \cdots, u_{2,k_2}, \cdots, u_{n,1}, \cdots, u_{n,k_n}\}$$

以及它们之间的边,以如下方式构建顶点 $u_{n+1,1}, \cdots, u_{n+1,k_{n+1}}$:对于 V_n 的每个子集,我们构造一个恰与该子集完全相连的顶点 $u_{n+1,i}$.(所以实际上 $k_{n+1} = 2^{|V_n|}$.) 顶点 $u_{n+1,i}$ 和 $u_{n+1,j}$ 之间均不相连.

现在,设图 H 的顶点为 $v_1, v_2, \cdots$. 我们将证明 H 与 G 的某个诱导子图同构,通过映射 $v_i \to u_{i,l_i}$,其中 $1 \leqslant l_i \leqslant k_i$. 将 v_1 映射到 $u_{1,1}$. 假设已经定义

$v_1, v_2, \cdots, v_n$ 映射到 $u_{1,l_1}, u_{2,l_2}, \cdots, u_{n,l_n}$. 根据构造方式，存在一个顶点 $u_{n+1,t}$，正好连接到 $u_{1,l_1}, u_{2,l_2}, \cdots, u_{n,l_n}$ 中与 v_{n+1} 在 $v_1, \cdots, v_n$ 中的邻点集对应的顶点集. 我们映射 v_{n+1} 到这个顶点(即选择 $l_{n+1} = t$).

这样就得到了想要的同构. □

注 1 上面得到的图称为 Rado 图. 关于它有一个令人难以置信的结果: 可数随机图以概率 1 成为 Rado 图, 所以本质上"可数图几乎肯定是 Rado 图".

注 2 对于本题的目标, 注意每次都在 $V_i \backslash V_{i-1} = \{u_{i,t}, 1 \leqslant t \leqslant k_i\}$ 中选择一个点, 所以定义连接方式时, 可以令每个 $u_{j,s}(j > i)$ 和 $V_i \backslash V_{i-1}$ 中所有点的连接方式相同. 于是 k_n 可以是 2^{n-1}. 这个图和 Rado 图还不一样. ——译者注

10.20. (RMM 2018, Maxim Didin) 安和鲍勃在无限方格表的边上轮流玩游戏, 安先出手. 每次操作要选择尚未指定方向的任何一条边并指定方向. 如果在任何时候都存在一个有向圈, 那么鲍勃获胜. 鲍勃有制胜策略吗?

思路 安可以赢. 她的策略的背后想法是: 如果我们用 U, D, L, R 分别表示向上、向下、向左和向右的边, 那么任何圈都必须包含序列 RD 或序列 UR, 她可以尽量避免这种情况发生. 问题是她先出手, 这让事情变得困难, 所以需要一些技巧.

证明 我们证明安可以赢. 用 U, D, L, R 分别表示向上、向下、向左和向右的边.

取一条垂直线并将其称为中线, 安在这条线上开始. 如图, 11.68, 我们按以下方式划分不在中线上的线段: 中线左侧按向左接着一个向下的线段配对; 右侧按向右接着向下配对. (只是这些线段, 我们还没有选择方向).

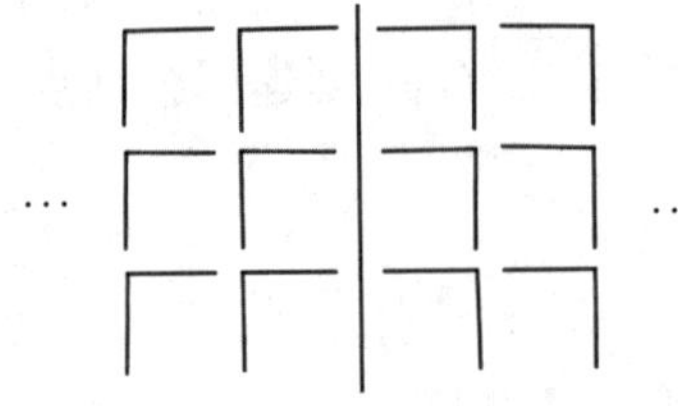

图 11.68 边的配对

现在, 如果鲍勃在某对中选择一条边定向, 安就将同一对中另一条边定向; 如果鲍勃在中线上给某条边定向, 安就在中线上任选另一条边定向. 安要防止一对中的两条边定向成为长度为 2 的有向路径(也就是说, 防止左侧对成为 LD 或 UR, 右侧对成为 RD 或 UL).

现在, 在任何阶段, 左侧都没有 LD 或 UR 的两条连续定向边, 因此左侧不会有有向圈(由格点间长度为 1 的线段构成的圈中, 考察在中线左侧, y 坐标最大的

水平线段,这样的线段的最左边一条,在圈上的左端相邻线段一定是垂直并且 y 坐标更小的线段. 这两条线段在圈定向后,只能按顺序成为 LD 或 UR 序列. 在左侧可能成为 LD 或 UR 的线段位置必然是配对的,但是安已经使用策略使得配对的两条线段不会方向连通,因此左侧没有 LD 或 UR,也就没有有向圈的一部分——译者注).

同样,右侧也不可能有有向圈. 只在中线上,当然也没有有向圈. 因此安赢. □

注 假设鲍勃先走,安就可以像在左侧那样将所有边配对,此时没有中线. 然后,她可以阻止任何一对变成 LD 或 UR.

10.21. (保加利亚 TST 2008) 设 G 是一个无限有向图,满足每个顶点的出度严格大于入度. 设 v 为 G 的一个顶点,对于任意正整数 n,V_n 为从 v 通过长度不超过 n 的路径能到达的顶点的集合. 求 $|V_n|$ 的最小可能值(在所有这样的图上).

思路 假设我们从 v 开始,到它的邻点集 U_1,然后是邻居的邻居 U_2,依此类推. 似乎每一步都必须有越来越多的边. 但是同一个 U_i 的顶点之间可以有边,或者有某个 U_i 到 $U_j(j < i)$ 的边,等等. 因此很难掌握这种现象,我们需要一种更全局的方式来获得一些界限.

证明 设 $U_i = \{u|d(v,u) = i\}$ 是与 v 距离为 i 的顶点的集合.

我们先给出一个构造:取 U_{2i} 和 U_{2i+1} 都包含 $i+1$ 个顶点;对每个 i,连接从 U_i 到 U_{i+1} 的所有可能的边(没有其他边),如图11.69.

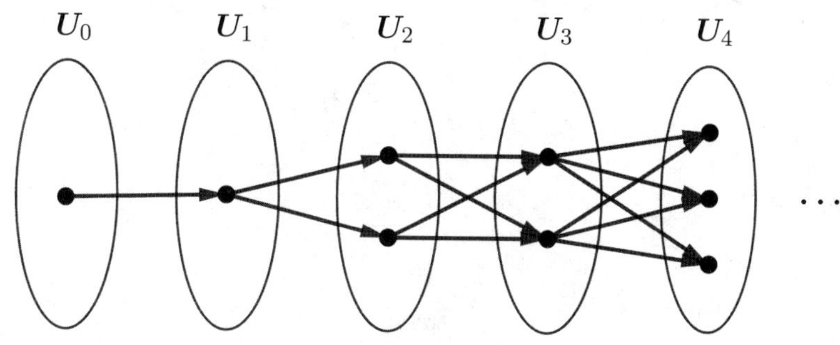

图 11.69 构造

U_i 中的点的入度为 $\lfloor\frac{i}{2}\rfloor$,出度为 $\lfloor\frac{i}{2}\rfloor+1$,显然满足度数要求.

$V_k = U_0 \cup U_1 \cup \cdots \cup U_k$,于是 $|V_{2i}| = (i+1)^2$,$|V_{2i+1}| = (i+1)(i+2)$,或者简化写成 $|V_n| = \left\lfloor\frac{(n+2)^2}{4}\right\rfloor$,我们证明这就是最小值.

还采用 U_n, V_n 的定义,用 r_n 表示从 U_n 到 U_{n+1} 的边数. 可以发现,离开 V_n 的边数不少于 V_n 中出度总和减去入度总和. 显然离开 V_n 的边数是 r_n,而题目条

件给出每个出度都大于每个入度，所以得到

$$r_n \geqslant \sum_{u \in V_n} (d^+(u) - d^-(u)) \geqslant \sum_{u \in V_n} 1 = |V_n| = |U_0| + |U_1| + \cdots + |U_n|$$

现在，有了边数的下限，我们想得到 U_{n+1} 中顶点数的下限．显然，U_{n+1} 中的每个顶点最多与 $|U_n|$ 个 V_n 中顶点相邻，与 r_n 比较，得到

$$|U_{n+1}| \geqslant \frac{r_n}{|U_n|} \geqslant \frac{|U_0| + |U_1| + \cdots + |U_n|}{|U_n|}$$

这确实是相当好的不等式，从现在开始变成了代数问题．有几种方法可以完成，下面是一个有点技巧的方法．记 $x = |U_n|$，有

$$\begin{aligned}
|V_{n+1}| &= |V_{n-1}| + |U_n| + |U_{n+1}| \\
&\geqslant |V_{n-1}| + x + \frac{x + |V_{n-1}|}{x} \\
&= |V_{n-1}| + 1 + \left(x + \frac{|V_{n-1}|}{x}\right) \\
&\geqslant |V_{n-1}| + 1 + 2\sqrt{|V_{n-1}|} \\
&= \left(\sqrt{|V_{n-1}|} + 1\right)^2
\end{aligned}$$

现在根据

$$\left(\sqrt{\left\lfloor \frac{(n+2)^2}{4} \right\rfloor} + 1\right)^2 > \left\lfloor \frac{(n+4)^2}{4} \right\rfloor - 1$$

归纳得到

$$|V_n| \geqslant \left\lfloor \frac{(n+2)^2}{4} \right\rfloor$$

这就完成了证明． □

附录 A:图论中的概率方法

A.1. 设 G 是 n 个顶点的连通图. 取 G 的一个随机生成子图,每条边以 $\frac{1}{2}$ 的概率被选中. 证明:对于 $k<n$ 个顶点 $v_1,v_2,\cdots,v_k$,令 A_i 为 v_i 的度数为偶数的事件,则

$$P(A_k|A_1\cap A_2\cap\cdots\cap A_{k-1})=\frac{1}{2}$$

证明 只需证明

$$P(A_k|A_1\cap A_2\cap\cdots\cap A_{k-1})=P(\overline{A_k}|A_1\cap A_2\cap\cdots\cap A_{k-1})$$

其中 $\overline{A_k}$ 是 A_k 的补集.

因此,需要证明 $v_1,v_2,\cdots,v_k$ 的所有度数为偶数的子图和 $v_1,v_2,\cdots,v_{k-1}$ 为偶数,v_k 为奇数的子图一样多. 我们构造从第一组的子图到第二组的子图的双射来证明这一点.

我们使用第 1 章中的“换边法”技巧. 取一个不在 $v_1,v_2,\cdots,v_k$ 中的顶点 u (因为 $k<n$,所以存在这样的顶点). 在 G 中取一条从 v_k 到 u 的路径 P. 对于任何一个子图,将路径 P 上的所有边从属关系修改,即如果一条边被选中,就取消选中它;如果未选中,就改为选中它. 我们得到一个新的子图,其中所有点的度数的奇偶性保持不变,除了 u 和 v_k. 这个操作将两组子图配对,得到我们想要的结论. □

A.2. 设 G 是 n 个顶点的连通无向图,有 m 条边,其中 m 为偶数. 有多少种方法可以定向 G 的边,使得每个顶点的出度都是偶数?

解 有 2^m 种方法可以将边定向. 我们证明其中恰好有 2^{m-n+1} 种具有所有出度都是偶数的性质. 为此,我们采用随机定向,每条边都概率为 $\frac{1}{2}$ 选择一个方向. 我们将证明所有度数都是偶数的概率为 $\frac{1}{2^{n-1}}$.

设 $v_1,v_2,\cdots,v_n$ 为顶点,A_k 为 v_k 出度为偶数的事件. 于是得到

$$\begin{aligned}
&P(A_1\cap A_2\cap\cdots\cap A_n)\\
&=P(A_n|A_1\cap A_2\cdots\cap A_{n-1})P(A_1\cap A_2\cdots\cap A_{n-1})\\
&=P(A_n|A_1\cap\cdots\cap A_{n-1})P(A_{n-1}|A_1\cap\cdots\cap A_{n-2})P(A_1\cap\cdots\cap A_{n-2})\\
&\qquad\vdots\\
&=P(A_1)P(A_2|A_1)P(A_3|A_1\cap A_2)\cdots P(A_n|A_1\cap\cdots\cap A_{n-1})
\end{aligned}$$

现在证明最后一行乘积中的 n 项中除了最后一项都是 $\frac{1}{2}$,而最后一项为 1. 后者显然是正确的:根据所有出度的和与总边数相同,是偶数. 如果除了 v_n 之外的所有顶点的出度都是偶数,那么 v_n 也有偶数出度.

要证明 $P(A_k|A_1\cap\cdots\cap A_{k-1})=\frac{1}{2}$,$k\leqslant n-1$,只需证明

$$P(A_k|A_1\cap\cdots\cap A_{k-1})=P(\overline{A_k}|A_1\cap\cdots\cap A_{k-1})$$

这相当于

$$P(A_k\cap A_1\cap\cdots\cap A_{k-1})=P(\overline{A_k}\cap A_1\cap\cdots\cap A_{k-1})$$

由于 $k<n$,取一条从 v_k 到 v_{k+1} 的(无向)路径 P. 现在,使用换边法的技巧:对于图的任何定向,改变路径 P 上的所有边的方向,于是所有的出度保持奇偶性,除了 $d^+(v_k)$ 和 $d^+(v_{k+1})$,它们改变了奇偶性.

此操作将 $A_k\cap A_1\cap\cdots\cap A_{k-1}$ 中的定向方法与 $\overline{A_k}\cap A_1\cap\cdots\cap A_{k-1}$ 中的配对,所以这两个概率是相等的.

这意味着

$$P(A_1\cup A_2\cup\cdots\cup A_n)=\frac{1}{2^{n-1}}$$

因此所求的定向数目是

$$2^m\cdot\frac{1}{2^{n-1}}=2^{m-n+1}$$

□

A.3. 用概率方法证明,当 $n\geqslant 10$ 时,K_n 的连通子图比不连通的子图多.

证法一 取 K_n 的一个随机生成子图 G,每条边被选择的概率为 $\frac{1}{2}$. 只需证明对于 $n\geqslant 10$,G 不连通的概率小于 $\frac{1}{2}$.

固定一个顶点 v,如果有一条从 v 到任何其他顶点的路径,那么这个图是连通的. 因此,如果一个图是不连通的,那么存在一个顶点 u,使得没有从 v 到 u 的路径. 我们将尝试估计存在这样一个顶点 u 的概率.

对于两个顶点 v,u,若 v 和 u 之间没有路径,则 vu 不是边,而且对于任何其他顶点 w,vw 和 wu 不同时是边. vu 不是边的概率是 $\frac{1}{2}$,对于固定的 w,vw 和 wu 不都是边的概率是 $\frac{3}{4}$. 因此从 v 到 u 没有路径的概率不超过 $\frac{1}{2}\left(\frac{3}{4}\right)^{n-2}$. 现在可以限制子图 G 不连通的概率为

$$P(G\text{不连通})\leqslant\sum_u P(\text{没有从 } v \text{ 到 } u \text{ 的路径})\leqslant(n-1)\frac{1}{2}\left(\frac{3}{4}\right)^{n-2}$$

我们希望证明这个量小于 $\frac{1}{2}$,相当于 $\left(\frac{4}{3}\right)^{n-2}>n-1$. 对于 $n=10$,这等价于 $\frac{65\ 536}{1\ 561}>9$,这是成立的. 对于 $n\geqslant 10$,有

$$\left(\frac{4}{3}\right)^{(n+1)-2}>n-1+\frac{n-1}{3}\geqslant(n+1)-1$$

所以可以归纳得到结论成立. □

证法二 如果 G 不连通,那么可以将 G 的顶点划分为两个非空子集 A 和 B,使得 A 到 B 之间没有边. 因此 G 不连通的概率不超过此类图的个数期望.

对于固定的 (A,B), 设 A 有 k 个顶点, 则 A 和 B 之间没有边的概率是 $2^{-k(n-k)}$. 集合对 (A,B) 有 $\binom{n}{k}$ 种选择,所以我们得到

$$P(G\text{ 不连通}) \leqslant \frac{1}{2}\sum_{k=1}^{n-1}\binom{n}{k}2^{-k(n-k)}$$

为了估计上界,注意到若 $2 \leqslant k \leqslant n-2$,则

$$k(n-k) \leqslant 2(n-2)$$

因此得到

$$\begin{aligned}P(G\text{ 不连通}) &\leqslant n2^{-(n-1)} + 2^{n-1}2^{-2(n-2)}\\ &= (n+4)2^{-(n-1)}\end{aligned}$$

因此对于 $n \geqslant 6$,G 不连通的概率小于 $\frac{1}{2}$. □

注 实际上,这是一个简单的问题,参考第 1 章习题 1.6. 但对于概率来说,这是一个很好的练习.

A.4. (改编自圣彼得堡数学奥林匹克 1996) 考虑完全图 K_n 的定向,记条件 T 为:从每个顶点到任何其他顶点有长度不超过 2 的有向路径. 证明:对于足够大的 n,K_n 的所有定向中,满足条件 T 的定向个数超过不满足条件 T 的定向个数.

证明 我们独立地定向每条边,每个方向的概率为 $\frac{1}{2}$.

对于两个顶点 u,v, 以及另一个顶点 w, uw 和 wv 的方向不是 $u \to w$ 且 $w \to v$ 的概率是 $\frac{3}{4}$. uv 的定向不是 $u \to v$ 的概率是 $\frac{1}{2}$. 因此从 u 到 v 没有长度不超过 2 的路径的概率是

$$P_{u,v} = \frac{1}{2}\left(\frac{3}{4}\right)^{n-2}$$

因此,定向中存在顶点 u 和 v,使得从 u 到 v 没有长度最多为 2 的路径的概率 P 满足

$$P \leqslant \sum_{u,v} P_{u,v} = \frac{n(n-1)}{2}\left(\frac{3}{4}\right)^{n-2}$$

若要 $P \leqslant \frac{1}{2}$,只需

$$n(n-1) \leqslant \left(\frac{4}{3}\right)^{n-2}$$

但是很容易地将右侧估计为

$$\left(\frac{4}{3}\right)^{n-2} \geqslant 2^{\frac{n-2}{3}}$$

我们可以归纳证明:如果 $k \geqslant 10$,那么 $2^k \geqslant k^3$. 于是对于 $n \geqslant 32$,

$$2^{\frac{n-2}{3}} \geqslant \left(\frac{n-2}{3}\right)^3 \geqslant n(n-1)$$ □

A.5. 设图 G 有 m 条边. 证明:G 个某个二部生成子图至少有 $\frac{m}{2}$ 条边.

证明 将顶点随机分配到集合 A 和 B 中:每个顶点以 $\frac{1}{2}$ 的概率分配到 A,以 $\frac{1}{2}$ 的概率分配到 B. 对于边 e,定义随机变量为

$$X_e = \begin{cases} 1, & \text{若 } e \text{ 是 } A,B \text{ 之间的边} \\ 0, & \text{其他情况.} \end{cases}$$

那么由集合 A 和 B 确定的二部子图的边数就是

$$X = \sum_e X_e$$

很明显,对于一条边 uv,这条边在 A 和 B 之间的概率正好是 $\frac{1}{2}$(相当于 u 和 v 所分配的位置是否相同),因此

$$E(X_e) = \frac{1}{2}$$

根据期望的可加性,有

$$E(X) = E\left(\sum_e X_e\right) = \sum_e E(X_e) = \frac{m}{2}$$

由于 X 的期望值是 $\frac{m}{2}$,因此存在一个分配方式,X 至少是 $\frac{m}{2}$. □

A.6. (全俄数学奥林匹克 1999) 设二部图 G 的顶点集为 A, B,每个顶点的度数至少为 1. 证明:存在 G 的诱导子图,包含至少一半的顶点,并且子图中属于 A 的顶点在子图中的度数都是奇数.

证明 我们随机地选择 B 的一个子集 B',每个顶点以 $\frac{1}{2}$ 的概率被选中. 然后考察在 B' 有奇数个邻居的点集 $A' \subset A$. 设随机变量 X 计算了 A' 中的顶点数,Y 计算了 B' 中的顶点数. 现在计算它们的期望值.

很容易看出

$$E(Y)=\sum_{b\in B}\frac{1}{2}=\frac{|B|}{2}$$

对于 X，我们证明一个顶点 a 在集合 A' 中的概率实际上也是 $\frac{1}{2}$. 实际上，这只是 $N(a)$ 在 B' 中有奇数个顶点的概率. 对于 $N(a)$ 的 $2^{|N(a)|-1}$ 个奇数元子集，$N(a)\cap B'$ 恰好是这个子集的概率是 $2^{-|N(a)|}$,因此 $E(X)=\frac{|A|}{2}$.

所以

$$E(X)+E(Y)\geqslant\frac{V(G)}{2}$$

这意味着存在一个 B',使得 A' 和 B' 一共至少有一半的顶点在 G 中,它们形成了所求的诱导子图. □

A.7. 设 a,n 为正整数,$a<n$. 证明:存在 K_n 的边的二染色,包含最多 $\binom{n}{a}2^{1-\binom{a}{2}}$ 个单色 K_a 子图.

证明 随机对每条边用一种颜色着色,概率为 $\frac{1}{2}$.

考察随机变量 X,计算了单色 K_a 子图的数量. 对于每组 a 个顶点,它们形成单色子图的概率为 $2\cdot 2^{-\binom{a}{2}}$. 因为有 $\binom{n}{a}$ 组 a 个顶点,于是得到

$$E(X)=\binom{n}{a}2^{1-\binom{a}{2}}$$

所以有一种着色,使得 X 取值不超过这个数字,这就是我们想要的. □

A.8. 设 m,n,a,b 为正整数,$m>a,n>b$. 证明:存在 $K_{m,n}$ 的边的二染色,使得最多有 $\binom{m}{a}\binom{n}{b}2^{1-ab}$ 个单色 $K_{a,b}$.

证明 我们随机对每条边以概率 $\frac{1}{2}$ 用一种颜色着色.

取随机变量 X 计算单色 $K_{a,b}$ 子图的数量. 对于第一组中 a 个顶点的子集和第二组中 b 个顶点的子集,它们之间存在 ab 条边,因此它们形成的子图是单色的概率为 2^{1-ab}. 由于共有 $\binom{m}{a}\binom{n}{b}$ 种选择 a 和 b 个顶点的方法,我们得到

$$E(X)=\binom{m}{a}\binom{n}{b}2^{1-ab}$$

所以有一种涂色,至多有这样多的单色 $K_{a,b}$,这就是我们想要的. □

A.9. (Erdős, 1963) 证明:对于每一个正整数 k,存在一个竞赛图,使得对于任何 k 个顶点 $v_1,v_2,\cdots,v_k$,存在顶点 u,满足 $u\to v_1,u\to v_2,\cdots,u\to v_k$ 都是边.

证明 对于待定的正整数 n，我们将在 n 个顶点上随机得到竞赛图——即以 $\frac{1}{2}$ 的概率将每条边以一种方式定向.

对于固定的 $v_1, v_2, \cdots, v_k$，我们计算没有 u 击败所有这些顶点的概率. 对于每个 u，它没有击败所有 k 个顶点的概率是 $\frac{2^k-1}{2^k}$. 因此，没有 u 击败所有 k 个顶点的概率是

$$P_{v_1,v_2,\cdots,v_k} = \left(\frac{2^k-1}{2^k}\right)^{n-k}$$

我们希望所有这些概率的总和小于 1. 由于 $v_1, v_2, \cdots, v_k$ 有 $\binom{n}{k}$ 种选择，我们需要的是

$$\binom{n}{k}\left(\frac{2^k-1}{2^k}\right)^{n-k} < 1$$

简单放缩有 $\binom{n}{k} \leqslant n^k$ 是 n 的幂函数. 注意到 $s = \left(\frac{2^k}{2^k-1}\right)^{\frac{1}{2}} > 1$，于是当 $n \geqslant 2k$ 时，

$$\left(\frac{2^k}{2^k-1}\right)^{n-k} = s^{2n-2k} \geqslant s^n$$

是关于 n 的指数函数. 如果 n 足够大，就有 $s^n > n^k$，证毕. □

A.10. 设 $k \geqslant 1 + 2\log_2 n$. 证明：存在 n 个顶点的竞赛图，不包含 k 个顶点的传递竞赛子图.

证明 考虑 n 个顶点上的随机竞赛图，即以 $\frac{1}{2}$ 的概率将每条边以一种方式定向.

对于 k 个固定顶点，我们计算它们形成传递子竞赛图的概率. 首先，有 $k!$ 种排列. 每一个排列得到唯一的一个传递竞赛图，形成这个竞赛子图的概率为 $2^{-\frac{k(k-1)}{2}}$. 因此，这 k 个顶点形成传递子竞赛图的概率为

$$P = k! \cdot 2^{-\frac{k(k-1)}{2}}$$

现在只需证明这个概率对所有 k 个顶点的子集求和，总和小于 1. 有 $\binom{n}{k}$ 种方式选择 k 个点，所以需要证明

$$\binom{n}{k} \cdot k! \cdot 2^{-\frac{k(k-1)}{2}} < 1$$

利用 $k-1 \geqslant 2\log_2 n$，得到

$$\binom{n}{k}k! = n(n-1)\cdots(n-k+1) < n^k \leqslant (2^{\frac{k-1}{2}})^k = 2^{\frac{k(k-1)}{2}}$$

这就是我们想要证明的结论. □

注 这是有向图章节中习题 9.15 的延续,该问题要求证明若 $k \leqslant \log_2 n$,则 n 个顶点上的任何竞赛图都存在 k 个顶点上的传递竞赛子图.

A.11. 设 n,k 为正整数,$n \geqslant k \cdot 3^k$. 证明:任何 n 个顶点的竞赛图都有两个不相交的 k 个顶点的子集 A,B,使得 A 和 B 之间的所有边都朝向 B.

证明 我们随机选择 k 个不同顶点,每组 k 个顶点的选择概率为 $\frac{1}{\binom{n}{k}}$. 设随机变量 X 计算了所选的 k 个顶点都胜过的顶点的数量. 我们只需证明 $E(X) \geqslant k$,就有一种 k 个顶点的选择 A,对应 $X \geqslant k$. 对于这个集合 A,至少有 k 其他顶点,每一个都被 A 中所有顶点胜过,于是选择 B 是其中的 k 个顶点即可.

对于顶点 $v_1,\cdots,v_k$ 和 u,设 $x(v_1,\cdots,v_k)$ 是 $v_1,\cdots,v_k$ 都胜过的顶点的数量,$y(v_1,\cdots,v_k,u)$ 是 $v_1,\cdots,v_k$ 均胜过 u 的特征函数,即若它们均胜过 u,则 $y=1$;否则 $y=0$. $z(u)$ 是均胜过 u 的 k 个顶点的子集的个数. 于是有

$$x(v_1,\cdots,v_k)=\sum_u y(v_1,\cdots,v_k,u)$$
$$z(u)=\sum_{v_1,\cdots,v_k} y(v_1,\cdots,v_k,u)$$

因此可以得到

$$\begin{aligned}
E(X)&=\frac{1}{\binom{n}{k}}\sum_{v_1,\cdots,v_k} x(v_1,\cdots,v_k)\\
&=\frac{1}{\binom{n}{k}}\sum_{v_1,\cdots,v_k,u} y(v_1,\cdots,v_k,u)\\
&=\frac{1}{\binom{n}{k}}\sum_u z(u)=\frac{1}{\binom{n}{k}}\sum_u\binom{d^-(u)}{k}\geqslant\frac{n\binom{\frac{n-1}{2}}{k}}{\binom{n}{k}}\\
&=n\cdot\frac{\frac{n-1}{2}\left(\frac{n-1}{2}-1\right)\cdots\left(\frac{n-1}{2}-k+1\right)}{n\,(n-1)\cdots(n-k+1)}\geqslant\frac{n}{3^k}\geqslant k
\end{aligned}$$

这就是我们要证明的结果. □

A.12. (Caro-Wei, 1981) 证明:任何图 G 都包含一个独立集,顶点个数至少为 $\sum\limits_v \frac{1}{1+d(v)}$.

证明 设 $v_1,\cdots,v_n$ 是顶点的一个排列,我们看一下具有以下属性的顶点 v_i:它的所有邻居在列表中都在它之后. 两个这样属性的点是否会相邻?显然不会,两个点其中一个在另一个前面,若它们相邻,则和后一个顶点满足这个属性矛盾.

因此,我们将寻找具有尽可能多这样属性的顶点的排列.

我们采用随机排列,并设随机变量 X 计算了具有上述属性的顶点的数量. 因此 $X=\sum_{v} X_v$,其中若 v 具有该属性,则 X_v 为 1;否则为 0.

但是,如果固定 v 及其邻居的共 $d(v)+1$ 个位置(作为一个整体固定),那么 v 及其邻居中的每一个都有同样可能成为第一个. 因此 v 在这些位置是第一个的概率为 $\frac{1}{d(v)+1}$. 因此

$$E(X_v)=\frac{1}{d(v)+1}$$

于是得到

$$E(X)=\sum_{v} E(X_v)=\sum_{v}\frac{1}{d(v)+1}$$

因此至少有一个排列具有如此多上述属性的顶点,这些点形成一个独立集. □

注 我们有

$$\sum_{v}\frac{1}{d(v)+1}\geqslant\frac{n}{d+1}$$

其中 d 是平均度数.

这意味着该图有一个独立集,其大小至少为 $\frac{n}{d+1}$. 这正是对补图 $\overline{G}$ 应用图兰定理 7.3 可以得到的结果(G 中的完全图是 $\overline{G}$ 中的独立集). 因此 Caro-Wei 定理实际上是比图兰定理更强大、更广泛的结论.

A.13. 设 G 是 n 个顶点的简单图, 顶点度数均大于 0. 证明: 可以选择至少 $\sum_{v}\frac{2}{d(v)+1}$ 个顶点,使得这些顶点上的诱导子图不包含圈.

证明 我们将使用和前一个习题非常相似的技巧. 对顶点的一个排列 $v_1, v_2, \cdots, v_n$,考察满足下面属性的顶点 v_i:v_i 在 $v_1, v_2, \cdots, v_{i-1}$ 中最多有一个相邻顶点. 这样的顶点集会形成一个圈吗?答案是否定的. 假设它们形成一个圈 $v_{i_1}, v_{i_2}, \cdots, v_{i_r}$,不妨设 $\{i_1, \cdots, i_r\}$ 中最大的为 i_r,则 v_{i_1} 与 $v_{i_{r-1}}$ 都是 v_{i_r} 的邻点,但是下标均小于 i_r,矛盾.

考虑顶点的随机排列. 用随机变量 X 表示排列中具有上述属性的顶点的数目,现在计算 $E(X)$. 对于一个顶点 v,若固定 v 及其邻居占据的一共 $d(v)+1$ 位置,则 v 在这些位置中位于前两个的概率正好是 $\frac{2}{d(v)+1}$. 这意味着

$$E(X)=\sum_{v}\frac{2}{d(v)+1}$$

因此,存在排列,满足上述属性的点至少有 $\sum_{v}\frac{2}{d(v)+1}$ 个,它们不构成圈. □

A.14. 设图 $G(V,E)$ 的顶点数是 n. 顶点的**支配集**是一个集合 $X\subseteq V$,使得 $V\backslash X$ 中的所有顶点都与 X 中的至少一个顶点相邻. 设 δ 是 G 的顶点最小度数. 证明: G 包含一个支配集,其大小不超过

$$n\frac{1+\ln(\delta+1)}{\delta+1}$$

证明 我们以概率 p 选择(p 待定)每个顶点,得到顶点集 X. 设 Y 是既不在 X 中也不与 X 中的顶点相邻的顶点集.

从期望值来看,显然有

$$E(|X|)=np$$

为了估计 $E(|Y|)$ 的上界,我们发现,对于任何顶点 v,v 在 Y 中的概率是 v 和它的邻居都不在 X 中的概率,即 $(1-p)^{d(v)+1}$. 因此

$$E(|Y|)=\sum_v P(v\in Y)=\sum_v(1-p)^{d(v)+1}\leqslant n(1-p)^{\delta+1}$$

一个自然的想法是将 Y 强制为 0,但这是行不通的,因为这样我们将无法控制 X. *

诀窍是观察到 $X\cup Y$ 是一个支配集. 因此,我们将寻找使 $|X\cup Y|$ 很小的 p. 为此,计算发现

$$E(|X|+|Y|)=np+n(1-p)^{\delta+1}\leqslant np+ne^{-p(\delta+1)}$$

其中最后一个不等式我们使用了 $(1-p)\leqslant e^{-p}$. 现在,选择 $p=\frac{\ln(\delta+1)}{\delta+1}$,得到

$$E(|X|+|Y|)\leqslant n\frac{\ln(\delta+1)}{\delta+1}+\frac{n}{\delta+1}=n\frac{1+\ln(\delta+1)}{\delta+1}$$ □

A.15. (Erdős, Guy, Chazelle, Sharir, Welzl) 考虑有 n 个顶点和 m 条边的图 G,其中 $m\geqslant 4n$,以及它在平面上的绘制(可以有交叉点). 证明:至少存在 $\frac{m^3}{64n^2}$ 个边的交叉点.

证明 从平面图章节的习题 5.5 知道,任何有 n 个顶点和 m 条边的图的绘制至少有 $m-3n+6$ 个交点.(结果很容易从欧拉公式 5.2 以及平面图的引理 5.3 得出.) 这明显小于我们需要的界限. 本题的想法是考察 G 的诱导子图,能更好地捕捉到很多交点的现象. 然而,仅仅考察所有诱导子图并对其求和还不够,我们需要一个概率技巧.

*其实这个想法可以继续,取 p 使 $E(|Y|)<1$. 于是存在一个 X,对应的 Y 为空集. 此时得到的 $|X|$ 的上界不如接下来的方法得到的结果. ——译者注

对于 $0 < p < 1$，以概率 p 选取每个顶点，得到 G 的顶点的子集，然后考虑它诱导的子图. 用 n_p, m_p, X_p 分别表示随机子图的顶点数、边数和交叉点数. 利用在任何绘制中至少有 $|E| - 3|V| + 6$ 个交叉点的事实，得到

$$E(X_p - m_p + 3n_p) \geqslant 0$$

很容易计算这三个随机变量中的每一个的期望. 对于 n_p，顶点在图中的概率是 p，所以 $E(n_p) = np$. 对于 m_p，边在子图中的概率就是两个端点都在图中的概率，所以 $E(m_p) = mp^2$. 对于 X_p，一个交叉点在诱导子图中的概率就是两条边都在的概率，所以用 $\mathrm{cr}(G)$ 表示大图中交叉点的数量，则

$$E(X_p) = \mathrm{cr}(G)p^4$$

把这些放在一起，得到

$$\mathrm{cr}(G)p^4 - mp^2 + 3np \geqslant 0$$

于是

$$\mathrm{cr}(G) \geqslant \frac{m}{p^2} - \frac{3n}{p^3}$$

现在取任何 $p \in (0,1)$，都给出 $\mathrm{cr}(G)$ 的一个下界. 我们取 $p = \frac{4n}{m}$，根据题目假设，它是小于 1 的数，就得到

$$\mathrm{cr}(G) \geqslant \frac{m^3}{64n^2}$$

这个证明很美妙吧？ □

A.16. 设 k 是正整数，证明：存在图 G，其色数 $\chi(G) \geqslant k$，围长至少为 k.

思路 一个尝试性的想法是在 n 个顶点上随机选择一个图，每条边选择的概率为 p. 然后我们希望当 n 足够大时，通过仔细选择 p，使得 $\chi(G) \leqslant k$ 的概率小于 $\frac{1}{2}$，围长至多 k 的概率也小于 $\frac{1}{2}$. 遗憾的是，这没能成功. 最终有效的想法是：设法找到一个图，长度不超过 k 的圈不多，然后从每个这样的圈中去掉一个顶点.

证明 固定 n 个顶点，上面取一个随机图，每条边选择的概率为 p（n 和 p 待定）.

我们无法直接写出色数大于 k 的概率，于是通过以下方式来处理：假设有一个用 $\chi(G)$ 种颜色的着色，其中一种颜色至少有 $\frac{n}{\chi(G)}$ 个顶点，这些点互不相邻. 如果用 $\alpha(G)$ 表示图中最大独立集的顶点个数，就有 $\chi(G) \geqslant \frac{n}{\alpha(G)}$. 使用 $\alpha(G)$ 来计算概率更方便.

我们的目标是：$P\left(\alpha(G) \geqslant \frac{n}{2k}\right) < \frac{1}{2}$，并且“长度不超过 k 的圈的个数大于 $\frac{n}{2}$”的概率也小于 $\frac{1}{2}$. 如果能够满足这两个目标，就存在一个图，其中 $\alpha(G) \leqslant \frac{n}{2k}$，并且有至多 $\frac{n}{2}$ 个圈的长度不超过 k. 然后我们可以从每个这样的圈中删除一个顶点得到图 G'，剩余至少 $\frac{n}{2}$ 个顶点，围长至少为 k，而 $\alpha(G')$ 依然不超过 $\frac{n}{2k}$. 这意味着

$$\chi(G') \geqslant \frac{\frac{n}{2}}{\alpha(G')} \geqslant k$$

很容易估计 $\alpha(G)$. 对于任何固定的 r 个顶点 $v_1, v_2 \cdots, v_r$，它们两两不相邻的概率是

$$P_{v_1,v_2,\cdots,v_r} = (1-p)^{\binom{r}{2}} \leqslant \mathrm{e}^{-p\binom{r}{2}}$$

所以有

$$\begin{aligned} P\big(\alpha(G) \geqslant r\big) &\leqslant \sum_{\{v_1,\cdots,v_r\}} P_{v_1,\cdots,v_r} = \binom{n}{r}(1-p)^{\binom{r}{2}} \\ &\leqslant n^r(1-p)^{\binom{r}{2}} \leqslant \left(n\mathrm{e}^{-\frac{p(r-1)}{2}}\right)^r \end{aligned}$$

我们想要的是 $P\left(\alpha \geqslant \frac{n}{2k}\right) < \frac{1}{2}$，于是取 $r = \frac{n}{2k}$. 我们需要 $\frac{p(r-1)}{2} \sim \ln n$，于是 p 会比 $\frac{1}{n}$ 大一些，记 $p = n^{\varepsilon-1}$，其中 $\varepsilon > 0$ 待定. 对于足够大的 n，有 $p \geqslant (8k\ln n)n^{-1}$，因此

$$n\mathrm{e}^{-\frac{p(r-1)}{2}} \leqslant \mathrm{e}n\mathrm{e}^{-\frac{pr}{2}} \leqslant \mathrm{e}n\mathrm{e}^{-\frac{8k\ln n}{n}\frac{n}{2k}\frac{1}{2}} = \frac{\mathrm{e}}{n}$$

对于足够大的 n，$\frac{\mathrm{e}}{n}$ 很小，所以 $\left(\frac{\mathrm{e}}{n}\right)^{\frac{2n}{k}}$ 更小，会小于 $\frac{1}{2}$.

现在考虑长度不超过 k 的圈. 设随机变量 X 计算了长度不超过 k 的圈的个数，我们需要 $P\left(X \geqslant \frac{n}{2}\right) < \frac{1}{2}$. 为此，我们使用马尔可夫不等式

$$P\left(X \geqslant \frac{n}{2}\right) \leqslant \frac{E(X)}{\frac{n}{2}}$$

计算 $E(X)$ 相当容易. $s(s \leqslant k)$ 个顶点 $(v_1, v_2, \cdots, v_s)$ 的任何序列以此顺序形成圈的概率为 p^s. 对于固定的 s，这个序列有 $n(n-1)\cdots(n-s+1)$ 个，而且相差一个轮换或者反射的排列给出相同的圈，因此长度为 s 的圈个数期望为 $\frac{n(n-1)\cdots(n-s+1)}{2s}p^s$. 对 S 求和，得到

$$\begin{aligned} E(X) &= \sum_{s=3}^{k}\left(\frac{n(n-1)\cdots(n-s+1)}{2s}p^s\right) \\ &\leqslant \sum_{s=3}^{k} n^s p^s = \sum_{s=3}^{k} n^{\varepsilon s} \leqslant (k-2)n^{\varepsilon k} \end{aligned}$$

现在得到

$$P\left(X \geqslant \frac{n}{2}\right) \leqslant \frac{(k-2)n^{\varepsilon k}}{\frac{n}{2}}$$

我们仍然可以自由选择 ε,取 $\varepsilon k < 1$,对于足够大的 n,$n^{\varepsilon k-1}$ 非常小,所以

$$P\left(X \geqslant \frac{n}{2}\right) = \frac{k-2}{2} n^{\varepsilon k-1} \leqslant \frac{1}{2}$$

综上所述,我们得到一个 n 个顶点的图,最多有 $\frac{n}{2}$ 个圈的长度不超过 k,并且 $\alpha(G) \leqslant \frac{n}{2k}$. 从每个圈中删除一个顶点,数字 α 不会增加. 因此,我们得到了至多有 $\frac{n}{2}$ 个顶点的图 G',圈长均大于 k,并且满足 $\alpha(G') \leqslant \frac{n}{2k}$. 因此其色数至少为

$$\chi(G') \geqslant \frac{\frac{n}{2}}{\alpha(G)} \geqslant k$$

□

附录 B:图论中的线性代数

B.1. 设 $\boldsymbol{A}$ 为图 G 的邻接矩阵,证明:$\boldsymbol{A}^n$ 的对角线项 $(\boldsymbol{A}^n)_{i,i}$ 等于从第 i 个顶点到自身的长度为 n 的闭合轨迹个数.

证明 记顶点为 $v_1, v_2, \cdots, v_m$. 我们归纳证明更强的结论:$(\boldsymbol{A}^n)_{i,j}$ 是从顶点 v_i 到顶点 v_j 的长度为 n 的轨迹数. 当 $n=1$ 时,命题显然正确,因为长度为 1 的轨迹只是一条边.

假设结论对 n 成立,我们证明对 $n+1$ 的结论. 我们根据轨迹中的倒数第二个顶点计算从 v_i 到 v_j,长度为 $n+1$ 的轨迹数目. 该顶点必然与 v_j 相邻,并且对于与 v_j 相邻的每个顶点 v_k,前 n 条边形成从 v_i 到 v_k 的长度为 n 的轨迹. 根据归纳假设,从 v_i 到 v_k 有 $(\boldsymbol{A}^n)_{i,k}$ 条长度为 n 的轨迹. 因此,从 v_i 到 v_j 长度为 $n+1$ 的轨迹数目为

$$\sum_{v_k \in N(v_j)} (\boldsymbol{A}^n)_{i,k} = \sum_k (\boldsymbol{A}^n)_{i,k} A_{k,j} = (\boldsymbol{A}^{n+1})_{i,j}$$

这就是我们想要的. □

B.2. 设图 G 有 n 个顶点和 c 个连通分支. 证明:它的关联矩阵 $\boldsymbol{B}$ 的秩是 $n-c$.

证明 我们需要证明由 $\boldsymbol{B}$ 的行向量确定的空间(每行代表对应顶点上关联的所有边),具有维数 $n-c$.

我们可以应用命题 B.2,即对于连通图,关联矩阵的维数为 $n-1$. 对于每个连通分支 C_k,由该分支中的顶点确定的行向量 r_i 得到的空间具有维数 $|V(C_k)|-1$,其中 $V(C_k)$ 是该分支中的顶点集.

现在,不同分支中的顶点对应的行向量没有公共的非零分量,因此不同分支的顶点对应的行向量之间是正交的,说明行决定的大空间维数是不同分支决定的行空间维数之和,即

$$\operatorname{Rank}(\boldsymbol{B}) = \sum_k (|V(C_k)|-1) = n-c$$ □

B.3. 设连通图 G 有 n 个顶点和 m 条边. 问:G 有多少个生成子图的所有度数都是奇数?

解法一 设 $\boldsymbol{B}$ 为 G 的关联矩阵(在域 $\mathbb{F}_2$ 上). 显然,若 n 是奇数,则不存在所求的子图,因为它与握手引理 1.8 相矛盾.

若 n 是偶数，从第 1 章命题 1.18 知道至少有一个这样的子图. 设 $\boldsymbol{v}$ 为对应于子图的边的向量，于是 $\boldsymbol{Bv}=\boldsymbol{J}$，其中 $\boldsymbol{J}$ 是所有分量均为 1 的 $\mathbb{F}_2$ 上 n 维向量.

现在，设 $\boldsymbol{u}$ 是 $\mathbb{F}_2$ 上另一个 m 维向量，则 $\boldsymbol{u}$ 对应于一个所有度数为奇数的子图当且仅当 $\boldsymbol{Bu}=\boldsymbol{J}$，也就是当且仅当 $\boldsymbol{B}(\boldsymbol{u}-\boldsymbol{v})=\boldsymbol{0}$.

根据命题 B.3，有 2^{m-n+1} 个度数均为偶数的子图，所以 $\boldsymbol{u}-\boldsymbol{v}$ 的可能值有 2^{m-n+1} 个，这意味着有 2^{m-n+1} 个 $\boldsymbol{u}$ 的可能值. □

注 类似地，我们可以证明任何满足 $a_1+a_2+\cdots+a_n=0 \pmod 2$ 的模 2 整数序列 $(a_1,a_2,\cdots,a_n)$，存在一个子图使得 $v_i\equiv a_i \pmod 2$. 使用上面的推导，可以得出正好有 2^{m-n+1} 个这样的子图.

解法二 设 $\boldsymbol{d}$ 是一个维数为 n 的向量. 根据握手引理 1.8，存在一个向量 $\boldsymbol{v}$ 使得 $\boldsymbol{Bv}=\boldsymbol{d}$ 的必要条件是 $\boldsymbol{d}$ 的分量有偶数个 1（即一个生成子图的度数模 2 可以取一个特定的度数集，需要这个度数集中有偶数个奇数）.

现在，利用证法一的论述，如果存在一个向量 $\boldsymbol{v}$ 使得 $\boldsymbol{Bv}=\boldsymbol{d}$，那么正好有 2^{m-n+1} 个这样的向量 $\boldsymbol{v}$.

这样得到 $k\cdot 2^{m-n+1}$ 个 m 维的向量 $\boldsymbol{v}$，其中 k 是使得存在 $\boldsymbol{v}$，$\boldsymbol{Bv}=\boldsymbol{d}$ 的向量 $\boldsymbol{d}$ 的个数. 但显然 2^m 个 m 维的向量 $\boldsymbol{v}$ 都可以对应某个 $\boldsymbol{d}=\boldsymbol{Bv}$（直接作矩阵乘法即可），所以 $k=2^{n-1}$. 这意味着任何有偶数个 1 的 $\boldsymbol{d}$，都有 2^{m-n+1} 个子图，其度数的奇偶性对应于 $\boldsymbol{d}$. 特别地，取 $\boldsymbol{d}=(1,1,\cdots,1)^t$，得到我们要的结果. □

B.4. 设图 G 有 $2n$ 个顶点，所有的度数都是偶数. 证明：存在两个顶点有偶数个公共邻居.

证明 假设结论不成立. 考察 G 的邻接矩阵 $\boldsymbol{A}$，因为我们关心的是奇偶性，假设矩阵在域 $\mathbb{F}_2$ 上.

为了表示任意两个顶点有奇数个共同邻居的条件，需要考虑 $\boldsymbol{A}\cdot\boldsymbol{A}$. 在对角线上都得到 0，因为每个顶点度数是偶数；而在其他位置得到 1. 如果用 $\boldsymbol{J}_{2n}$ 表示每个位置都是 1 的矩阵，那么

$$\boldsymbol{A}^2=\boldsymbol{J}_{2n}-\boldsymbol{I}_{2n}$$

现在乘以由 $2n$ 个 1 组成的向量 $\boldsymbol{1}$，一方面得到 $\boldsymbol{A}^2\boldsymbol{1}=\boldsymbol{J}_{2n}\boldsymbol{1}-\boldsymbol{I}_{2n}\boldsymbol{1}=\boldsymbol{1}$；另一方面，$\boldsymbol{A}^2\boldsymbol{1}=\boldsymbol{A}(\boldsymbol{A}\boldsymbol{1})=\boldsymbol{A}\boldsymbol{0}=\boldsymbol{0}$，其中 $\boldsymbol{A}\boldsymbol{1}$ 给出度数构成的向量，模 2 是 $\boldsymbol{0}$.

这样，我们就得到了矛盾. □

B.5. (USATSTST 2018, Victor Wang) 设 G 为 2–正则有向图. 证明：G 的 1–正则子图的数量是 2 的正整数次幂.

证法一 我们需要为有向图找到关联矩阵的等价概念. 我们可以选择忘记方向,但这会失去关于出度和入度的信息. 还可以对应于每个顶点取两个行向量,一个表示进入的边,一个表示出去的边. 因此,得到了 $\mathbb{F}_2$ 上的 $2|V|\times|E|$ 矩阵 $\boldsymbol{B}$,其中

$$\begin{cases}B_{2i-1,j}=1 & \text{若 } e_j \text{ 进入 } v_i\\ B_{2i,j}=1 & \text{若 } e_j \text{ 离开 } v_i\end{cases}$$

因此,我们需要找到 m 维向量 $\boldsymbol{a}$ 的数量,满足 $\boldsymbol{Ba}=\boldsymbol{1}$,其中 $\boldsymbol{1}$ 是分量都是 1 的向量.

任意两个解 $\boldsymbol{a}$ 和 $\boldsymbol{a}'$ 都满足 $\boldsymbol{B}(\boldsymbol{a}-\boldsymbol{a}')=\boldsymbol{0}$,所以若方程有一个解,则正好有 2^k 个解,其中 k 是 $\boldsymbol{B}$ 的零化度,至少是 1,因为 $\boldsymbol{B1}=\boldsymbol{0}$.

所以我们只需证明存在一个解.

用 $\boldsymbol{r}_i$ 表示第 i 行的向量,需要为每一行列出方程 $\boldsymbol{r}_i\cdot\boldsymbol{a}=1$(这里"$\cdot$"表示向量内积). 考虑线性无关的行向量的最大子集, 首先可以选择 $\boldsymbol{a}$, 使得这些行满足 $\boldsymbol{r}_i\cdot\boldsymbol{a}=1$(因为线性无关的线性方程组总有解). 然后我们证明对于其余的行,也有 $\boldsymbol{r}_i\cdot\boldsymbol{a}=1$ 也适用于剩余的行. 为此,我们只需证明:若一些行向量的和为 $\boldsymbol{0}$,则它们的数量是偶数(于是其余的每行可以写成奇数个线性无关行向量的求和,代入得到这一行符合 $\boldsymbol{r}_i\cdot\boldsymbol{a}=1$). 现在回顾行的含义,并注意到在总和中出现的每条边都恰好出现两次, 一次对应出发点, 一次对应进入点, 因此关联这些边出发点总数和进入点总数一样多. 而每个出发点对应两条边,每个进入点也对应两条边,所以这组行向量中对应出发点的行数等于对应进入点的行数,说明总行数是偶数. □

证法二 我们也可以用下面的技巧(不涉及线性代数): 建立一个新的无向二部图 G',顶点集合为 V^- 和 V^+ 都是 G 的顶点集 V 的复制. $u\in V^-$ 连接到 $v\in V^+$ 当且仅当在 G 中 $u\to v$. 不难看出,G 的 1–正则生成子图对应 G' 的 1–正则生成子图,即完美匹配.

但是 G' 是 2–正则图, 因此本质上是不相交的偶圈的并集. 于是它有 2^c 个 1–正则生成子图,其中 c 是圈的个数. □

B.6. (USAMO 2008) 将图 G 的顶点集划分为两个集合 A 和 B,使得每个顶点在其所属集合中都有偶数个邻居. 证明:划分的方法数是 2 的幂.

证明 设顶点为 $1,2,\cdots,n$,很自然想到用 $\mathbb{F}_2$ 上图的邻接矩阵 $\boldsymbol{A}$,设 $\boldsymbol{d}$ 为模 2 的度数向量.

用向量 $\boldsymbol{v}$ 表示对顶点的划分方式,当且仅当 $i \in A$ 时,对应的分量为 1. 于是题目的目标条件可以可以重新表述为

$$(\boldsymbol{Av})_i \equiv \begin{cases} 0, & v_i = 1 \\ d_i, & v_i = 0 \end{cases} \pmod 2$$

不幸的是,这样的条件无法真正用线性代数处理,分情况定义的函数是主要障碍. 因此,我们需要更好的构造,幸运的是,存在这样的构造.

我们取 $\boldsymbol{A}'$ 代替邻接矩阵,唯一的修改是定义 $A'_{i,i} = d_i \pmod 2$. 然后条件重新表述为: $\boldsymbol{A}'\boldsymbol{v} = \boldsymbol{d}$. 显然,若 $\boldsymbol{v}$ 和 $\boldsymbol{v}'$ 都是解,则 $\boldsymbol{A}'(\boldsymbol{v} - \boldsymbol{v}') = 0$. 因此若有解,则解的个数与 $\ker(\boldsymbol{A}')$ 中元素的个数一样多,即 2^k,其中 $k = \mathrm{Null}(\boldsymbol{A}')$ 是 $\boldsymbol{A}'$ 的零化度. 所以我们只需要证明存在一个解,即 $\boldsymbol{d} \in \mathrm{Im}(\boldsymbol{A}')$.

我们将使用以下结果:对于对称矩阵 A', $\mathrm{Im}(\boldsymbol{A}') = (\ker(\boldsymbol{A}'))^\perp$,即像空间是零空间的正交补空间. 先证明这个结果:若 $\boldsymbol{x} \in \mathrm{Im}(\boldsymbol{A}')$,则存在 $\boldsymbol{y}, \boldsymbol{A}'\boldsymbol{y} = \boldsymbol{x}$,于是

$$\boldsymbol{x}^t = \boldsymbol{y}^t \boldsymbol{A}'^t = \boldsymbol{y}^t \boldsymbol{A}'$$

对于 $\ker(\boldsymbol{A}')$ 中的向量 $\boldsymbol{z}$,有

$$\boldsymbol{x}^t \boldsymbol{z} = \boldsymbol{y}^t \boldsymbol{A}' \boldsymbol{z} = \boldsymbol{y}^t \boldsymbol{0} = 0$$

由 $\boldsymbol{z}$ 的任意性,得到 $\boldsymbol{x} \in (\ker(\boldsymbol{A}'))^\perp$. 此外,两个线性空间 $\mathrm{Im}(\boldsymbol{A}') \subset (\ker(\boldsymbol{A}'))^\perp$ 的维数相同(来自秩零定理),因此必须相同.

使用这个结果,我们只需要证明若 $\boldsymbol{A}'\boldsymbol{x} = 0$,则 $\boldsymbol{x}^t \boldsymbol{d} = 0$.注意到 $\boldsymbol{x}^t \boldsymbol{A}' \boldsymbol{x} = \boldsymbol{x}^t \boldsymbol{d}$,这是因为对于 $i \neq j$,项 $x_i A'_{ij} x_j$ 被对称项 $x_j A'_{ji} x_i$ 抵消. 因此若 $\boldsymbol{A}'\boldsymbol{x} = 0$,则

$$0 = \boldsymbol{x}^t \boldsymbol{A}' \boldsymbol{x} = \boldsymbol{x}^t \boldsymbol{d}$$ □

B.7. 设 G 为 n 个顶点上的 d–正则图,其中两个顶点之间的距离最大为 2. 容易看出 $n \leqslant d^2 + 1$. 证明:若 $n = d^2 + 1$,则 $d \in \{1, 2, 3, 7, 57\}$.

证明 首先,$n \leqslant d^2 + 1$ 的原因如下:选取一个顶点 v,它有 d 个邻居,每个邻居最多有 $d - 1$ 个其他邻居,如图11.70. 因为最大距离是 2,所以这些包含了所有顶点,于是 $n \leqslant 1 + d + d(d - 1) = d^2 + 1$. 由于我们需要等号成立,所以上面列出的所有顶点都是不同的.

这意味着 v 和它的任何邻居都没有共同的邻居; v 的两个邻居除了 v 没有其他的共同邻居;除了 v 的邻居,都和 v 恰有一个共同的邻居. 对任何顶点都可以应用相同的推理,因此任何两个不相邻顶点恰有一个共同的邻居.

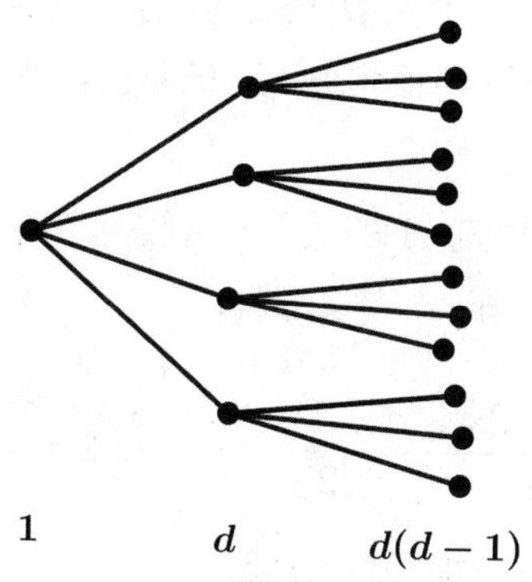

图 11.70　图的顶点

所以任何两个邻居恰有 0 个共同邻点，任何两个非邻居恰有 1 个共同邻点，我们尝试用线性代数来描述这个条件．设 $\boldsymbol{A}$ 为图的邻接矩阵．

考察 $\boldsymbol{A}^2$，在对角线上得到 d．在非对角位置 (i,j) 上，若 v_i 和 v_j 相连，则得到 0；若不相连，则得到 1．因此，用 $\boldsymbol{J}$ 表示仅由 1 组成的矩阵，我们得到

$$\boldsymbol{A}^2 = \boldsymbol{J} - \boldsymbol{A} + (d-1)\boldsymbol{I}_n$$

很难用 $\boldsymbol{J}$ 计算，所以我们要想办法去掉它．可以使用 $\boldsymbol{JA} = d\boldsymbol{J}$，得到

$$\boldsymbol{J}(\boldsymbol{A} - d\boldsymbol{I}_n) = \boldsymbol{0}$$

将上面的关系右乘矩阵 $\boldsymbol{A} - d\boldsymbol{I}_n$ 得到

$$\boldsymbol{A}^3 - (d-1)\boldsymbol{A}^2 - (2d-1)\boldsymbol{A} + d(d-1)\boldsymbol{I}_n = 0$$

因此，$\boldsymbol{A}$ 的每个特征值 λ 也满足类似方程

$$\lambda^3 - (d-1)\lambda^2 - (2d-1)\lambda + d(d-1) = 0$$

（我们将 $\boldsymbol{A}$ 的三次方程右乘 λ 的特征向量 $\boldsymbol{v}_\lambda$ 来得到这个．）

观察到 d 是一个解，将方程分解为

$$(\lambda - d)(\lambda^2 + \lambda - (d-1)) = 0$$

得到方程的另外两个可能解为 $\frac{-1\pm\sqrt{4d-3}}{2}$．

必须注意到特征值 d 的重数为 1：假设 $\boldsymbol{a}$ 是 d 的一个特征向量，$\boldsymbol{Aa} = d\boldsymbol{a}$．考虑最大值 $|a_i|$．注意 da_i 写成了 d 个其他的 a_j 的求和（对应的 v_j 是 v_i 的邻居），因此所有这些 a_j 都等于 a_i．如此继续，利用图的连通性，我们得到所有的 a_j 都是

相同的. 因此 $\boldsymbol{a}=s\mathbf{1}$,其中 s 是一个实数,这意味着 $\boldsymbol{a}$ 在一个维数为 1 的线性空间中. 对于一般矩阵 $\boldsymbol{A}$,这不会得到很多结果,但是 $\boldsymbol{A}$ 是对称的,因此可对角化,这就意味着特征值 d 的重数是 1.

现在,我们还知道特征值之和是 $\boldsymbol{A}$ 的迹(对角线元素求和),即 0. 若 $\frac{-1+\sqrt{4d-3}}{2}$ 的重数为 s, $\frac{-1-\sqrt{4d-3}}{2}$ 的重数为 $n-1-s$,则有

$$-\frac{n-1}{2}+\frac{(2s-n+1)\sqrt{4d-3}}{2}+d=0$$

利用 $n=d^2+1$ 的事实,可以进一步将 s 写成

$$s=\frac{d}{2}\left(d+\frac{d-2}{\sqrt{4d-3}}\right)$$

显然, $\frac{d(d-2)}{\sqrt{4d-3}}$ 必须是整数,这意味着 $d=2$ 或者 $\sqrt{4d-3}$ 是一个整数且 $\sqrt{4d-3}$ 整除 $d(d-2)$,后者得到 $\sqrt{4d-3}\mid 15$. 因此 $d\in\{1,2,3,7,57\}$. □

参考资料和进一步的阅读资料

尽管图论不是数学中最结构化的领域，但有许多教科书，书名都是《图论》，它们在呈现内容方面做得很好．已经掌握了本书并想深入研究该领域的读者可以尝试读读 Reinhard Diestel 的《图论》，它有很多理论呈现得很好．Bondy 和 Murty 的《图论》中用了更随意的方法，留给读者自己去发现很多知识．

在本书的写作过程中参考了以下著作：

- 剑桥大学《图论》课程，历年讲义和阅读材料．
- 牛津大学《图论》课程，历年讲义和阅读材料．
- Reinhard Diestel．图论 (*Graph Theory*)．
- J.A. Bondy，U.S.R. Murty．图论 (*Graph Theory*)．
- Béla Bollobás．现代图论 (*Modern Graph Theory*)．
- J.H. van Lint，R.M. Wilson．组合数学教程（中译本），北京：机械工业出版社，2007．
- Noga Alon，Joel H. Spencer．概率方法 (*The probabilistic method*)．
- Vasile Pop，Marcel Ţeleucă．组合数学基础习题 (*Probleme de combinatorică elementară*，罗马尼亚语)．
- Ioan Tomescu．*Elemente de teoria grafurilor*' 出现于 M. Bălună，*Zece lecţii alese de matematică elementară*，罗马尼亚语．
- Ioan Tomescu．*Probleme de combinatorică si teoria grafurilor*，罗马尼亚语．
- Choongbum Lee．MIT《组合数学专题：组合极值》课程讲义，2015 春季．
- David K. Garnick，Y.H. Harris Kwong，Felix Lazebnik．"没有 3–圈或 4–圈的极图"('*Extremal graphs without three-circuits or four-circuits*')，图论杂志（Journal of graph theory)．
- A. E. Brouwer，P. Csorba，A. Schrijver．"有限图的控制集个数为奇数"('*The number of dominating sets of a finite graph is odd*')，预印本．
- *Art of problem solving*(AOPS)，网址 www.aops.com，特别是竞赛题目汇编

板块 (Contests collection).

- Dušan Djukić. IMO 50 年：1959—2009（中译本），哈尔滨：哈尔滨工业大学出版社，2016.
- Vlad Matei，Elizabeth Reiland. 112 个组合问题：来自 Awesomemath 夏季课程（中译本），哈尔滨：哈尔滨工业大学出版社，2018.
- László Lovász. 组合问题和练习 (*Combinatorial Problems and Exercises*).
- Arthur Engel. 解决问题的策略（中译本），上海：上海教育出版社，2004.
- 罗马尼亚数学竞赛系列:1997—2018(*Romanian Mathematical Competitions*).
- D. Leites 著. 莫斯科数学奥林匹克六十年 (60-*odd years of Moscow Mathematical Olympiads*).
- Leonhard Euler. '*Solution problematis ad geometriam situs petinentis*', N.L. Biggs, E.K. Lloyd, R.J. Wilson 翻译并重印于《图论 1736—1936》(*Graph Theory* 1736—1936).

词 汇 表

题目来源缩写

AMM 美国数学月刊(杂志,American Mathematical Monthly)

APMO 亚太数学奥林匹克竞赛

BMO 巴尔干数学奥林匹克竞赛

EGMO 欧洲女子数学奥林匹克竞赛

IMO 国际数学奥林匹克竞赛

IMOLL 国际数学奥林匹克备选题

IMOSL 国际数学奥林匹克预选题

IOM 国际大都市数学奥林匹克竞赛

JBMO 巴尔干数学奥林匹克初级赛

MR 数学反思(杂志,Mathematical Reflections)

RMM 罗马尼亚大师赛

USAMO 美国数学奥林匹克,USA 还可替换成其他国名缩写

USATST 美国国家队选拔考试,USA 还可替换成其他国名缩写

USATSTST 美国国家队选拔预赛

书中使用的图论词汇*

E 若没有明确另外说明,E 表示相关图的边的集合.

$N(X)$ 对于顶点的一个集合 X,$N(X)$ 表示和 X 中至少一个点相邻的点的集合.

$N(x)$ 一个顶点 x 的邻点(或邻居)集合记为 $N(x)$.

V 若没有明确另外说明,V 表示图 G 的顶点集.

闭轨 闭轨是顶点的循环序列,序列中相邻的顶点构成边.

边不交 没有公共边的路径(圈)称为边不交的.

补图 G 的补图 $\overline{G}$ 有相同的顶点集合,恰好包含完全图中 G 没有的边.

步道 没有用到重复边的轨迹称为步道.

长度 轨迹、步道、道路中边的数目.

出度 有向图中一个顶点 v 的出度 $d^+(v)$ 是 $v \to u$ 型边的数目.

传递竞赛图 传递竞赛图的顶点可以排序,边都是从前面的顶点指向后面的顶点.

顶点不交 两条路径或圈若不含公共顶点,则称为顶点不交的.

独立集 顶点集的子集若元素两两不相邻,则称为一个独立集.

度数 顶点的度数是它关联的边的数目.

端点 顶点是它所关联的边的端点.

对偶图 平面图 G 的一个绘制,在每个面内取一个 G' 的顶点;相邻面所取顶点连一条边,这些边可以互不相交;则得到 G 的对偶图 G'.

二部图 二部图的顶点集是两个集合 A 和 B,图的所有边都在 A 和 B 之间.

割边 割边是连通图的一条边,移除它后使图不连通.

根顶点 有向树的根顶点存在到其他任何顶点的有向路径,根顶点是唯一的.

轨迹 轨迹是顶点的序列 $v_1, v_2, \cdots, v_r$,使得 v_iv_{i+1} 都是边.

---

*为了避免和书中定义重复,此节译者采用简洁直白的语言描述概念. ——译者注

哈密顿 包含了所有顶点的路径或圈分别称为哈密顿路和哈密顿圈.

环 uu 类型的边称为环,本书不考虑有环的图,这个概念有时候有用.

回路 回路是边不重复的闭轨.

简单图 若图中没有环 uu,并且没有重复边,则称为简单图. 本书考虑的图都是简单图. 有时非简单图的概念也有用.

竞赛图 若有向图中任何两个顶点之间恰有一条边,则称为竞赛图.

局部有限 顶点度数均为有限值的无限图.

距离 两个顶点 u,v 的距离 $d(u,v)$ 是连接它们的最短路径的长度.

可数图 可数图的顶点集和正整数集一一对应.

拉姆塞数 拉姆塞数 $R(a_1,a_2,\cdots,a_k)$ 是最小的正整数 N,使得 K_N 的任何 k 染色中,总存在某个颜色为 $i(1\leqslant i\leqslant k)$ 的 K_{a_i} 子图.

连通分支 图的一个连通分支是某个极大的连通子图.

连通图 连通图中任何两个顶点之间有一条路径.

邻点 两个顶点之间若有边,则互相称为对方的邻点或邻居.

路径 路径是顶点不重复的轨迹.

面 平面图的绘制的一个面是边围成的区域,区域内没有其他的边.

欧拉回路 欧拉回路是包含了图中所有边的回路.

偶子图 偶子图是一个图的生成子图,所有顶点度数为偶.

匹配 若有顶点集为 A,B 的二部图,则 A 的匹配是一些无公共端点的边,使得 A 中每个顶点都是其中之一的端点.

平面图 可以绘制在平面中,使得边的内部不相交,这样的图称为一个平面图.

强连通 若有向图中任何两点都能互相通过有向路径到达,则称其为强连通的.

圈 圈是顶点不重复的闭轨.

入度 有向图中顶点 v 的入度 $d^-(v)$ 是 $u\to v$ 型的边数.

弱联通 有向图若看成无向图是连通的,则称为弱连通.

色数 将图染色,使得相邻顶点不同色,所必须的最少颜色数是图的色数 χ.

森林 若图的每个连通分支都是树,则是一个森林.

射线 无限图中顶点不重复的路径,其顶点集对应于正整数集,称为一条射线.

生成子图 若子图的顶点集和大图相同,则称其为生成子图. 若生成子图是树,则称为生成树.

树 没有圈的连通图是树.

双射线 无限集中的路径,若指标集为整数集,即 $\cdots, v_{-2}, v_{-1}, v_0, v_1, v_2, \cdots$,则称为一个双射线.

随机图 固定 n 个顶点,以概率 $p(0 < p < 1)$ 独立地随机选取每条边,就得到一个随机图.

同构 图 G 和 H 的顶点集上的一一映射 f,若满足 u, v 相邻当且仅当 $f(u), f(v)$ 相邻,则称其为 G 到 H 的一个同构. 同构的图性质相同,一般不区分.

图 图包括了一个顶点集,以及顶点集的一些二元子集,称为边.

完美匹配 二部图的匹配若同时是两个顶点集的匹配,则称为完美匹配.

完全二部图 顶点集为 A, B 的完全二部图包含了 A, B 之间的所有边.

完全图 n 个顶点的完全图 K_n 包含任何两个顶点之间的边.

围长 图的最短圈的长度.

无圈 不包含有向圈的有向图是无圈图.

无限图 顶点集为无穷集的图称为无限图.

相连 两个顶点之间有边,我们也称两个顶点相连. 构造图的时候,若要“增加一条边 uv”,我们也会说“连接 uv”.

相邻 两个顶点之间若有边,则称为相邻的顶点. 参考:邻点 相连

叶子 度数为 1 的顶点.

有向树 树任取一个顶点为根顶点,所有边都定向为远离根的方向,得到有向树.

有向图 有向图中的边是两个有序顶点,记为 $u \to v$,$u \to v$ 和 $v \to u$ 是不同的边.

诱导子图 子图的边若包含了子图顶点之间在大图中的所有边,则称为诱导子图.

正则图 若图的每个顶点度数都是 k,则称为 k-正则图.

支配集 若图的顶点子集 X 的补集内部没有边,则 X 是支配集.

直径 图的直径是两个顶点之间距离的最大可能值.

子图 若一个图的顶点集和边集分别是另一个图的顶点集和边集的子集,则前者是后者的子图.

本书使用的非图论知识

容斥原理 设 $A_1, A_2, \cdots, A_n$ 是有限集,则

$$|A_1 \cup A_2 \cup \cdots \cup A_n| = \sum_{k=1}^{n} (-1)^{k-1} \sum_{i_1 < \cdots < i_k} |A_{i_1} \cap \cdots \cap A_{i_k}|$$

二元均值不等式 实数 $a, b > 0$,则

$$a + b \geqslant 2\sqrt{ab}$$

多元均值不等式 实数 $a_1, a_2, \cdots, a_n \geqslant 0$,则

$$\frac{a_1 + a_2 + \cdots + a_n}{n} \geqslant \sqrt[n]{a_1 a_2 \cdots a_n}$$

柯西不等式 设 $a_1, a_2, \cdots, a_n \geqslant 0, b_1, b_2, \cdots, b_n \geqslant 0$,则

$$(a_1^2 + a_2^2 + \cdots + a_n^2)(b_1^2 + b_2^2 + \cdots + b_n^2) \geqslant (a_1 b_1 + a_2 b_2 + \cdots + a_n b_n)^2$$

特别地,若 $b_i = 1$,则

$$(a_1^2 + a_2^2 + \cdots + a_n^2) \geqslant \frac{(a_1 + a_2 + \cdots + a_n)^2}{n}$$

组合数的凸性 设 k 是正整数,正整数 $a_1, a_2, \cdots, a_n$ 满足 $a_1 + a_2 + \cdots + a_n \geqslant nk$,则

$$\binom{a_1}{k} + \binom{a_2}{k} + \cdots + \binom{a_n}{k} \geqslant n\binom{\frac{a_1+a_2+\cdots+a_n}{n}}{k}$$

刘培杰数学工作室

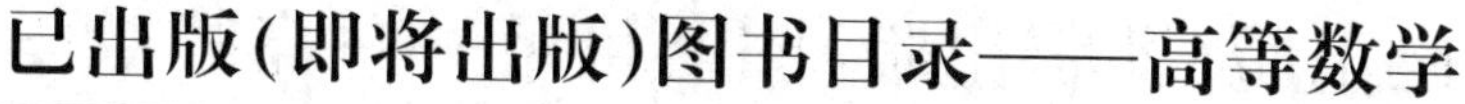

已出版(即将出版)图书目录——高等数学

书　　名	出版时间	定　价	编号
距离几何分析导引	2015－02	68.00	446
大学几何学	2017－01	78.00	688
关于曲面的一般研究	2016－11	48.00	690
近世纯粹几何学初论	2017－01	58.00	711
拓扑学与几何学基础讲义	2017－04	58.00	756
物理学中的几何方法	2017－06	88.00	767
几何学简史	2017－08	28.00	833
微分几何学历史概要	2020－07	58.00	1194
解析几何学史	2022－03	58.00	1490
曲面的数学	2024－01	98.00	1699
复变函数引论	2013－10	68.00	269
伸缩变换与抛物旋转	2015－01	38.00	449
无穷分析引论(上)	2013－04	88.00	247
无穷分析引论(下)	2013－04	98.00	245
数学分析	2014－04	28.00	338
数学分析中的一个新方法及其应用	2013－01	38.00	231
数学分析例选:通过范例学技巧	2013－01	88.00	243
高等代数例选:通过范例学技巧	2015－06	88.00	475
基础数论例选:通过范例学技巧	2018－09	58.00	978
三角级数论(上册)(陈建功)	2013－01	38.00	232
三角级数论(下册)(陈建功)	2013－01	48.00	233
三角级数论(哈代)	2013－06	48.00	254
三角级数	2015－07	28.00	263
超越数	2011－03	18.00	109
三角和方法	2011－03	18.00	112
随机过程(Ⅰ)	2014－01	78.00	224
随机过程(Ⅱ)	2014－01	68.00	235
算术探索	2011－12	158.00	148
组合数学	2012－04	28.00	178
组合数学浅谈	2012－03	28.00	159
分析组合学	2021－09	88.00	1389
丢番图方程引论	2012－03	48.00	172
拉普拉斯变换及其应用	2015－02	38.00	447
高等代数.上	2016－01	38.00	548
高等代数.下	2016－01	38.00	549
高等代数教程	2016－01	58.00	579
高等代数引论	2020－07	48.00	1174
数学解析教程.上卷.1	2016－01	58.00	546
数学解析教程.上卷.2	2016－01	38.00	553
数学解析教程.下卷.1	2017－04	48.00	781
数学解析教程.下卷.2	2017－06	48.00	782
数学分析.第1册	2021－03	48.00	1281
数学分析.第2册	2021－03	48.00	1282
数学分析.第3册	2021－03	28.00	1283
数学分析精选习题全解.上册	2021－03	38.00	1284
数学分析精选习题全解.下册	2021－03	38.00	1285
数学分析专题研究	2021－11	68.00	1574
函数构造论.上	2016－01	38.00	554
函数构造论.中	2017－06	48.00	555
函数构造论.下	2016－09	48.00	680
函数逼近论(上)	2019－02	98.00	1014
概周期函数	2016－01	48.00	572
变叙的项的极限分布律	2016－01	18.00	573
整函数	2012－08	18.00	161
近代拓扑学研究	2013－04	38.00	239
多项式和无理数	2008－01	68.00	22
密码学与数论基础	2021－01	28.00	1254

刘培杰数学工作室

已出版(即将出版)图书目录——高等数学

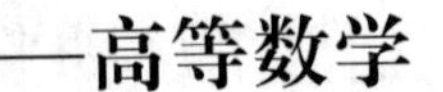

书　　名	出版时间	定　价	编号
模糊数据统计学	2008－03	48.00	31
模糊分析学与特殊泛函空间	2013－01	68.00	241
常微分方程	2016－01	58.00	586
平稳随机函数导论	2016－03	48.00	587
量子力学原理.上	2016－01	38.00	588
图与矩阵	2014－08	40.00	644
钢丝绳原理:第二版	2017－01	78.00	745
代数拓扑和微分拓扑简史	2017－06	68.00	791
半序空间泛函分析.上	2018－06	48.00	924
半序空间泛函分析.下	2018－06	68.00	925
概率分布的部分识别	2018－07	68.00	929
Cartan 型单模李超代数的上同调及极大子代数	2018－07	38.00	932
纯数学与应用数学若干问题研究	2019－03	98.00	1017
数理金融学与数理经济学若干问题研究	2020－07	98.00	1180
清华大学"工农兵学员"微积分课本	2020－09	48.00	1228
力学若干基本问题的发展概论	2023－04	58.00	1262
Banach 空间中前后分离算法及其收敛率	2023－06	98.00	1670

书　　名	出版时间	定　价	编号
受控理论与解析不等式	2012－05	78.00	165
不等式的分拆降维降幂方法与可读证明(第 2 版)	2020－07	78.00	1184
石焕南文集:受控理论与不等式研究	2020－09	198.00	1198

书　　名	出版时间	定　价	编号
实变函数论	2012－06	78.00	181
复变函数论	2015－08	38.00	504
非光滑优化及其变分分析	2014－01	48.00	230
疏散的马尔科夫链	2014－01	58.00	266
马尔科夫过程论基础	2015－01	28.00	433
初等微分拓扑学	2012－07	18.00	182
方程式论	2011－03	38.00	105
Galois 理论	2011－03	18.00	107
古典数学难题与伽罗瓦理论	2012－11	58.00	223
伽罗华与群论	2014－01	28.00	290
代数方程的根式解及伽罗瓦理论	2011－03	28.00	108
代数方程的根式解及伽罗瓦理论(第二版)	2015－01	28.00	423
线性偏微分方程讲义	2011－03	18.00	110
几类微分方程数值方法的研究	2015－05	38.00	485
分数阶微分方程理论与应用	2020－05	95.00	1182
N 体问题的周期解	2011－03	28.00	111
代数方程式论	2011－05	18.00	121
线性代数与几何:英文	2016－06	58.00	578
动力系统的不变量与函数方程	2011－07	48.00	137
基于短语评价的翻译知识获取	2012－02	48.00	168
应用随机过程	2012－04	48.00	187
概率论导引	2012－04	18.00	179
矩阵论(上)	2013－06	58.00	250
矩阵论(下)	2013－06	48.00	251
对称锥互补问题的内点法:理论分析与算法实现	2014－08	68.00	368
抽象代数:方法导引	2013－06	38.00	257
集论	2016－01	48.00	576
多项式理论研究综述	2016－01	38.00	577
函数论	2014－11	78.00	395
反问题的计算方法及应用	2011－11	28.00	147
数阵及其应用	2012－02	28.00	164
绝对值方程—折边与组合图形的解析研究	2012－07	48.00	186
代数函数论(上)	2015－07	38.00	494
代数函数论(下)	2015－07	38.00	495

刘培杰数学工作室

已出版(即将出版)图书目录——高等数学

书　　名	出版时间	定　价	编号
偏微分方程论:法文	2015－10	48.00	533
时标动力学方程的指数型二分性与周期解	2016－04	48.00	606
重刚体绕不动点运动方程的积分法	2016－05	68.00	608
水轮机水力稳定性	2016－05	48.00	620
Lévy 噪音驱动的传染病模型的动力学行为	2016－05	48.00	667
时滞系统:Lyapunov 泛函和矩阵	2017－05	68.00	784
粒子图像测速仪实用指南:第二版	2017－08	78.00	790
数域的上同调	2017－08	98.00	799
图的正交因子分解(英文)	2018－01	38.00	881
图的度因子和分支因子:英文	2019－09	88.00	1108
点云模型的优化配准方法研究	2018－07	58.00	927
锥形波入射粗糙表面反散射问题理论与算法	2018－03	68.00	936
广义逆的理论与计算	2018－07	58.00	973
不定方程及其应用	2018－12	58.00	998
几类椭圆型偏微分方程高效数值算法研究	2018－08	48.00	1025
现代密码算法概论	2019－05	98.00	1061
模形式的 p－进性质	2019－06	78.00	1088
混沌动力学:分形、平铺、代换	2019－09	48.00	1109
微分方程,动力系统与混沌引论:第 3 版	2020－05	65.00	1144
分数阶微分方程理论与应用	2020－05	95.00	1187
应用非线性动力系统与混沌导论:第 2 版	2021－05	58.00	1368
非线性振动,动力系统与向量场的分支	2021－06	55.00	1369
遍历理论引论	2021－11	46.00	1441
动力系统与混沌	2022－05	48.00	1485
Galois 上同调	2020－04	138.00	1131
毕达哥拉斯定理:英文	2020－03	38.00	1133
模糊可拓多属性决策理论与方法	2021－06	98.00	1357
统计方法和科学推断	2021－10	48.00	1428
有关几类种群生态学模型的研究	2022－04	98.00	1486
加性数论:典型基	2022－05	48.00	1491
加性数论:反问题与和集的几何	2023－08	58.00	1672
乘性数论:第三版	2022－07	38.00	1528
交替方向乘子法及其应用	2022－08	98.00	1553
结构元理论及模糊决策应用	2022－09	98.00	1573
随机微分方程和应用:第二版	2022－12	48.00	1580
吴振奎高等数学解题真经(概率统计卷)	2012－01	38.00	149
吴振奎高等数学解题真经(微积分卷)	2012－01	68.00	150
吴振奎高等数学解题真经(线性代数卷)	2012－01	58.00	151
高等数学解题全攻略(上卷)	2013－06	58.00	252
高等数学解题全攻略(下卷)	2013－06	58.00	253
高等数学复习纲要	2014－01	18.00	384
数学分析历年考研真题解析.第一卷	2021－04	28.00	1288
数学分析历年考研真题解析.第二卷	2021－04	28.00	1289
数学分析历年考研真题解析.第三卷	2021－04	28.00	1290
数学分析历年考研真题解析.第四卷	2022－09	68.00	1560
超越吉米多维奇.数列的极限	2009－11	48.00	58
超越普里瓦洛夫.留数卷	2015－01	28.00	437
超越普里瓦洛夫.无穷乘积与它对解析函数的应用卷	2015－05	28.00	477
超越普里瓦洛夫.积分卷	2015－06	18.00	481
超越普里瓦洛夫.基础知识卷	2015－06	28.00	482
超越普里瓦洛夫.数项级数卷	2015－07	38.00	489
超越普里瓦洛夫.微分、解析函数、导数卷	2018－01	48.00	852
统计学专业英语(第三版)	2015－04	68.00	465
代换分析:英文	2015－07	38.00	499

刘培杰数学工作室

已出版(即将出版)图书目录——高等数学 

书　名	出版时间	定　价	编号
历届美国大学生数学竞赛试题集.第一卷(1938—1949)	2015—01	28.00	397
历届美国大学生数学竞赛试题集.第二卷(1950—1959)	2015—01	28.00	398
历届美国大学生数学竞赛试题集.第三卷(1960—1969)	2015—01	28.00	399
历届美国大学生数学竞赛试题集.第四卷(1970—1979)	2015—01	18.00	400
历届美国大学生数学竞赛试题集.第五卷(1980—1989)	2015—01	28.00	401
历届美国大学生数学竞赛试题集.第六卷(1990—1999)	2015—01	28.00	402
历届美国大学生数学竞赛试题集.第七卷(2000—2009)	2015—08	18.00	403
历届美国大学生数学竞赛试题集.第八卷(2010—2012)	2015—01	18.00	404
超越普特南试题:大学数学竞赛中的方法与技巧	2017—04	98.00	758
历届国际大学生数学竞赛试题集(1994—2020)	2021—01	58.00	1252
历届美国大学生数学竞赛试题集(全 3 册)	2023—10	168.00	1693
全国大学生数学夏令营数学竞赛试题及解答	2007—03	28.00	15
全国大学生数学竞赛辅导教程	2012—07	28.00	189
全国大学生数学竞赛复习全书(第 2 版)	2017—05	58.00	787
历届美国大学生数学竞赛试题集	2009—03	88.00	43
前苏联大学生数学奥林匹克竞赛题解(上编)	2012—04	28.00	169
前苏联大学生数学奥林匹克竞赛题解(下编)	2012—04	38.00	170
大学生数学竞赛讲义	2014—09	28.00	371
大学生数学竞赛教程——高等数学(基础篇、提高篇)	2018—09	128.00	968
普林斯顿大学数学竞赛	2016—06	38.00	669
考研高等数学高分之路	2020—10	45.00	1203
考研高等数学基础必刷	2021—01	45.00	1251
考研概率论与数理统计	2022—06	58.00	1522
越过 211,刷到 985:考研数学二	2019—10	68.00	1115
初等数论难题集(第一卷)	2009—05	68.00	44
初等数论难题集(第二卷)(上、下)	2011—02	128.00	82,83
数论概貌	2011—03	18.00	93
代数数论(第二版)	2013—08	58.00	94
代数多项式	2014—06	38.00	289
初等数论的知识与问题	2011—02	28.00	95
超越数论基础	2011—03	28.00	96
数论初等教程	2011—03	28.00	97
数论基础	2011—03	18.00	98
数论基础与维诺格拉多夫	2014—03	18.00	292
解析数论基础	2012—08	28.00	216
解析数论基础(第二版)	2014—01	48.00	287
解析数论问题集(第二版)(原版引进)	2014—05	88.00	343
解析数论问题集(第二版)(中译本)	2016—04	88.00	607
解析数论基础(潘承洞,潘承彪著)	2016—07	98.00	673
解析数论导引	2016—07	58.00	674
数论入门	2011—03	38.00	99
代数数论入门	2015—03	38.00	448
数论开篇	2012—07	28.00	194
解析数论引论	2011—03	48.00	100
Barban Davenport Halberstam 均值和	2009—01	40.00	33
基础数论	2011—03	28.00	101
初等数论 100 例	2011—05	18.00	122
初等数论经典例题	2012—07	18.00	204
最新世界各国数学奥林匹克中的初等数论试题(上、下)	2012—01	138.00	144,145
初等数论(Ⅰ)	2012—01	18.00	156
初等数论(Ⅱ)	2012—01	18.00	157
初等数论(Ⅲ)	2012—01	28.00	158

刘培杰数学工作室

已出版(即将出版)图书目录——高等数学

书　　名	出版时间	定　价	编号
Gauss,Euler,Lagrange 和 Legendre 的遗产:把整数表示成平方和	2022－06	78.00	1540
平面几何与数论中未解决的新老问题	2013－01	68.00	229
代数数论简史	2014－11	28.00	408
代数数论	2015－09	88.00	532
代数、数论及分析习题集	2016－11	98.00	695
数论导引提要及习题解答	2016－01	48.00	559
素数定理的初等证明.第 2 版	2016－09	48.00	686
数论中的模函数与狄利克雷级数(第二版)	2017－11	78.00	837
数论:数学导引	2018－01	68.00	849
域论	2018－04	68.00	884
代数数论(冯克勤　编著)	2018－04	68.00	885
范氏大代数	2019－02	98.00	1016
高等算术:数论导引:第八版	2023－04	78.00	1689
新编 640 个世界著名数学智力趣题	2014－01	88.00	242
500 个最新世界著名数学智力趣题	2008－06	48.00	3
400 个最新世界著名数学最值问题	2008－09	48.00	36
500 个世界著名数学征解问题	2009－06	48.00	52
400 个中国最佳初等数学征解老问题	2010－01	48.00	60
500 个俄罗斯数学经典老题	2011－01	28.00	81
1000 个国外中学物理好题	2012－04	48.00	174
300 个日本高考数学题	2012－05	38.00	142
700 个早期日本高考数学试题	2017－02	88.00	752
500 个前苏联早期高考数学试题及解答	2012－05	28.00	185
546 个早期俄罗斯大学生数学竞赛题	2014－03	38.00	285
548 个来自美苏的数学好问题	2014－11	28.00	396
20 所苏联著名大学早期入学试题	2015－02	18.00	452
161 道德国工科大学生必做的微分方程习题	2015－05	28.00	469
500 个德国工科大学生必做的高数习题	2015－06	28.00	478
360 个数学竞赛问题	2016－08	58.00	677
德国讲义日本考题.微积分卷	2015－04	48.00	456
德国讲义日本考题.微分方程卷	2015－04	38.00	457
二十世纪中叶中、英、美、日、法、俄高考数学试题精选	2017－06	38.00	783
博弈论精粹	2008－03	58.00	30
博弈论精粹.第二版(精装)	2015－01	88.00	461
数学 我爱你	2008－01	28.00	20
精神的圣徒　别样的人生——60 位中国数学家成长的历程	2008－09	48.00	39
数学史概论	2009－06	78.00	50
数学史概论(精装)	2013－03	158.00	272
数学史选讲	2016－01	48.00	544
斐波那契数列	2010－02	28.00	65
数学拼盘和斐波那契魔方	2010－07	38.00	72
斐波那契数列欣赏	2011－01	28.00	160
数学的创造	2011－02	48.00	85
数学美与创造力	2016－01	48.00	595
数海拾贝	2016－01	48.00	590
数学中的美	2011－02	38.00	84
数论中的美学	2014－12	38.00	351
数学王者　科学巨人——高斯	2015－01	28.00	428
振兴祖国数学的圆梦之旅:中国初等数学研究史话	2015－06	98.00	490
二十世纪中国数学史料研究	2015－10	48.00	536
数字谜、数阵图与棋盘覆盖	2016－01	58.00	298
时间的形状	2016－01	38.00	556
数学发现的艺术:数学探索中的合情推理	2016－07	58.00	671
活跃在数学中的参数	2016－07	48.00	675

刘培杰数学工作室
已出版(即将出版)图书目录——高等数学

书　　名	出版时间	定　价	编号
格点和面积	2012－07	18.00	191
射影几何趣谈	2012－04	28.00	175
斯潘纳尔引理——从一道加拿大数学奥林匹克试题谈起	2014－01	28.00	228
李普希兹条件——从几道近年高考数学试题谈起	2012－10	18.00	221
拉格朗日中值定理——从一道北京高考试题的解法谈起	2015－10	18.00	197
闵科夫斯基定理——从一道清华大学自主招生试题谈起	2014－01	28.00	198
哈尔测度——从一道冬令营试题的背景谈起	2012－08	28.00	202
切比雪夫逼近问题——从一道中国台北数学奥林匹克试题谈起	2013－04	38.00	238
伯恩斯坦多项式与贝齐尔曲面——从一道全国高中数学联赛试题谈起	2013－03	38.00	236
卡塔兰猜想——从一道普特南竞赛试题谈起	2013－06	18.00	256
麦卡锡函数和阿克曼函数——从一道前南斯拉夫数学奥林匹克试题谈起	2012－08	18.00	201
贝蒂定理与拉姆贝克莫斯尔定理——从一个拣石子游戏谈起	2012－08	18.00	217
皮亚诺曲线和豪斯道夫分球定理——从无限集谈起	2012－08	18.00	211
平面凸图形与凸多面体	2012－10	28.00	218
斯坦因豪斯问题——从一道二十五省市自治区中学数学竞赛试题谈起	2012－07	18.00	196
纽结理论中的亚历山大多项式与琼斯多项式——从一道北京市高一数学竞赛试题谈起	2012－07	28.00	195
原则与策略——从波利亚"解题表"谈起	2013－04	38.00	244
转化与化归——从三大尺规作图不能问题谈起	2012－08	28.00	214
代数几何中的贝祖定理(第一版)——从一道 IMO 试题的解法谈起	2013－08	18.00	193
成功连贯理论与约当块理论——从一道比利时数学竞赛试题谈起	2012－04	18.00	180
素数判定与大数分解	2014－08	18.00	199
置换多项式及其应用	2012－10	18.00	220
椭圆函数与模函数——从一道美国加州大学洛杉矶分校(UCLA)博士资格考题谈起	2012－10	28.00	219
差分方程的拉格朗日方法——从一道 2011 年全国高考理科试题的解法谈起	2012－08	28.00	200
力学在几何中的一些应用	2013－01	38.00	240
高斯散度定理、斯托克斯定理和平面格林定理——从一道国际大学生数学竞赛试题谈起	即将出版		
康托洛维奇不等式——从一道全国高中联赛试题谈起	2013－03	28.00	337
西格尔引理——从一道第 18 届 IMO 试题的解法谈起	即将出版		
罗斯定理——从一道前苏联数学竞赛试题谈起	即将出版		
拉克斯定理和阿廷定理——从一道 IMO 试题的解法谈起	2014－01	58.00	246
毕卡大定理——从一道美国大学数学竞赛试题谈起	2014－07	18.00	350
贝齐尔曲线——从一道全国高中联赛试题谈起	即将出版		
拉格朗日乘子定理——从一道 2005 年全国高中联赛试题的高等数学解法谈起	2015－05	28.00	480
雅可比定理——从一道日本数学奥林匹克试题谈起	2013－04	48.00	249
李天岩－约克定理——从一道波兰数学竞赛试题谈起	2014－06	28.00	349
受控理论与初等不等式:从一道 IMO 试题的解法谈起	2023－03	48.00	1601

刘培杰数学工作室
已出版(即将出版)图书目录——高等数学

书　　名	出版时间	定　价	编号
布劳维不动点定理——从一道前苏联数学奥林匹克试题谈起	2014－01	38.00	273
伯恩赛德定理——从一道英国数学奥林匹克试题谈起	即将出版		
布查特－莫斯特定理——从一道上海市初中竞赛试题谈起	即将出版		
数论中的同余数问题——从一道普特南竞赛试题谈起	即将出版		
范·德蒙行列式——从一道美国数学奥林匹克试题谈起	即将出版		
中国剩余定理:总数法构建中国历史年表	2015－01	28.00	430
牛顿程序与方程求根——从一道全国高考试题解法谈起	即将出版		
库默尔定理——从一道 IMO 预选试题谈起	即将出版		
卢丁定理——从一道冬令营试题的解法谈起	即将出版		
沃斯滕霍姆定理——从一道 IMO 预选试题谈起	即将出版		
卡尔松不等式——从一道莫斯科数学奥林匹克试题谈起	即将出版		
信息论中的香农熵——从一道近年高考压轴题谈起	即将出版		
约当不等式——从一道希望杯竞赛试题谈起	即将出版		
拉比诺维奇定理	即将出版		
刘维尔定理——从一道《美国数学月刊》征解问题的解法谈起	即将出版		
卡塔兰恒等式与级数求和——从一道 IMO 试题的解法谈起	即将出版		
勒让德猜想与素数分布——从一道爱尔兰竞赛试题谈起	即将出版		
天平称重与信息论——从一道基辅市数学奥林匹克试题谈起	即将出版		
哈密尔顿－凯莱定理:从一道高中数学联赛试题的解法谈起	2014－09	18.00	376
艾思特曼定理——从一道 CMO 试题的解法谈起	即将出版		
一个爱尔特希问题——从一道西德数学奥林匹克试题谈起	即将出版		
有限群中的爱丁格尔问题——从一道北京市初中二年级数学竞赛试题谈起	即将出版		
糖水中的不等式——从初等数学到高等数学	2019－07	48.00	1093
帕斯卡三角形	2014－03	18.00	294
蒲丰投针问题——从 2009 年清华大学的一道自主招生试题谈起	2014－01	38.00	295
斯图姆定理——从一道"华约"自主招生试题的解法谈起	2014－01	18.00	296
许瓦兹引理——从一道加利福尼亚大学伯克利分校数学系博士生试题谈起	2014－08	18.00	297
拉姆塞定理——从王诗宬院士的一个问题谈起	2016－04	48.00	299
坐标法	2013－12	28.00	332
数论三角形	2014－04	38.00	341
毕克定理	2014－07	18.00	352
数林掠影	2014－09	48.00	389
我们周围的概率	2014－10	38.00	390
凸函数最值定理:从一道华约自主招生题的解法谈起	2014－10	28.00	391
易学与数学奥林匹克	2014－10	38.00	392
生物数学趣谈	2015－01	18.00	409
反演	2015－01	28.00	420
因式分解与圆锥曲线	2015－01	18.00	426
轨迹	2015－01	28.00	427
面积原理:从常庚哲命的一道 CMO 试题的积分解法谈起	2015－01	48.00	431
形形色色的不动点定理:从一道 28 届 IMO 试题谈起	2015－01	38.00	439
柯西函数方程:从一道上海交大自主招生的试题谈起	2015－02	28.00	440

刘培杰数学工作室

已出版(即将出版)图书目录——高等数学

书　　名	出版时间	定　价	编号
三角恒等式	2015－02	28.00	442
无理性判定:从一道2014年"北约"自主招生试题谈起	2015－01	38.00	443
数学归纳法	2015－03	18.00	451
极端原理与解题	2015－04	28.00	464
法雷级数	2014－08	18.00	367
摆线族	2015－01	38.00	438
函数方程及其解法	2015－05	38.00	470
含参数的方程和不等式	2012－09	28.00	213
希尔伯特第十问题	2016－01	38.00	543
无穷小量的求和	2016－01	28.00	545
切比雪夫多项式:从一道清华大学金秋营试题谈起	2016－01	38.00	583
泽肯多夫定理	2016－03	38.00	599
代数等式证题法	2016－01	28.00	600
三角等式证题法	2016－01	28.00	601
吴大任教授藏书中的一个因式分解公式:从一道美国数学邀请赛试题的解法谈起	2016－06	28.00	656
易卦——类万物的数学模型	2017－08	68.00	838
"不可思议"的数与数系可持续发展	2018－01	38.00	878
最短线	2018－01	38.00	879
从毕达哥拉斯到怀尔斯	2007－10	48.00	9
从迪利克雷到维斯卡尔迪	2008－01	48.00	21
从哥德巴赫到陈景润	2008－05	98.00	35
从庞加莱到佩雷尔曼	2011－08	138.00	136
从费马到怀尔斯——费马大定理的历史	2013－10	198.00	Ⅰ
从庞加莱到佩雷尔曼——庞加莱猜想的历史	2013－10	298.00	Ⅱ
从切比雪夫到爱尔特希(上)——素数定理的初等证明	2013－07	48.00	Ⅲ
从切比雪夫到爱尔特希(下)——素数定理100年	2012－12	98.00	Ⅲ
从高斯到盖尔方特——二次域的高斯猜想	2013－10	198.00	Ⅳ
从库默尔到朗兰兹——朗兰兹猜想的历史	2014－01	98.00	Ⅴ
从比勃巴赫到德布朗斯——比勃巴赫猜想的历史	2014－02	298.00	Ⅵ
从麦比乌斯到陈省身——麦比乌斯变换与麦比乌斯带	2014－02	298.00	Ⅶ
从布尔到豪斯道夫——布尔方程与格论漫谈	2013－10	198.00	Ⅷ
从开普勒到阿诺德——三体问题的历史	2014－05	298.00	Ⅸ
从华林到华罗庚——华林问题的历史	2013－10	298.00	Ⅹ
数学物理大百科全书.第1卷	2016－01	418.00	508
数学物理大百科全书.第2卷	2016－01	408.00	509
数学物理大百科全书.第3卷	2016－01	396.00	510
数学物理大百科全书.第4卷	2016－01	408.00	511
数学物理大百科全书.第5卷	2016－01	368.00	512
朱德祥代数与几何讲义.第1卷	2017－01	38.00	697
朱德祥代数与几何讲义.第2卷	2017－01	28.00	698
朱德祥代数与几何讲义.第3卷	2017－01	28.00	699

刘培杰数学工作室
已出版(即将出版)图书目录——高等数学

书 名	出版时间	定 价	编号
闵嗣鹤文集	2011—03	98.00	102
吴从炘数学活动三十年(1951～1980)	2010—07	99.00	32
吴从炘数学活动又三十年(1981～2010)	2015—07	98.00	491
斯米尔诺夫高等数学.第一卷	2018—03	88.00	770
斯米尔诺夫高等数学.第二卷.第一分册	2018—03	68.00	771
斯米尔诺夫高等数学.第二卷.第二分册	2018—03	68.00	772
斯米尔诺夫高等数学.第二卷.第三分册	2018—03	48.00	773
斯米尔诺夫高等数学.第三卷.第一分册	2018—03	58.00	774
斯米尔诺夫高等数学.第三卷.第二分册	2018—03	58.00	775
斯米尔诺夫高等数学.第三卷.第三分册	2018—03	68.00	776
斯米尔诺夫高等数学.第四卷.第一分册	2018—03	48.00	777
斯米尔诺夫高等数学.第四卷.第二分册	2018—03	88.00	778
斯米尔诺夫高等数学.第五卷.第一分册	2018—03	58.00	779
斯米尔诺夫高等数学.第五卷.第二分册	2018—03	68.00	780
zeta 函数,q-zeta 函数,相伴级数与积分(英文)	2015—08	88.00	513
微分形式:理论与练习(英文)	2015—08	58.00	514
离散与微分包含的逼近和优化(英文)	2015—08	58.00	515
艾伦·图灵:他的工作与影响(英文)	2016—01	98.00	560
测度理论概率导论,第2版(英文)	2016—01	88.00	561
带有潜在故障恢复系统的半马尔柯夫模型控制(英文)	2016—01	98.00	562
数学分析原理(英文)	2016—01	88.00	563
随机偏微分方程的有效动力学(英文)	2016—01	88.00	564
图的谱半径(英文)	2016—01	58.00	565
量子机器学习中数据挖掘的量子计算方法(英文)	2016—01	98.00	566
量子物理的非常规方法(英文)	2016—01	118.00	567
运输过程的统一非局部理论:广义波尔兹曼物理动力学,第2版(英文)	2016—01	198.00	568
量子力学与经典力学之间的联系在原子、分子及电动力学系统建模中的应用(英文)	2016—01	58.00	569
算术域(英文)	2018—01	158.00	821
高等数学竞赛:1962—1991年的米洛克斯·史怀哲竞赛(英文)	2018—01	128.00	822
用数学奥林匹克精神解决数论问题(英文)	2018—01	108.00	823
代数几何(德文)	2018—04	68.00	824
丢番图逼近论(英文)	2018—01	78.00	825
代数几何学基础教程(英文)	2018—01	98.00	826
解析数论入门课程(英文)	2018—01	78.00	827
数论中的丢番图问题(英文)	2018—01	78.00	829
数论(梦幻之旅):第五届中日数论研讨会演讲集(英文)	2018—01	68.00	830
数论新应用(英文)	2018—01	68.00	831
数论(英文)	2018—01	78.00	832
测度与积分(英文)	2019—04	68.00	1059
卡塔兰数入门(英文)	2019—05	68.00	1060
多变量数学入门(英文)	2021—05	68.00	1317
偏微分方程入门(英文)	2021—05	88.00	1318
若尔当典范性:理论与实践(英文)	2021—07	68.00	1366
R 统计学概论(英文)	2023—03	88.00	1614
基于不确定静态和动态问题解的仿射算术(英文)	2023—03	38.00	1618

刘培杰数学工作室

已出版(即将出版)图书目录——高等数学

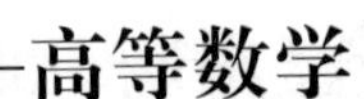

书　　名	出版时间	定　价	编号
湍流十讲(英文)	2018－04	108.00	886
无穷维李代数:第 3 版(英文)	2018－04	98.00	887
等值、不变量和对称性(英文)	2018－04	78.00	888
解析数论(英文)	2018－09	78.00	889
《数学原理》的演化:伯特兰·罗素撰写第二版时的手稿与笔记(英文)	2018－04	108.00	890
哈密尔顿数学论文集(第 4 卷):几何学、分析学、天文学、概率和有限差分等(英文)	2019－05	108.00	891
数学王子——高斯	2018－01	48.00	858
坎坷奇星——阿贝尔	2018－01	48.00	859
闪烁奇星——伽罗瓦	2018－01	58.00	860
无穷统帅——康托尔	2018－01	48.00	861
科学公主——柯瓦列夫斯卡娅	2018－01	48.00	862
抽象代数之母——埃米·诺特	2018－01	48.00	863
电脑先驱——图灵	2018－01	58.00	864
昔日神童——维纳	2018－01	48.00	865
数坛怪侠——爱尔特希	2018－01	68.00	866
当代世界中的数学.数学思想与数学基础	2019－01	38.00	892
当代世界中的数学.数学问题	2019－01	38.00	893
当代世界中的数学.应用数学与数学应用	2019－01	38.00	894
当代世界中的数学.数学王国的新疆域(一)	2019－01	38.00	895
当代世界中的数学.数学王国的新疆域(二)	2019－01	38.00	896
当代世界中的数学.数林撷英(一)	2019－01	38.00	897
当代世界中的数学.数林撷英(二)	2019－01	48.00	898
当代世界中的数学.数学之路	2019－01	38.00	899
偏微分方程全局吸引子的特性(英文)	2018－09	108.00	979
整函数与下调和函数(英文)	2018－09	118.00	980
幂等分析(英文)	2018－09	118.00	981
李群,离散子群与不变量理论(英文)	2018－09	108.00	982
动力系统与统计力学(英文)	2018－09	118.00	983
表示论与动力系统(英文)	2018－09	118.00	984
分析学练习.第 1 部分(英文)	2021－01	88.00	1247
分析学练习.第 2 部分.非线性分析(英文)	2021－01	88.00	1248
初级统计学:循序渐进的方法:第 10 版(英文)	2019－05	68.00	1067
工程师与科学家微分方程用书:第 4 版(英文)	2019－07	58.00	1068
大学代数与三角学(英文)	2019－06	78.00	1069
培养数学能力的途径(英文)	2019－07	38.00	1070
工程师与科学家统计学:第 4 版(英文)	2019－06	58.00	1071
贸易与经济中的应用统计学:第 6 版(英文)	2019－06	58.00	1072
傅立叶级数和边值问题:第 8 版(英文)	2019－05	48.00	1073
通往天文学的途径:第 5 版(英文)	2019－05	58.00	1074

刘培杰数学工作室
已出版(即将出版)图书目录——高等数学

书　　名	出版时间	定　价	编号
拉马努金笔记.第1卷(英文)	2019—06	165.00	1078
拉马努金笔记.第2卷(英文)	2019—06	165.00	1079
拉马努金笔记.第3卷(英文)	2019—06	165.00	1080
拉马努金笔记.第4卷(英文)	2019—06	165.00	1081
拉马努金笔记.第5卷(英文)	2019—06	165.00	1082
拉马努金遗失笔记.第1卷(英文)	2019—06	109.00	1083
拉马努金遗失笔记.第2卷(英文)	2019—06	109.00	1084
拉马努金遗失笔记.第3卷(英文)	2019—06	109.00	1085
拉马努金遗失笔记.第4卷(英文)	2019—06	109.00	1086
数论:1976年纽约洛克菲勒大学数论会议记录(英文)	2020—06	68.00	1145
数论:卡本代尔1979:1979年在南伊利诺伊卡本代尔大学举行的数论会议记录(英文)	2020—06	78.00	1146
数论:诺德韦克豪特1983:1983年在诺德韦克豪特举行的Journees Arithmetiques数论大会会议记录(英文)	2020—06	68.00	1147
数论:1985—1988年在纽约城市大学研究生院和大学中心举办的研讨会(英文)	2020—06	68.00	1148
数论:1987年在乌尔姆举行的Journees Arithmetiques数论大会会议记录(英文)	2020—06	68.00	1149
数论:马德拉斯1987:1987年在马德拉斯安娜大学举行的国际拉马努金百年纪念大会会议记录(英文)	2020—06	68.00	1150
解析数论:1988年在东京举行的日法研讨会会议记录(英文)	2020—06	68.00	1151
解析数论:2002年在意大利切特拉罗举行的C.I.M.E.暑期班演讲集(英文)	2020—06	68.00	1152
量子世界中的蝴蝶:最迷人的量子分形故事(英文)	2020—06	118.00	1157
走进量子力学(英文)	2020—06	118.00	1158
计算物理学概论(英文)	2020—06	48.00	1159
物质,空间和时间的理论:量子理论(英文)	即将出版		1160
物质,空间和时间的理论:经典理论(英文)	即将出版		1161
量子场理论:解释世界的神秘背景(英文)	2020—07	38.00	1162
计算物理学概论(英文)	即将出版		1163
行星状星云(英文)	即将出版		1164
基本宇宙学:从亚里士多德的宇宙到大爆炸(英文)	2020—08	58.00	1165
数学磁流体力学(英文)	2020—07	58.00	1166
计算科学:第1卷,计算的科学(日文)	2020—07	88.00	1167
计算科学:第2卷,计算与宇宙(日文)	2020—07	88.00	1168
计算科学:第3卷,计算与物质(日文)	2020—07	88.00	1169
计算科学:第4卷,计算与生命(日文)	2020—07	88.00	1170
计算科学:第5卷,计算与地球环境(日文)	2020—07	88.00	1171
计算科学:第6卷,计算与社会(日文)	2020—07	88.00	1172
计算科学.别卷,超级计算机(日文)	2020—07	88.00	1173
多复变函数论(日文)	2022—06	78.00	1518
复变函数入门(日文)	2022—06	78.00	1523

刘培杰数学工作室

已出版(即将出版)图书目录——高等数学

书　　名	出版时间	定　价	编号
代数与数论:综合方法(英文)	2020—10	78.00	1185
复分析:现代函数理论第一课(英文)	2020—07	58.00	1186
斐波那契数列和卡特兰数:导论(英文)	2020—10	68.00	1187
组合推理:计数艺术介绍(英文)	2020—07	88.00	1188
二次互反律的傅里叶分析证明(英文)	2020—07	48.00	1189
旋瓦兹分布的希尔伯特变换与应用(英文)	2020—07	58.00	1190
泛函分析:巴拿赫空间理论入门(英文)	2020—07	48.00	1191
典型群,错排与素数(英文)	2020—11	58.00	1204
李代数的表示:通过 gln 进行介绍(英文)	2020—10	38.00	1205
实分析演讲集(英文)	2020—10	38.00	1206
现代分析及其应用的课程(英文)	2020—10	58.00	1207
运动中的抛射物数学(英文)	2020—10	38.00	1208
2—扭结与它们的群(英文)	2020—10	38.00	1209
概率,策略和选择:博弈与选举中的数学(英文)	2020—11	58.00	1210
分析学引论(英文)	2020—11	58.00	1211
量子群:通往流代数的路径(英文)	2020—11	38.00	1212
集合论入门(英文)	2020—10	48.00	1213
酉反射群(英文)	2020—11	58.00	1214
探索数学:吸引人的证明方式(英文)	2020—11	58.00	1215
微分拓扑短期课程(英文)	2020—10	48.00	1216
抽象凸分析(英文)	2020—11	68.00	1222
费马大定理笔记(英文)	2021—03	48.00	1223
高斯与雅可比和(英文)	2021—03	78.00	1224
π与算术几何平均:关于解析数论和计算复杂性的研究(英文)	2021—01	58.00	1225
复分析入门(英文)	2021—03	48.00	1226
爱德华·卢卡斯与素性测定(英文)	2021—03	78.00	1227
通往凸分析及其应用的简单路径(英文)	2021—01	68.00	1229
微分几何的各个方面.第一卷(英文)	2021—01	58.00	1230
微分几何的各个方面.第二卷(英文)	2020—12	58.00	1231
微分几何的各个方面.第三卷(英文)	2020—12	58.00	1232
沃克流形几何学(英文)	2020—11	58.00	1233
仿射和韦尔几何应用(英文)	2020—12	58.00	1234
双曲几何学的旋转向量空间方法(英文)	2021—02	58.00	1235
积分:分析学的关键(英文)	2020—12	48.00	1236
为有天分的新生准备的分析学基础教材(英文)	2020—11	48.00	1237

刘培杰数学工作室
已出版(即将出版)图书目录——高等数学

书 名	出版时间	定 价	编号
数学不等式.第一卷.对称多项式不等式(英文)	2021-03	108.00	1273
数学不等式.第二卷.对称有理不等式与对称无理不等式(英文)	2021-03	108.00	1274
数学不等式.第三卷.循环不等式与非循环不等式(英文)	2021-03	108.00	1275
数学不等式.第四卷.Jensen 不等式的扩展与加细(英文)	2021-03	108.00	1276
数学不等式.第五卷.创建不等式与解不等式的其他方法(英文)	2021-04	108.00	1277
冯·诺依曼代数中的谱位移函数:半有限冯·诺依曼代数中的谱位移函数与谱流(英文)	2021-06	98.00	1308
链接结构:关于嵌入完全图的直线中链接单形的组合结构(英文)	2021-05	58.00	1309
代数几何方法.第 1 卷(英文)	2021-06	68.00	1310
代数几何方法.第 2 卷(英文)	2021-06	68.00	1311
代数几何方法.第 3 卷(英文)	2021-06	58.00	1312
代数、生物信息和机器人技术的算法问题.第四卷,独立恒等式系统(俄文)	2020-08	118.00	1119
代数、生物信息和机器人技术的算法问题.第五卷,相对覆盖性和独立可拆分恒等式系统(俄文)	2020-08	118.00	1200
代数、生物信息和机器人技术的算法问题.第六卷,恒等式和准恒等式的相等 问题、可推导性和可实现性(俄文)	2020-08	128.00	1201
分数阶微积分的应用:非局部动态过程,分数阶导热系数(俄文)	2021-01	68.00	1241
泛函分析问题与练习:第 2 版(俄文)	2021-01	98.00	1242
集合论、数学逻辑和算法论问题:第 5 版(俄文)	2021-01	98.00	1243
微分几何和拓扑短期课程(俄文)	2021-01	98.00	1244
素数规律(俄文)	2021-01	88.00	1245
无穷边值问题解的递减:无界域中的拟线性椭圆和抛物方程(俄文)	2021-01	48.00	1246
微分几何讲义(俄文)	2020-12	98.00	1253
二次型和矩阵(俄文)	2021-01	98.00	1255
积分和级数.第 2 卷,特殊函数(俄文)	2021-01	168.00	1258
积分和级数.第 3 卷,特殊函数补充:第 2 版(俄文)	2021-01	178.00	1264
几何图上的微分方程(俄文)	2021-01	138.00	1259
数论教程:第 2 版(俄文)	2021-01	98.00	1260
非阿基米德分析及其应用(俄文)	2021-03	98.00	1261

刘培杰数学工作室

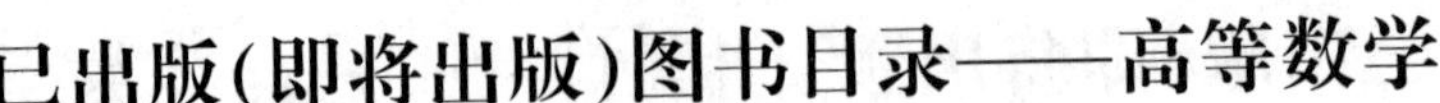

已出版(即将出版)图书目录——高等数学

书　名	出版时间	定　价	编号
古典群和量子群的压缩(俄文)	2021—03	98.00	1263
数学分析习题集.第3卷,多元函数:第3版(俄文)	2021—03	98.00	1266
数学习题:乌拉尔国立大学数学力学系大学生奥林匹克(俄文)	2021—03	98.00	1267
柯西定理和微分方程的特解(俄文)	2021—03	98.00	1268
组合极值问题及其应用:第3版(俄文)	2021—03	98.00	1269
数学词典(俄文)	2021—01	98.00	1271
确定性混沌分析模型(俄文)	2021—06	168.00	1307
精选初等数学习题和定理.立体几何.第3版(俄文)	2021—03	68.00	1316
微分几何习题:第3版(俄文)	2021—05	98.00	1336
精选初等数学习题和定理.平面几何.第4版(俄文)	2021—05	68.00	1335
曲面理论在欧氏空间 En 中的直接表示	2022—01	68.00	1444
维纳—霍普夫离散算子和托普利兹算子:某些可数赋范空间中的诺特性和可逆性(俄文)	2022—03	108.00	1496
Maple 中的数论:数论中的计算机计算(俄文)	2022—03	88.00	1497
贝尔曼和克努特问题及其概括:加法运算的复杂性(俄文)	2022—03	138.00	1498
复分析:共形映射(俄文)	2022—07	48.00	1542
微积分代数样条和多项式及其在数值方法中的应用(俄文)	2022—08	128.00	1543
蒙特卡罗方法中的随机过程和场模型:算法和应用(俄文)	2022—08	88.00	1544
线性椭圆型方程组:论二阶椭圆型方程的迪利克雷问题(俄文)	2022—08	98.00	1561
动态系统解的增长特性:估值、稳定性、应用(俄文)	2022—08	118.00	1565
群的自由积分解:建立和应用(俄文)	2022—08	78.00	1570
混合方程和偏差自变数方程问题:解的存在和唯一性(俄文)	2023—01	78.00	1582
拟度量空间分析:存在和逼近定理(俄文)	2023—01	108.00	1583
二维和三维流形上函数的拓扑性质:函数的拓扑分类(俄文)	2023—03	68.00	1584
齐次马尔科夫过程建模的矩阵方法:此类方法能够用于不同目的的复杂系统研究、设计和完善(俄文)	2023—03	68.00	1594
周期函数的近似方法和特性:特殊课程(俄文)	2023—04	158.00	1622
扩散方程解的矩函数:变分法(俄文)	2023—03	58.00	1623
多赋范空间和广义函数:理论及应用(俄文)	2023—03	98.00	1632
分析中的多值映射:部分应用(俄文)	2023—06	98.00	1634
数学物理问题(俄文)	2023—03	78.00	1636
函数的幂级数与三角级数分解(俄文)	2024—01	58.00	1695
星体理论的数学基础:原子三元组(俄文)	2024—01	98.00	1696
素数规律:专著(俄文)	2024—01	118.00	1697
狭义相对论与广义相对论:时空与引力导论(英文)	2021—07	88.00	1319
束流物理学和粒子加速器的实践介绍:第2版(英文)	2021—07	88.00	1320
凝聚态物理中的拓扑和微分几何简介(英文)	2021—05	88.00	1321
混沌映射:动力学、分形学和快速涨落(英文)	2021—05	128.00	1322
广义相对论:黑洞、引力波和宇宙学介绍(英文)	2021—06	68.00	1323
现代分析电磁均质化(英文)	2021—06	68.00	1324
为科学家提供的基本流体动力学(英文)	2021—06	88.00	1325
视觉天文学:理解夜空的指南(英文)	2021—06	68.00	1326

刘培杰数学工作室
已出版(即将出版)图书目录——高等数学 

书　　名	出版时间	定　价	编号
物理学中的计算方法(英文)	2021—06	68.00	1327
单星的结构与演化:导论(英文)	2021—06	108.00	1328
超越居里:1903 年至 1963 年物理界四位女性及其著名发现(英文)	2021—06	68.00	1329
范德瓦尔斯流体热力学的进展(英文)	2021—06	68.00	1330
先进的托卡马克稳定性理论(英文)	2021—06	88.00	1331
经典场论导论:基本相互作用的过程(英文)	2021—07	88.00	1332
光致电离量子动力学方法原理(英文)	2021—07	108.00	1333
经典域论和应力:能量张量(英文)	2021—05	88.00	1334
非线性太赫兹光谱的概念与应用(英文)	2021—06	68.00	1337
电磁学中的无穷空间并矢格林函数(英文)	2021—06	88.00	1338
物理科学基础数学. 第 1 卷,齐次边值问题、傅里叶方法和特殊函数(英文)	2021—07	108.00	1339
离散量子力学(英文)	2021—07	68.00	1340
核磁共振的物理学和数学(英文)	2021—07	108.00	1341
分子水平的静电学(英文)	2021—08	68.00	1342
非线性波:理论、计算机模拟、实验(英文)	2021—06	108.00	1343
石墨烯光学:经典问题的电解解决方案(英文)	2021—06	68.00	1344
超材料多元宇宙(英文)	2021—07	68.00	1345
银河系外的天体物理学(英文)	2021—07	68.00	1346
原子物理学(英文)	2021—07	68.00	1347
将光打结:将拓扑学应用于光学(英文)	2021—07	68.00	1348
电磁学:问题与解法(英文)	2021—07	88.00	1364
海浪的原理:介绍量子力学的技巧与应用(英文)	2021—07	108.00	1365
多孔介质中的流体:输运与相变(英文)	2021—07	68.00	1372
洛伦兹群的物理学(英文)	2021—08	68.00	1373
物理导论的数学方法和解决方法手册(英文)	2021—08	68.00	1374
非线性波数学物理学入门(英文)	2021—08	88.00	1376
波:基本原理和动力学(英文)	2021—07	68.00	1377
光电子量子计量学. 第 1 卷,基础(英文)	2021—07	88.00	1383
光电子量子计量学. 第 2 卷,应用与进展(英文)	2021—07	68.00	1384
复杂流的格子玻尔兹曼建模的工程应用(英文)	2021—08	68.00	1393
电偶极矩挑战(英文)	2021—08	108.00	1394
电动力学:问题与解法(英文)	2021—09	68.00	1395
自由电子激光的经典理论(英文)	2021—08	68.00	1397
曼哈顿计划——核武器物理学简介(英文)	2021—09	68.00	1401

刘培杰数学工作室
已出版(即将出版)图书目录——高等数学

书　　名	出版时间	定　价	编号
粒子物理学(英文)	2021—09	68.00	1402
引力场中的量子信息(英文)	2021—09	128.00	1403
器件物理学的基本经典力学(英文)	2021—09	68.00	1404
等离子体物理及其空间应用导论．第 1 卷，基本原理和初步过程(英文)	2021—09	68.00	1405
伽利略理论力学：连续力学基础(英文)	2021—10	48.00	1416
磁约束聚变等离子体物理：理想 MHD 理论(英文)	2023—03	68.00	1613
相对论量子场论．第 1 卷，典范形式体系(英文)	2023—03	38.00	1615
相对论量子场论．第 2 卷，路径积分形式(英文)	2023—06	38.00	1616
相对论量子场论．第 3 卷，量子场论的应用(英文)	2023—06	38.00	1617
涌现的物理学(英文)	2023—05	58.00	1619
量子化旋涡：一本拓扑激发手册(英文)	2023—04	68.00	1620
非线性动力学：实践的介绍性调查(英文)	2023—05	68.00	1621
静电加速器：一个多功能工具(英文)	2023—06	58.00	1625
相对论多体理论与统计力学(英文)	2023—06	58.00	1626
经典力学．第 1 卷，工具与向量(英文)	2023—04	38.00	1627
经典力学．第 2 卷，运动学和匀加速运动(英文)	2023—04	58.00	1628
经典力学．第 3 卷，牛顿定律和匀速圆周运动(英文)	2023—04	58.00	1629
经典力学．第 4 卷，万有引力定律(英文)	2023—04	38.00	1630
经典力学．第 5 卷，守恒定律与旋转运动(英文)	2023—04	38.00	1631
对称问题：纳维尔—斯托克斯问题(英文)	2023—04	38.00	1638
摄影的物理和艺术．第 1 卷，几何与光的本质(英文)	2023—04	78.00	1639
摄影的物理和艺术．第 2 卷，能量与色彩(英文)	2023—04	78.00	1640
摄影的物理和艺术．第 3 卷，探测器与数码的意义(英文)	2023—04	78.00	1641
拓扑与超弦理论焦点问题(英文)	2021—07	58.00	1349
应用数学：理论、方法与实践(英文)	2021—07	78.00	1350
非线性特征值问题：牛顿型方法与非线性瑞利函数(英文)	2021—07	58.00	1351
广义膨胀和齐性：利用齐性构造齐次系统的李雅普诺夫函数和控制律(英文)	2021—06	48.00	1352
解析数论焦点问题(英文)	2021—07	58.00	1353
随机微分方程：动态系统方法(英文)	2021—07	58.00	1354
经典力学与微分几何(英文)	2021—07	58.00	1355
负定相交形式流形上的瞬子模空间几何(英文)	2021—07	68.00	1356
广义卡塔兰轨道分析：广义卡塔兰轨道计算数字的方法(英文)	2021—07	48.00	1367
洛伦兹方法的变分：二维与三维洛伦兹方法(英文)	2021—08	38.00	1378
几何、分析和数论精编(英文)	2021—08	68.00	1380
从一个新角度看数论：通过遗传方法引入现实的概念(英文)	2021—07	58.00	1387
动力系统：短期课程(英文)	2021—08	68.00	1382

刘培杰数学工作室
已出版(即将出版)图书目录——高等数学

书　　名	出版时间	定　价	编号
几何路径:理论与实践(英文)	2021—08	48.00	1385
广义斐波那契数列及其性质(英文)	2021—08	38.00	1386
论天体力学中某些问题的不可积性(英文)	2021—07	88.00	1396
对称函数和麦克唐纳多项式:余代数结构与 Kawanaka 恒等式	2021—09	38.00	1400
杰弗里·英格拉姆·泰勒科学论文集:第 1 卷.固体力学(英文)	2021—05	78.00	1360
杰弗里·英格拉姆·泰勒科学论文集:第 2 卷.气象学、海洋学和湍流(英文)	2021—05	68.00	1361
杰弗里·英格拉姆·泰勒科学论文集:第 3 卷.空气动力学以及落弹数和爆炸的力学(英文)	2021—05	68.00	1362
杰弗里·英格拉姆·泰勒科学论文集:第 4 卷.有关流体力学(英文)	2021—05	58.00	1363
非局域泛函演化方程:积分与分数阶(英文)	2021—08	48.00	1390
理论工作者的高等微分几何:纤维丛、射流流形和拉格朗日理论(英文)	2021—08	68.00	1391
半线性退化椭圆微分方程:局部定理与整体定理(英文)	2021—07	48.00	1392
非交换几何、规范理论和重整化:一般简介与非交换量子场论的重整化(英文)	2021—09	78.00	1406
数论论文集:拉普拉斯变换和带有数论系数的幂级数(俄文)	2021—09	48.00	1407
挠理论专题:相对极大值,单射与扩充模(英文)	2021—09	88.00	1410
强正则图与欧几里得若尔当代数:非通常关系中的启示(英文)	2021—10	48.00	1411
拉格朗日几何和哈密顿几何:力学的应用(英文)	2021—10	48.00	1412
时滞微分方程与差分方程的振动理论:二阶与三阶(英文)	2021—10	98.00	1417
卷积结构与几何函数理论:用以研究特定几何函数理论方向的分数阶微积分算子与卷积结构(英文)	2021—10	48.00	1418
经典数学物理的历史发展(英文)	2021—10	78.00	1419
扩展线性丢番图问题(英文)	2021—10	38.00	1420
一类混沌动力系统的分歧分析与控制:分歧分析与控制(英文)	2021—11	38.00	1421
伽利略空间和伪伽利略空间中一些特殊曲线的几何性质(英文)	2022—01	48.00	1422
一阶偏微分方程:哈密尔顿—雅可比理论(英文)	2021—11	48.00	1424
各向异性黎曼多面体的反问题:分段光滑的各向异性黎曼多面体反边界谱问题:唯一性(英文)	2021—11	38.00	1425

刘培杰数学工作室

已出版(即将出版)图书目录——高等数学

书　名	出版时间	定　价	编号
项目反应理论手册.第一卷,模型(英文)	2021-11	138.00	1431
项目反应理论手册.第二卷,统计工具(英文)	2021-11	118.00	1432
项目反应理论手册.第三卷,应用(英文)	2021-11	138.00	1433
二次无理数:经典数论入门(英文)	2022-05	138.00	1434
数,形与对称性:数论,几何和群论导论(英文)	2022-05	128.00	1435
有限域手册(英文)	2021-11	178.00	1436
计算数论(英文)	2021-11	148.00	1437
拟群与其表示简介(英文)	2021-11	88.00	1438
数论与密码学导论:第二版(英文)	2022-01	148.00	1423
几何分析中的柯西变换与黎兹变换:解析调和容量和李普希兹调和容量、变化和振荡以及一致可求长性(英文)	2021-12	38.00	1465
近似不动点定理及其应用(英文)	2022-05	28.00	1466
局部域的相关内容解析:对局部域的扩展及其伽罗瓦群的研究(英文)	2022-01	38.00	1467
反问题的二进制恢复方法(英文)	2022-03	28.00	1468
对几何函数中某些类的各个方面的研究:复变量理论(英文)	2022-01	38.00	1469
覆盖、对应和非交换几何(英文)	2022-01	28.00	1470
最优控制理论中的随机线性调节器问题:随机最优线性调节器问题(英文)	2022-01	38.00	1473
正交分解法:涡流流体动力学应用的正交分解法(英文)	2022-01	38.00	1475
芬斯勒几何的某些问题(英文)	2022-03	38.00	1476
受限三体问题(英文)	2022-05	38.00	1477
利用马利亚万微积分进行 Greeks 的计算:连续过程、跳跃过程中的马利亚万微积分和金融领域中的 Greeks(英文)	2022-05	48.00	1478
经典分析和泛函分析的应用:分析学的应用(英文)	2022-05	38.00	1479
特殊芬斯勒空间的探究(英文)	2022-03	48.00	1480
某些图形的施泰纳距离的细谷多项式:细谷多项式与图的维纳指数(英文)	2022-05	38.00	1481
图论问题的遗传算法:在新鲜与模糊的环境中(英文)	2022-05	48.00	1482
多项式映射的渐近簇(英文)	2022-05	38.00	1483
一维系统中的混沌:符号动力学,映射序列,一致收敛和沙可夫斯基定理(英文)	2022-05	38.00	1509
多维边界层流动与传热分析:粘性流体流动的数学建模与分析(英文)	2022-05	38.00	1510

刘培杰数学工作室

已出版(即将出版)图书目录——高等数学 

书　名	出版时间	定　价	编号
演绎理论物理学的原理:一种基于量子力学波函数的逐次置信估计的一般理论的提议(英文)	2022—05	38.00	1511
R^2 和 R^3 中的仿射弹性曲线:概念和方法(英文)	2022—08	38.00	1512
算术数列中除数函数的分布:基本内容、调查、方法、第二矩、新结果(英文)	2022—05	28.00	1513
抛物型狄拉克算子和薛定谔方程:不定常薛定谔方程的抛物型狄拉克算子及其应用(英文)	2022—07	28.00	1514
黎曼-希尔伯特问题与量子场论:可积重正化、戴森-施温格方程(英文)	2022—08	38.00	1515
代数结构和几何结构的形变理论(英文)	2022—08	48.00	1516
概率结构和模糊结构上的不动点:概率结构和直觉模糊度量空间的不动点定理(英文)	2022—08	38.00	1517
反若尔当对:简单反若尔当对的自同构(英文)	2022—07	28.00	1533
对某些黎曼—芬斯勒空间变换的研究:芬斯勒几何中的某些变换(英文)	2022—07	38.00	1534
内诣零流形映射的尼尔森数的阿诺索夫关系(英文)	2023—01	38.00	1535
与广义积分变换有关的分数次演算:对分数次演算的研究(英文)	2023—01	48.00	1536
强子的芬斯勒几何和吕拉几何(宇宙学方面):强子结构的芬斯勒几何和吕拉几何(拓扑缺陷)(英文)	2022—08	38.00	1537
一种基于混沌的非线性最优化问题:作业调度问题(英文)	即将出版		1538
广义概率论发展前景:关于趣味数学与置信函数实际应用的一些原创观点(英文)	即将出版		1539
纽结与物理学:第二版(英文)	2022—09	118.00	1547
正交多项式和 q—级数的前沿(英文)	2022—09	98.00	1548
算子理论问题集(英文)	2022—03	108.00	1549
抽象代数:群、环与域的应用导论:第二版(英文)	2023—01	98.00	1550
菲尔兹奖得主演讲集:第三版(英文)	2023—01	138.00	1551
多元实函数教程(英文)	2022—09	118.00	1552
球面空间形式群的几何学:第二版(英文)	2022—09	98.00	1566
对称群的表示论(英文)	2023—01	98.00	1585
纽结理论:第二版(英文)	2023—01	88.00	1586
拟群理论的基础与应用(英文)	2023—01	88.00	1587
组合学:第二版(英文)	2023—01	98.00	1588
加性组合学:研究问题手册(英文)	2023—01	68.00	1589
扭曲、平铺与镶嵌:几何折纸中的数学方法(英文)	2023—01	98.00	1590
离散与计算几何手册:第三版(英文)	2023—01	248.00	1591
离散与组合数学手册:第二版(英文)	2023—01	248.00	1592

刘培杰数学工作室

已出版(即将出版)图书目录——高等数学

书　名	出版时间	定　价	编号
分析学教程. 第 1 卷,一元实变量函数的微积分分析学介绍(英文)	2023－01	118.00	1595
分析学教程. 第 2 卷,多元函数的微分和积分,向量微积分(英文)	2023－01	118.00	1596
分析学教程. 第 3 卷,测度与积分理论,复变量的复值函数(英文)	2023－01	118.00	1597
分析学教程. 第 4 卷,傅里叶分析,常微分方程,变分法(英文)	2023－01	118.00	1598
共形映射及其应用手册(英文)	2024－01	158.00	1674
广义三角函数与双曲函数(英文)	2024－01	78.00	1675
振动与波:概论:第二版(英文)	2024－01	88.00	1676
几何约束系统原理手册(英文)	2024－01	120.00	1677
微分方程与包含的拓扑方法(英文)	2024－01	98.00	1678
数学分析中的前沿话题(英文)	2024－01	198.00	1679
流体力学建模:不稳定性与湍流(英文)	即将出版		1680

联系地址:哈尔滨市南岗区复华四道街 10 号　哈尔滨工业大学出版社刘培杰数学工作室
网　　址:http://lpj.hit.edu.cn/
邮　　编:150006
联系电话:0451－86281378　　13904613167
E-mail:lpj1378@163.com